国家示范性高职高专规划教材·机械基础系列

AutoCAD 2009
计算机辅助设计

胡凤菊　刘纪新　主　编

王海艳　岳庆超　李红英　田　欣
葛伟伟　腾文杰　宋金虎　孙丽萍　副主编
张吉林　王玉英　周腾军

吴卫平　主　审

清华大学出版社
北京交通大学出版社
·北京·

内 容 简 介

本书以AutoCAD 2009的基础知识和实例操作为中心，详细介绍了二维图形和三维图形的绘制过程和绘制方法，主要内容包括AutoCAD 2009绘图基础，二维图形绘制与编辑，图形显示控制，精确绘图，图层，文字与表格，图案填充，块、属性与外部参照，尺寸标注，图形对象信息的查询，三维图形绘制与编辑，图形的打印与输出等。

本书“学有所依，学有所用”为宗旨，采用以例带点的讲解方式。在编写过程中，作者结合自己的实践经验精心筛选了具有代表性的实例，将每个知识点的讲解都融入到具体的典型实例中，且实例丰富，图文并茂，内容翔实，可以带给读者独特而高效的学习体验。

本书既可以作为高职、高专院校相关专业的教材，也可以作为从事计算机辅助设计技术研究与应用人员的参考书。

图书在版编目(CIP)数据

AutoCAD 2009 计算机辅助设计/胡凤菊，刘纪新主编. —北京：清华大学出版社：北京交通大学出版社，2010.1（2016.2 重印）
（国家示范性高职高专规划教材・机械基础系列）
ISBN 978-7-81123-875-4

Ⅰ. ① A…　Ⅱ. ①胡…　②刘…　Ⅲ.①计算机辅助设计—应用软件，AutoCAD 2009　Ⅳ. ①TP391.72

中国版本图书馆 CIP 数据核字（2009）第 201847 号

责任编辑：韩素华
出版发行：清 华 大 学 出 版 社　　邮编：100084　　电话：010–62776969
　　　　　北京交通大学出版社　　邮编：100044　　电话：010–51686414
印 刷 者：北京鑫海金澳胶印有限公司
经　　销：全国新华书店
开　　本：185×260　印张：15.25　字数：376 千字
版　　次：2010 年 1 月第 1 版　　2016 年 2 月第 5 次印刷
书　　号：ISBN 978-7-81123-875-4/TP•535
印　　数：9 001～10 000 册　　定价：25.00 元

本书如有质量问题，请向北京交通大学出版社质监组反映。对您的意见和批评，我们表示欢迎和感谢。
投诉电话：010-51686043，51686008；传真：010-62225406；E-mail：press@bjtu.edu.cn。

国家示范性高职高专规划教材·机械基础系列

编委会

前　言

AutoCAD 是美国 Autodesk 公司开发的计算机辅助设计软件，在二维绘图编辑、文件管理及三维建模方面具有强大的功能。从 1982 年开发 AutoCAD 第一个版本以来，已经发布了二十几个版本。随着计算机技术的迅速发展，计算机辅助设计（Computer Aided Design，CAD）技术在机械、建筑、电子电气、航天、造船、石油化工、土木工程、服装设计及模具制造等领域得到了广泛的应用。由于其具有易于掌握、使用方便、功能齐全等特点，已经成为当今工程设计领域广泛使用的绘图工具之一。

AutoCAD 2009 是由 Autodesk 公司于 2008 年 3 月推出的正式版本，该软件将直观强大的概念设计和视觉工具结合在一起，促进了 2D 设计向 3D 设计的转换，卓有成效地帮助用户实现更具竞争力的设计创意。AutoCAD 2009 在用户界面上也有了重大改进，整合了制图和可视化，加快了任务的执行，能够满足个人用户的需求和偏好，能够更快地执行常见的 CAD 任务，更容易找到那些不常见的命令。该版本也能通过让用户在不需要软件编程的情况下自动操作绘图，从而进一步简化了绘图任务，极大地提高了绘图效率。

本书系统全面地介绍了使用 AutoCAD 2009 中文版进行计算机辅助设计的方法。全书共分 14 章，主要内容包括 AutoCAD 2009 绘图基础，二维图形绘制与编辑，图形显示控制，精确绘图，图层，文字与表格，图案填充，块、属性与外部参照，尺寸标注，图形对象信息的查询，三维图形的创建与编辑，图形的打印与输出等。

本书内容全面、新颖，紧跟软件更新步伐，以目前最新版本为基础涉及广泛的 AutoCAD 功能。

本书既可以作为高职、高专院校相关专业的教材，也可以作为从事计算机辅助设计技术研究与应用人员的参考书。

本书由青岛黄海学院胡凤菊、刘纪新任主编，王海艳、岳庆超、李红英、田欣（黑龙江农业经济职业学院）、宋金虎、滕文杰、孙丽萍、张吉林、王玉英、葛伟伟及周腾军任副主编，具体编写分工如下：岳庆超编写第 1 章；王海艳编写第 2 章、第 3 章；李红英编写第 4 章；葛伟伟、滕文杰编写第 5 章、第 6 章；胡凤菊、田欣编写第 7 章、第 8 章、第 14 章；刘纪新、宋金虎、孙丽萍、张吉林、王玉英编写第 9 章、第 10 章、第 11 章；周腾军编写第 12 章、第 13 章。全书由吴卫平审稿。胡凤菊负责全书内容的组织及各章的统稿工作。在编写过程中，编者还得到了许多老师和青岛黄海职业学院领导的大力支持与帮助，在此一并表示感谢。

由于时间仓促，加之编者水平有限，书中难免存在错误和不足之处，恳请广大读者批评指正。

编　者

2009 年 12 月

目　　录

第 1 章　AutoCAD 2009 绘图基础……1

1.1　AutoCAD 2009 的启动与退出……1

1.1.1　启动 AutoCAD 2009……1

1.1.2　退出 AutoCAD 2009……1

1.2　AutoCAD 2009 的工作空间……2

1.2.1　选择工作空间……2

1.2.2　“二维草图与注释”空间……2

1.2.3　“三维建模”空间……3

1.2.4　“AutoCAD 2009 经典”空间……3

1.3　AutoCAD 2009 的工作界面……4

1.3.1　标题栏……4

1.3.2　下拉菜单……4

1.3.3　工具栏……5

1.3.4　绘图区域……6

1.3.5　“模型/布局”选项卡……7

1.3.6　命令窗口……7

1.3.7　状态栏……8

1.3.8　滚动条……8

1.4　AutoCAD 2009 的基本操作……8

1.4.1　AutoCAD 2009 命令执行方式……9

1.4.2　图形文件操作……10

1.5　AutoCAD 2009 点的确定方式……13

1.6　AutoCAD 2009 的帮助功能……14

实训……15

习题……16

第 2 章　绘制二维图形……17

2.1　绘制命令的执行方式……17

2.2　二维图形的绘制……18

2.2.1　绘制直线……18

2.2.2　绘制射线……18

2.2.3　绘制构造线……19

2.2.4　绘制多线……20

2.2.5　绘制二维多段线……22

2.2.6　绘制正多边形……24

2.2.7 绘制矩形…………24
2.2.8 绘制圆弧…………27
2.2.9 绘制圆…………29
2.2.10 绘制圆环…………30
2.2.11 绘制样条曲线…………31
2.2.12 绘制椭圆和椭圆弧…………32
2.2.13 绘制点…………33
2.2.14 修订云线…………35
实训…………36
习题…………37
第 3 章 编辑二维图形…………38
3.1 选择对象…………38
3.2 删除对象…………40
3.3 复制对象…………40
3.4 移动对象…………41
3.5 旋转对象…………42
3.6 镜像对象…………43
3.7 偏移对象…………44
3.8 修剪对象…………45
3.9 延伸对象…………47
3.10 阵列对象…………48
3.10.1 矩形阵列…………48
3.10.2 环形阵列…………50
3.11 缩放对象…………51
3.12 拉伸对象…………52
3.13 拉长对象…………53
3.14 创建倒角…………54
3.15 创建圆角…………56
3.16 打断对象…………57
3.17 合并对象…………58
3.18 编辑二维多段线…………59
3.19 编辑样条曲线…………60
3.20 利用夹点功能编辑对象…………60
3.21 利用特性选项板修改图形对象…………63
实训…………64
习题…………66
第 4 章 图形显示控制…………67
4.1 绘图界限…………67
4.2 绘图单位…………68

4.3 视图移动……69

4.4 视图缩放……69

4.5 图形重生成……72

4.6 鸟瞰视图……73

实训……73

习题……74

第 5 章 精确绘图……75

5.1 捕捉模式与栅格显示……75

5.1.1 捕捉模式……75

5.1.2 栅格显示……75

5.1.3 捕捉与栅格设置……76

5.2 正交模式……77

5.3 极轴追踪……77

5.4 对象捕捉……78

5.5 对象捕捉追踪……81

5.6 动态输入……82

5.7 快捷特性……83

实训……84

习题……84

第 6 章 图层……85

6.1 图层操作……85

6.1.1 创建图层……85

6.1.2 设置图层的颜色、线型与线宽……87

6.1.3 管理图层……89

6.1.4 “图层”工具栏……92

6.2 使用“特性”工具栏设置图层……92

6.2.1 设置图形对象的颜色……92

6.2.2 设置图形对象的线型……93

6.2.3 设置图形对象的线宽……93

实训……94

习题……94

第 7 章 文字与表格……95

7.1 创建文字样式……95

7.2 输入文字……97

7.2.1 利用“单行文字”命令输入文字……97

7.2.2 利用“多行文字”命令输入文字……98

7.3 输入特殊字符……100

7.4 编辑文字……101

7.4.1 编辑单行文字……101

7.4.2 编辑多行文字……101
7.4.3 查找和替换……102
7.4.4 缩放文字对象……103
7.4.5 修改文字对齐方式……103
7.5 使用外部文字……104
7.6 创建表格样式和表格……105
7.6.1 创建表格样式……105
7.6.2 设置表格数据、列标题和标题样式……106
7.6.3 创建和编辑表格……108
实训……109
习题……109
第8章 图案填充……110
8.1 创建图案填充……110
8.1.1 设置图案填充……110
8.1.2 设置孤岛和边界……113
8.1.3 设置渐变色……114
8.2 编辑图案填充……114
实训……115
习题……116
第9章 块、属性与外部参照……117
9.1 块的创建、插入及外部块的创建……117
9.1.1 块的创建……117
9.1.2 插入块……119
9.1.3 创建外部块……120
9.2 块的属性定义、修改及显示控制……121
9.2.1 定义块的属性……121
9.2.2 修改块的属性……123
9.2.3 编辑块属性……124
9.2.4 块属性管理器……125
9.2.5 属性显示控制……126
9.3 块的外部参照……127
9.3.1 附着外部参照……127
9.3.2 剪裁外部参照……128
9.3.3 外部参照绑定……129
9.3.4 在位编辑外部参照……129
实训……130
习题……131
第10章 尺寸标注……132
10.1 尺寸标注的概念……132

10.1.1 尺寸标注的组成 132
10.1.2 尺寸标注的类型 133
10.2 标注样式 134
10.3 标注尺寸 145
10.3.1 线性标注 145
10.3.2 对齐标注 146
10.3.3 角度标注 146
10.3.4 基线标注 147
10.3.5 连续标注 147
10.3.6 半径标注 147
10.3.7 直径标注 147
10.3.8 折弯标注 149
10.3.9 圆心标记 149
10.3.10 弧长标注 149
10.3.11 坐标标注 150
10.3.12 折弯线性标注 150
10.3.13 快速标注 151
10.3.14 标注间距 151
10.3.15 标注打断 152
10.4 多重引线标注 153
10.4.1 多重引线样式 153
10.4.2 多重引线标注 155
10.5 标注尺寸公差和形位公差 156
10.5.1 标注尺寸公差 156
10.5.2 标注形位公差 157
10.6 编辑标注 158
10.6.1 编辑标注 159
10.6.2 编辑标注文字 159
10.6.3 检验 159
10.6.4 标注更新 160
10.6.5 替代标注 160
10.6.6 关联标注 161
实训 161
习题 162
第 11 章 图形对象信息的查询 163
11.1 距离查询 163
11.2 面积查询 164
11.3 坐标查询 165
11.4 列表显示 165

11.5 图形文件信息查询……166
11.6 时间查询……167
实训……167
习题……168
第 12 章 创建三维图形……169
12.1 三维绘图工作界面……169
12.2 视觉样式……170
12.3 坐标系……171
12.3.1 命名 UCS……172
12.3.2 创建 UCS……172
12.4 设置视点……174
12.5 三维空间点的位置确定……177
12.6 绘制三维图形……177
12.6.1 绘制三维空间点……178
12.6.2 绘制三维直线……178
12.6.3 绘制三维射线……178
12.6.4 绘制三维构造线……179
12.6.5 绘制与编辑三维多段线……179
12.6.6 绘制三维样条曲线……179
12.6.7 绘制三维螺旋线……180
12.7 绘制三维曲面……181
12.7.1 绘制平面曲面……181
12.7.2 绘制三维面……181
12.7.3 绘制旋转曲面……182
12.7.4 绘制平移曲面……182
12.7.5 绘制直纹曲面……183
12.7.6 绘制边界曲面……183
12.8 创建三维实体模型……184
12.8.1 创建多段体……184
12.8.2 创建长方体……184
12.8.3 创建楔体……185
12.8.4 创建球体……185
12.8.5 创建圆柱体……186
12.8.6 创建圆锥体……186
12.8.7 创建圆环体……187
12.8.8 通过拉伸创建实体……188
12.8.9 通过旋转二维对象创建实体……189
12.8.10 通过扫掠创建实体……190
12.8.11 通过放样创建实体……192

实训 ······ 193
习题 ······ 194
第 13 章 编辑三维图形 ······ 195
13.1 三维阵列 ······ 195
13.2 三维镜像 ······ 197
13.3 三维旋转 ······ 198
13.4 三维对齐 ······ 199
13.5 倒角 ······ 199
13.6 圆角 ······ 200
13.7 布尔操作 ······ 201
13.7.1 并集 ······ 202
13.7.2 差集 ······ 202
13.7.3 交集 ······ 203
13.8 编辑实体的边、面与体 ······ 204
13.8.1 编辑实体的边 ······ 204
13.8.2 编辑实体的面 ······ 206
13.8.3 编辑实体的体特征 ······ 213
13.9 渲染 ······ 216
13.9.1 光源设置 ······ 217
13.9.2 材质设置 ······ 217
13.9.3 渲染环境设置 ······ 217
实训 ······ 218
习题 ······ 218
第 14 章 图形的打印和输出 ······ 219
14.1 创建打印布局 ······ 219
14.2 打印设备管理 ······ 223
14.2.1 添加打印设备 ······ 223
14.2.2 配置打印设备 ······ 223
14.3 页面设置 ······ 224
14.3.1 新建页面设置 ······ 225
14.3.2 修改页面设置 ······ 226
14.4 图形的打印输出 ······ 226
14.4.1 打印样式 ······ 226
14.4.2 打印预览 ······ 228
14.4.3 打印输出图形 ······ 229
实训 ······ 229
习题 ······ 231
参考文献 ······ 232

第 1 章
AutoCAD 2009 绘图基础

AutoCAD 是美国 Autodesk 公司推出的计算机辅助设计软件，从 1982 年开发 AutoCAD 第一个版本以来，已经发布了二十几个版本。随着计算机技术的迅速发展，计算机辅助设计（Computer Aided Design，CAD）技术在机械、建筑、电子电气、航天、造船、石油化工、土木工程、服装设计及模具制造等领域得到了广泛的应用。

同传统的手工设计和绘图相比，使用 CAD 技术绘制、编辑图形更方便，建立产品的三维模型更形象，更重要的是它彻底改变了传统的手工绘图模式，把工程设计人员从繁重的手工绘图中解放出来，极大地提高了设计效率和工作质量。本章主要包括以下内容：

- AutoCAD 2009 的启动与退出；
- AutoCAD 2009 的工作空间；
- AutoCAD 2009 的工作界面；
- AutoCAD 2009 的基本操作；
- AutoCAD 2009 点的确定方式；
- AutoCAD 2009 的帮助功能。

1.1　AutoCAD 2009 的启动与退出

1.1.1　启动 AutoCAD 2009

在安装好 AutoCAD 2009 后，系统会自动在桌面上添加快捷方式。双击快捷方式，即可启动 AutoCAD 2009。与启动其他应用程序一样，也可以通过“Windows 资源管理器”或任务栏上的“开始”按钮，在“开始”菜单上选择“所有程序”|“Autodesk”|“AutoCAD 2009-Simplified Chinese”|“AutoCAD 2009”命令，启动 AutoCAD 2009。

1.1.2　退出 AutoCAD 2009

当用户需要退出 AutoCAD 2009 时（即关闭 AutoCAD 2009），可通过以下几种方式实现。

（1）在 AutoCAD 2009 窗口右上角位置单击“关闭”按钮。

（2）单击下拉菜单“文件”|“退出”命令。

（3）在命令行中输入命令“Quit”或“Exit”，然后按 Enter 键。

（4）按〈Ctrl+Q〉快捷键。

（5）按〈Alt+F4〉快捷键。

1.2 AutoCAD 2009 的工作空间

在中文版的 AutoCAD 2009 中，包括“二维草图与注释”、“三维建模”和“AutoCAD 2009 经典”3 种工作空间。这里所述的“工作空间”是指经过分组和组织的菜单、工具栏及选项板等的集合，它使用户可以在自定义的、面向任务的绘图环境中工作。在默认情况下，当使用“二维草图与注释”工作空间或“三维建模”工作空间时，面板将自动打开，它是一个带有特定任务的控制面板的特殊选项板。

1.2.1 选择工作空间

切换工作空间方式有如下两种。

（1）单击“菜单浏览器”|“工具”|“工作空间”，如图 1-1 所示。

（2）单击“状态栏”中“切换工作空间”按钮，弹出相应的菜单，如图 1-2 所示。

图 1-1 “工作空间”菜单

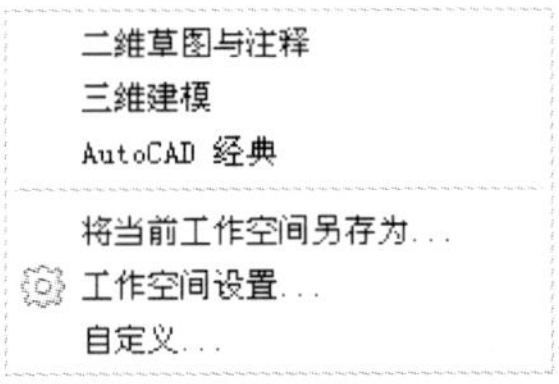

图 1-2 “切换工作空间”按钮菜单

1.2.2 “二维草图与注释”空间

“二维草图与注释”空间工作界面如图 1-3 所示，在该空间中，可以使用“绘图”、“修改”、“图层”及“注释”等面板方便地绘制二维图形。

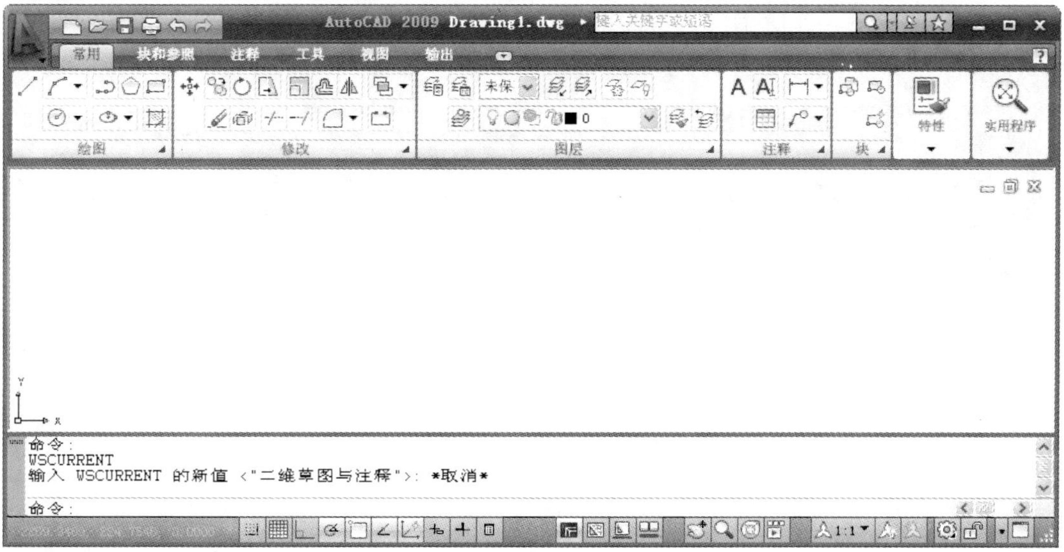

图 1-3　“二维草图与注释”空间

1.2.3 “三维建模”空间

“三维建模”空间工作界面如图 1-4 所示，在该空间中，可以通过使用“三维建模”、“光源”、“渲染”及“材质”等面板绘制三维图形、设置光源及为三维对象附加材质等，从而使三维操作环境更为便利。

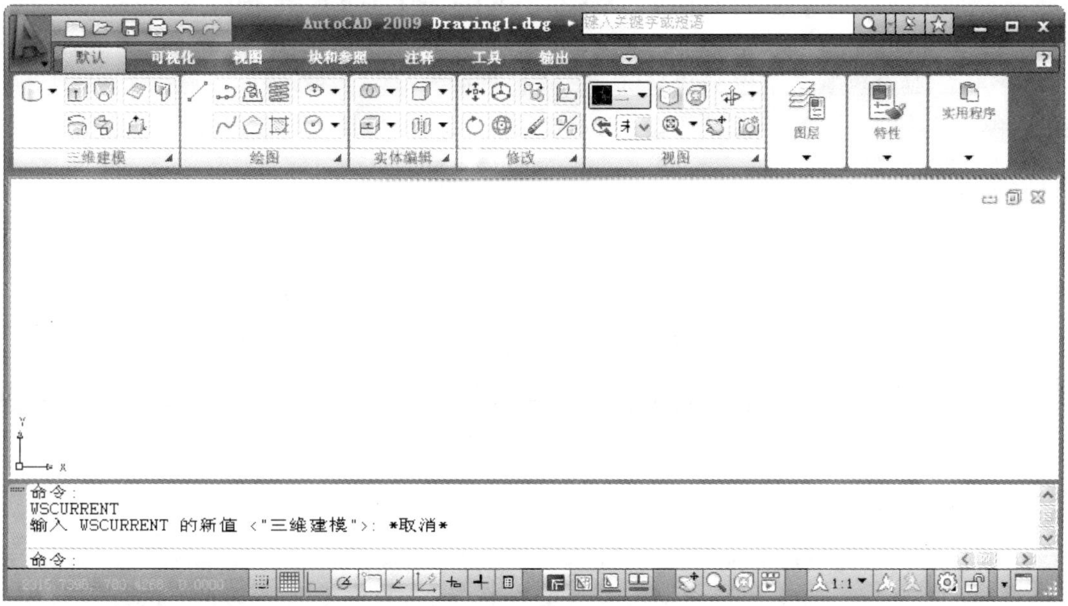

图 1-4　“三维建模”空间

1.2.4 “AutoCAD 2009 经典”空间

对于习惯于 AutoCAD 传统界面的用户来说，可以使用“AutoCAD 2009 经典”工作空间。

该空间工作界面如图 1-5 所示，具体内容将在 1.3 节介绍。本书主要是在此工作空间中进行讲述说明。

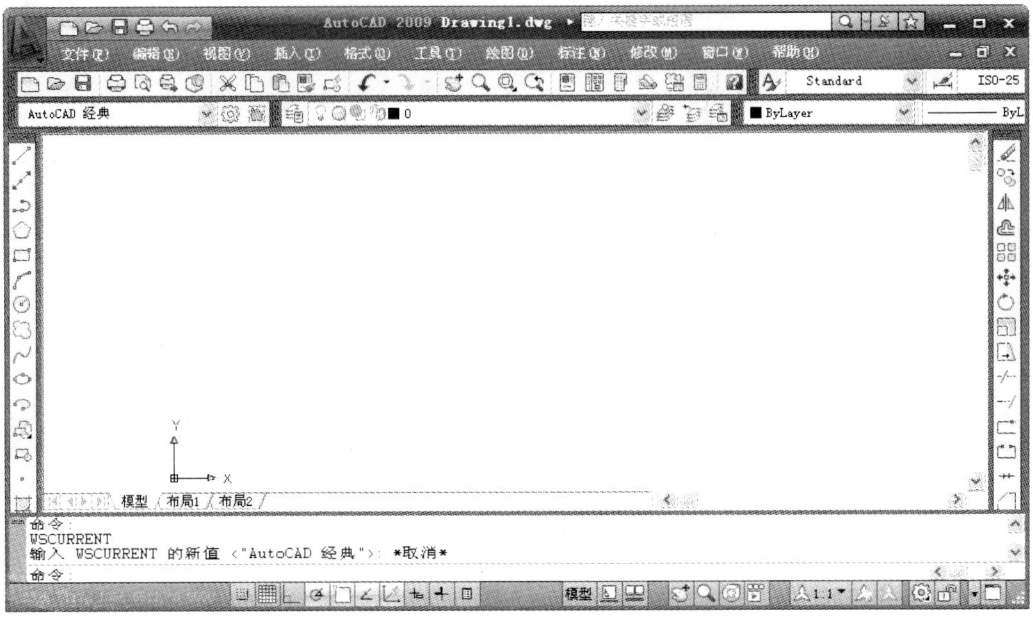

图 1-5 “AutoCAD 经典”空间界面

1.3 AutoCAD 2009 的工作界面

以“AutoCAD 经典”工作空间为例，其窗口界面参见图 1-5。该窗口界面主要由标题栏、下拉菜单、工具栏、绘图区域、模型/布局选项卡、命令窗口、状态栏和滚动条等组成。

1.3.1 标题栏

标题栏位于 AutoCAD 2009 工作界面的最上方，如图 1-6 所示。它显示了 AutoCAD 的程序图标及当前所操作图形文件的名称。在标题栏的最右侧是 3 个窗口管理按钮，分别用于实现 AutoCAD 2009 窗口的最小化、向下还原（或最大化）和关闭 AutoCAD 操作。

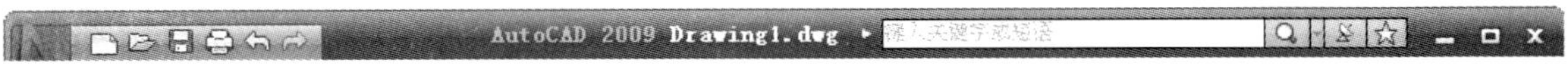

图 1-6 标题栏

1.3.2 下拉菜单

下拉菜单是 AutoCAD 2009 的主菜单，几乎包括了 AutoCAD 中全部的功能和命令。单击下拉菜单中的某一项，会打开对应的下拉菜单。如图 1-7 所示为 AutoCAD 2009 的“格式”下拉菜单。

每个下拉菜单都包含一级或多级子菜单。在各个下拉菜单中，如果某个菜单项右面有“►”小黑三角的符号，表示它还有子菜单；如果某个菜单项右面有“...”的符号，表示单击该菜单项后会打开一个对话框；如果菜单项呈灰色显示，表示该菜单处于暂时不可用状态。

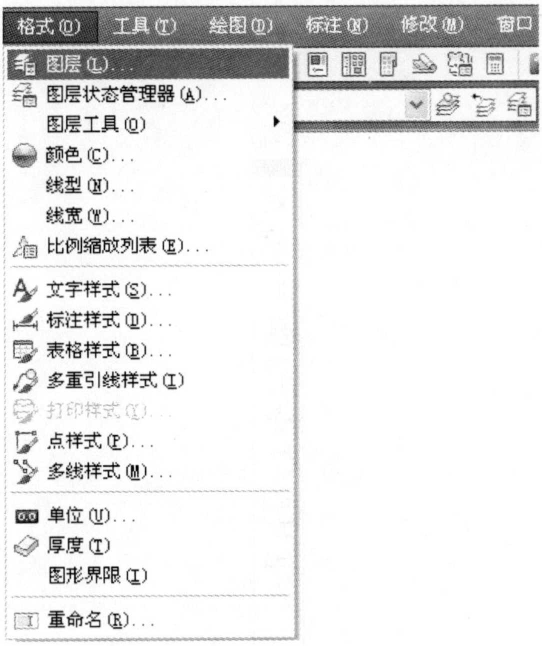

图 1-7 “格式”下拉菜单

1.3.3 工具栏

AutoCAD 2009 提供了各类实用的工具栏，且各工具栏上均有许多功能不同的图标按钮。将光标移到工具栏按钮时，工具栏提示将显示按钮的名称，用户只需要单击某个按钮，即可执行相应的操作。

1.“标准”工具栏

默认情况下，“标准”工具栏显示在绘图区域顶部，图 1-8 所示为“标准”工具栏。“标准”工具栏包含常用的“新建”、“打开”、“保存”、“打印”及“打印预览”等按钮，主要用于管理图形文件和进行一般的图形编辑操作。

图 1-8 “标准”工具栏

2.“绘图”工具栏

默认情况下，“绘图”工具栏显示在绘图区域左部。“绘图”工具栏中的按钮主要用于绘制各种常用的图形，如图 1-9 所示。

3.“修改”工具栏

默认情况下，“修改”工具栏显示在绘图区域右部。“修改”工具栏中的按钮主要用于编辑和修改已绘制的图形，如图 1-10 所示。

4. 调用及关闭工具栏

在绘图时，假如工作界面上没有显示“对象捕捉”工具栏，此时需要调用该工具栏，其方法为：右击工作界面上任意一个显示的工具栏，弹出如图 1-11 所示的快捷菜单，然后从快捷菜单中单击“对象捕捉”，若该名称前带有“√”标记，表示该工具栏已打开。

图 1-9 “绘图”工具栏

图 1-10 “修改”工具栏

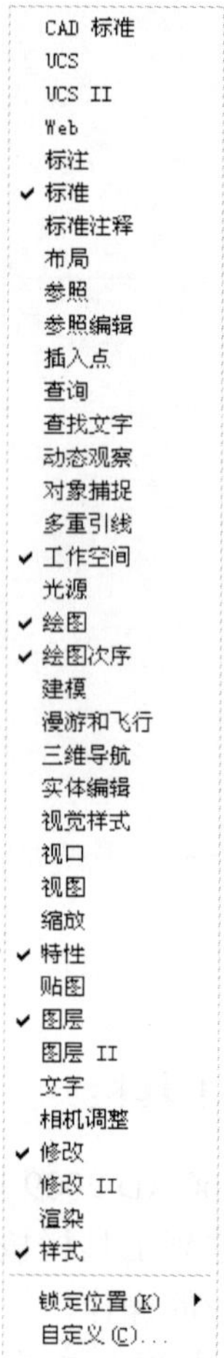

图 1-11 “工具栏”快捷菜单

如果要关闭某项工具栏，则从快捷菜单中单击该项，取消该名称前“√”标记，将关闭该工具栏。

AutoCAD 2009 的工具栏是浮动的，用户可移动工具栏或改变工具栏的形状。将鼠标的箭头移动到工具栏的边缘，按下左键并拖动，工具栏就随之移动。将光标放置在拖出的工具栏的边缘，光标变成双面箭头，按住左键并拖动，工具栏的形状将随之变化。

1.3.4 绘图区域

绘图区域类似于手工绘图时用的图纸，一般的绘图操作工作都是在此区域中完成的。在绘图区域中，要注意十字光标和坐标系图标的显示。

1. 十字光标

AutoCAD 2009 的光标可用于定位点、绘图及选择对象等操作。当光标位于 AutoCAD 的绘图区域时显示为十字形状，故又称 AutoCAD 光标为十字光标。如果要修改十字光标的显示大小，则从“工具”菜单中选择“选项”命令，打开“选项”对话框，如图 1-12 所示。单击“显示”选项卡，在十字光标大小选项组中通过输入数值或拖动滑块来修改十字光标的大小，另外，切换到“选择集”选项卡，可以修改拾取框的大小。

2. 坐标系图标

坐标系图标通常显示在绘图区域的左下角，如图 1-13 所示。AutoCAD 2009 提供了用户坐标系（User Coordinate System，UCS）和世界坐标系（World Coordinate System，WCS）两种坐标系。世界坐标系为默认坐标系，且默认时水平向右方向为 X 轴正方向，垂直向上方向为 Y 轴正方向。

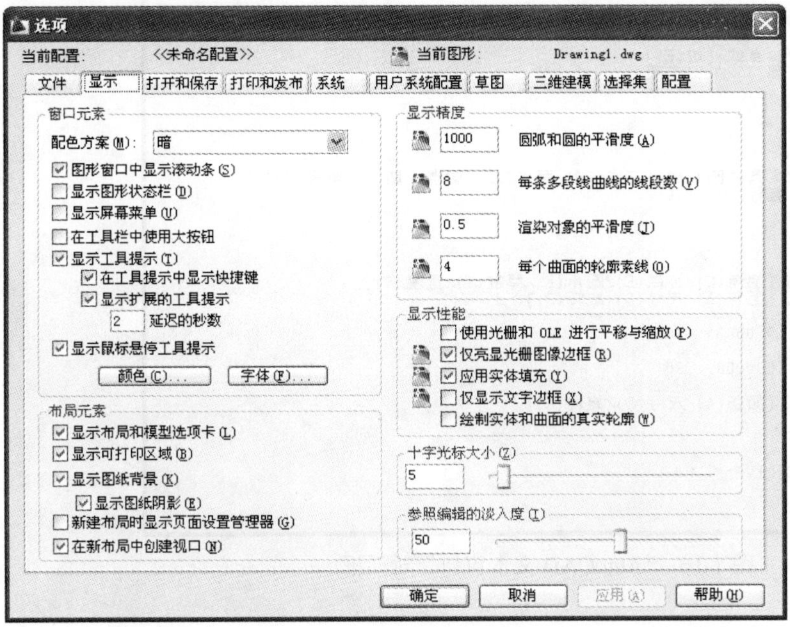

图 1-12 “选项”对话框

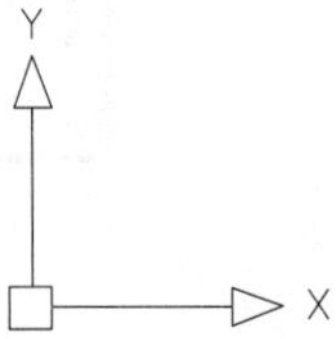

图 1-13　坐标系图标

1.3.5 “模型/布局”选项卡

“模型/布局”选项卡位于绘图区域的左下方，如图 1-14 所示。它用于实现模型空间与图纸空间的转换。模型空间是用户通常使用的显示方式，是指单一视图显示法；图纸空间是指在绘图区域创建图形的多视图，在图纸空间中，用户可以创建叫作“浮动视口”的区域，以不同视图显示所绘图形。系统默认打开模型空间，用户可以通过单击来选择需要的布局。

图 1-14 “模型/布局”选项卡

1.3.6 命令窗口

命令窗口位于绘图区域的底部，用于显示用户输入的命令、系统的提示及相关信息，如图 1-15 所示。默认情况下，AutoCAD 在命令窗口保留所执行的最后 3 行命令或提示信息。用户可以根据需要通过拖动窗口边框的方式调整命令窗口的大小。

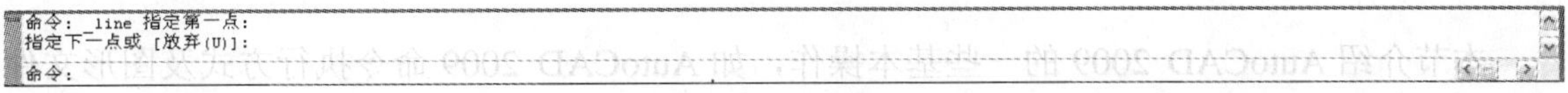

图 1-15　命令窗口

按<F2>键将打开如图 1-16 所示的“AutoCAD 文本窗口”对话框，利用该文本窗口，可以很方便地查看历史记录，并能对其进行相关的编辑处理。再次按<F2>键又可以关闭此窗口。

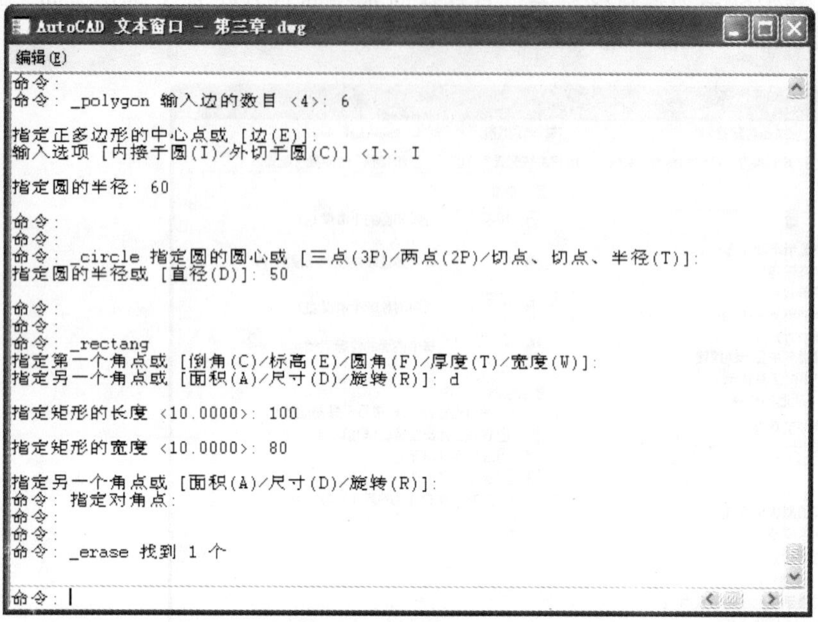

图 1-16 “AutoCAD 文本窗口”对话框

1.3.7 状态栏

状态栏位于命令行下方，如图 1-17 所示，主要用于显示或设置当前的绘图状态。状态栏上最左边的一组数字反映当前光标的坐标，其余图形工具按钮从左到右分别表示当前是否启用了捕捉、栅格、正交、极轴、对象捕捉、对象追踪、DUCS、动态输入及是否显示线宽和快捷特性等信息。用户单击某一按钮可开启或关闭相应的功能，按钮处于凹陷状态时表示被选中。

图 1-17 状态栏

1.3.8 滚动条

利用水平和垂直滚动条，可以使图纸沿水平或垂直方向移动，即实现通过平移来调整在绘图窗口中所显示的内容。

1.4 AutoCAD 2009 的基本操作

本节介绍 AutoCAD 2009 的一些基本操作，如 AutoCAD 2009 命令执行方式及图形文件的创建、打开、保存及关闭等。

1.4.1　AutoCAD 2009 命令执行方式

在 AutoCAD 2009 中，命令的执行方式有多种，用户在作图时，应根据实际情况选择最佳的执行方式，从而提高作图效率。

1. 通过下拉菜单

单击下拉菜单中的菜单项，可执行 AutoCAD 2009 的相应命令，这种命令执行方式操作比较简单。

2. 通过单击工具栏命令按钮

单击相关工具栏中的工具按钮进行操作，是一种比较直观的方式。但由于 AutoCAD 2009 提供了很多工具栏，如果全部显示出它们则会使绘图区域减小。因此，AutoCAD 2009 默认只显示“标准”工具栏、“绘图”工具栏及“修改”工具栏等常用工具栏。当用户需要经常进行 AutoCAD 2009 的某些操作时（如标注尺寸等），则可以打开对应的工具栏；当不需要该工具栏时，则将其关闭以保证有足够的绘图区域。

3. 通过键盘

通过键盘执行命令的方法为：当命令窗口中的提示为“命令：”时，通过键盘输入要执行的命令，然后右击或按 Enter 键、空格键即可。此命令执行方式的缺点是用户需要记住 AutoCAD 2009 的各个命令。

在执行命令的过程中，用户应注意以下两点。

（1）在执行某些命令过程中，有时会出现尖括号“<>”，其中的值是当前系统的默认值。此时直接按 Enter 键，系统将采用默认值。

（2）命令行中的方括号 [ ] 内以“/”隔开的内容表示各种选项，若要选择某个选项，只需输入圆括号中的字母，该字母可以是大写或小写形式。例如，在执行圆的命令过程中，只需在出现命令提示后输入“2P”，然后按 Enter 键，这样就表示使用“两点”法来绘制圆。

4. 重复执行上一次操作命令

当结束了某个操作命令后，若要再一次执行前一次使用的命令，除可以通过上述 3 种方式执行该命令外，还可以用以下方式来进行，从而提高绘图效率。

（1）按 Enter 键或空格键。执行某一命令后，紧接着按 Enter 键或空格键即可重复执行命令。

（2）通过快捷菜单重复执行命令。完成某一命令的执行后，使光标位于绘图区域，右击，AutoCAD 2009 弹出快捷菜单，并在菜单的第一行显示出上一次所执行的命令，单击该菜单项，即可重复执行对应的命令。

5. 终止命令的执行

在 AutoCAD 2009 中可以随时退出正在执行的操作命令。在执行某个命令时，可以通过按 Esc 键或 Enter 键，或右击，从弹出的快捷菜单中选择“取消”命令来终止命令的执行。

6. 撤销已执行的命令

在绘图过程中，难免会出现错误，如果需要撤销已执行的命令时，可通过以下 3 种方式来完成。

（1）单击“编辑”工具栏中“放弃”按钮 ，可逐次撤销前面所执行过的若干命令。

（2）在命令行中输入 U（或 UNDO）命令可撤销前一次或前几次执行的命令。

（3）有些命令在其命令提示行提供了“放弃”选项，选择“放弃”选项可连续撤销前一步执行的操作。

7. 恢复已撤销的命令

当撤销了前几步的操作后，若又想恢复上一个已撤销的操作，可通过以下两种方式来完成。

（1）单击“标准”工具栏中“重做”按钮，可恢复已撤销的上一步。

（2）在使用了 U（或 UNDO）命令后，紧接着使用 REDO 命令即可恢复已撤销的上一步操作。

8. 透明命令

透明命令是指在执行其他命令过程中可以同时执行的命令。在 AutoCAD 2009 中并不是所有的命令都是透明命令，透明命令通常是一些绘图辅助命令，如“标准”工具栏上的控制图形显示命令及状态栏上的绘图辅助命令等。

当在执行某一命令过程中需要执行某一透明命令时，可直接单击下拉菜单中对应的菜单项或单击工具栏上的对应按钮，而后根据提示执行该透明命令的对应操作，执行后 AutoCAD 2009 又会返回到执行透明命令之前的提示。

当从键盘输入透明命令时，要在命令前加一个撇号“'”。例如，在绘制圆过程中执行缩放命令，可进行如下操作。

单击“圆”按钮，系统提示：

指定圆的圆心或［三点（3P）/两点（2P）/相切、相切、半径（T）]：（在绘图区域中指定一个点）

指定圆的半径或［直径（D）]：'ZOOM↙

>>指定窗口角点，输入比例因子（nX 或 nXP），或者

［全部（A）/中心点（C）/动态（D）/范围（E）/上一个（P）/比例（S）/窗口（W）]<实时>：W↙（选择了窗口缩放命令）

>>指定第一个角点：>>指定对角点：（指定被缩放区域的长方形两个对角点）

正在恢复执行 circle 命令。（透明命令结束）

指定圆的半径或［直径（D）]：（恢复圆命令）

1.4.2 图形文件操作

1. 创建新图形

命令执行方式如下。

（1）菜单：“文件”|“新建”

（2）工具栏：“标准”工具栏|“新建”按钮

（3）命令：NEW↙

执行上述任一方式后，AutoCAD 2009 弹出“选择样板”对话框，如图 1-18 所示。

此对话框要求用户选择新建图形时所使用的样板文件。所谓样本文件，就是可以直接利用其中的一系列设置，如图层、线型、文字样式及尺寸标注样式等的设置。此外，还可以包括一些通用图形对象，如标题栏及图幅框等。因此利用样板创建新图形，可以减少很多重复的绘图准备工作，从而提高绘图效率，又能够保证图形的一致性。

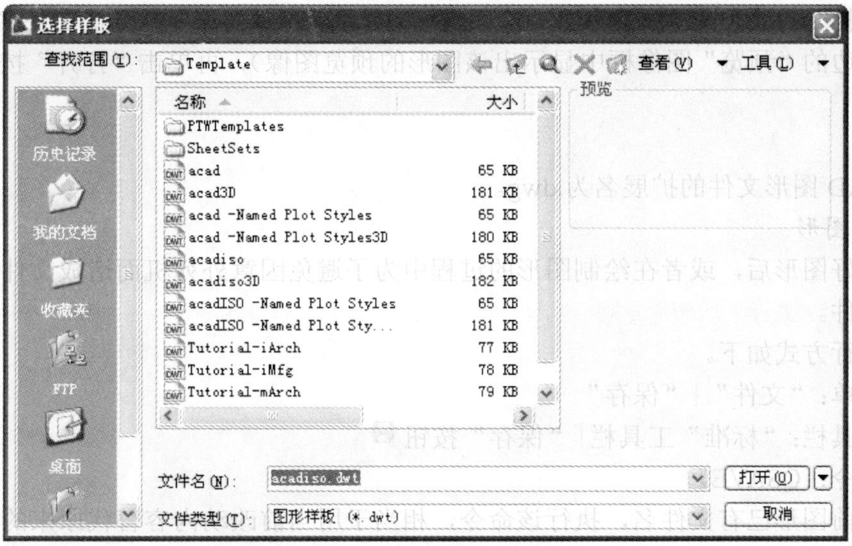

图 1-18 “选择样板”对话框

用户可以创建自己的样板文件，但如没有自己的样板文件，可在“选择样板”对话框中选择样板文件“acadiso.dwt”，打开一个相当于 A3 图幅的默认图形界限为 420×297 的公制单位基本绘图环境（建议初学者选择该样板文件）。另一个样板文件“acad.dwt”则为默认图形界限为 12×9 的英制单位绘图环境，其他样板文件一般不用。

2. 打开图形文件

命令执行方式如下。

（1）菜单：“文件”｜“打开”

（2）工具栏：“标准”工具栏｜“打开”按钮

（3）命令：OPEN↙

执行上述任一方式后，弹出如图 1-19 所示的“选择文件”对话框。

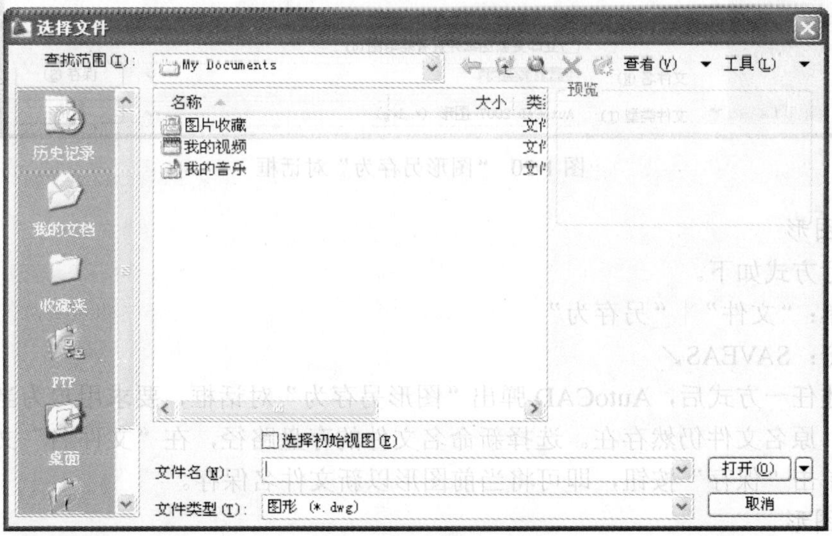

图 1-19 “选择文件”对话框

寻找要打开的图形文件所在的路径，双击该文件名，或单击需要打开的文件名（AutoCAD 一般会在右边的“预览”图像框中显示出该图形的预览图像），再单击“打开”按钮，即可打开图形。

【说明】

AutoCAD 图形文件的扩展名为.dwg。

3. 保存图形

当绘制好图形后，或者在绘制图形的过程中为了避免因意外死机而造成文件丢失，需要及时保存文件。

命令执行方式如下。

（1）菜单：“文件”｜“保存”

（2）工具栏：“标准”工具栏｜“保存”按钮

（3）命令：QSAVE↙

如果当前图形已有文件名，执行该命令，相当于用当前改动内容替代原来的图形；如果当前图形是第一次存盘（文件的标题行指示为系统默认的文件名 DrawingN），屏幕将弹出“图形另存为”对话框，如图 1-20 所示，要求用户输入新的图形文件命名存盘。

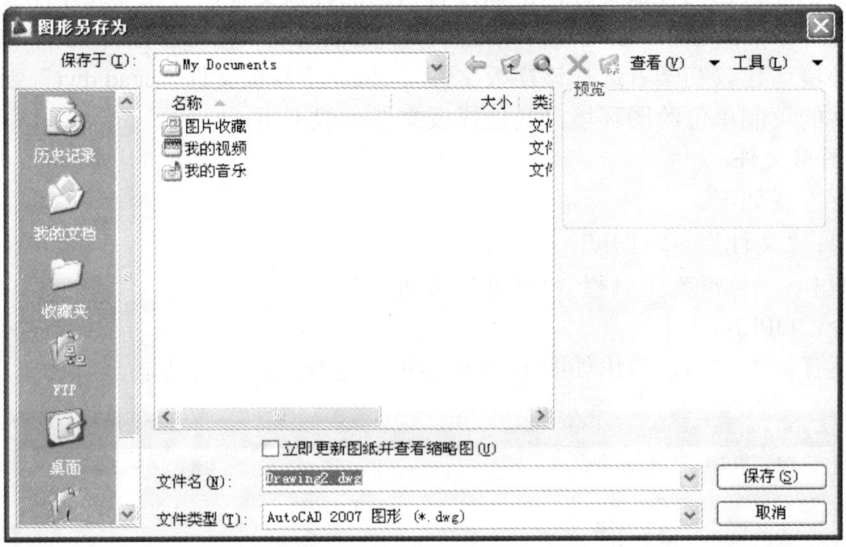

图 1-20 “图形另存为”对话框

4. 另存图形

命令执行方式如下。

（1）菜单：“文件”｜“另存为”

（2）命令：SAVEAS↙

执行上述任一方式后，AutoCAD 弹出“图形另存为”对话框，要求用户为当前图形赋予新的文件名，原名文件仍然存在。选择新命名文件的存盘路径，在“文件名”文本框中输入新文件名，单击“保存”按钮，即可将当前图形以新文件名保存。

5. 关闭图形

命令执行方式如下。

（1）菜单："文件"|"关闭"

（2）单击当前图形窗口右上角的"关闭"按钮

（3）命令：CLOSE↙

如果要一次关闭多个已打开的图形文件，那么可以在"窗口"菜单中选择"全部关闭"命令。在关闭文件之前，如果用户修改了当前图形而没有保存，AutoCAD 会弹出如图 1-21 所示的对话框。在对话框中，单击"是（Y）"按钮或直接按 Enter 键，表示将当前的图形文件存盘后再关闭；单击"否（N）"按钮或输入"N"后再按 Enter 键，则表示关闭图形，但不将其存盘；单击"取消"按钮或按 Esc 键，表示取消关闭当前图形文件的操作，既不保存也不关闭当前图形。

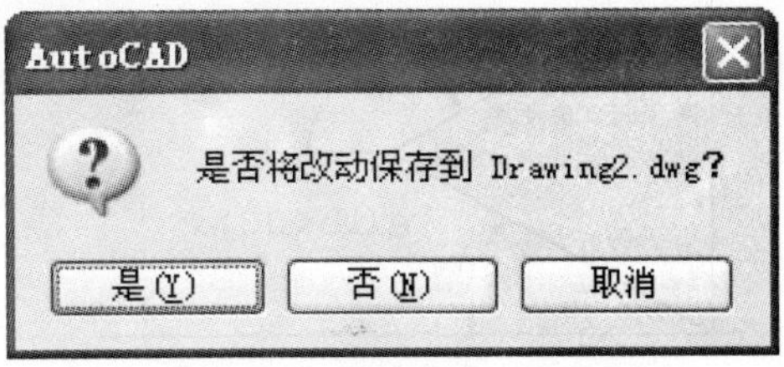

图 1-21　存盘提示对话框

1.5　AutoCAD 2009 点的确定方式

1. 直接用鼠标在屏幕上拾取点

当命令提示要求指定点时，用户只需移动鼠标，使光标移动到所需的位置单击即可。

2. 利用对象捕捉方式捕捉特殊点

利用 AutoCAD 2009 的对象捕捉功能，可以方便并准确地确定一些特殊点，如端点、交点、圆心、切点及中点等。本书 5.4 节将介绍 AutoCAD 2009 的对象捕捉功能。

3. 通过键盘输入点的坐标

当 AutoCAD 2009 提示用户指定点的位置时，用户可直接通过键盘输入点的坐标。在 AutoCAD 2009 中，点的坐标有绝对直角坐标、相对直角坐标、绝对极坐标及相对极坐标 4 种表示方法。在二维绘图中，可暂不考虑点的 Z 坐标。

（1）绝对直角坐标。绝对直角坐标是指当前点相对于坐标原点的坐标。对于二维绘图而言，使用绝对直角坐标时，直接从键盘中输入点 A 的 X 和 Y 坐标值，X 和 Y 坐标值之间要用逗号隔开，前后不加括号。例如，如果要输入一个点，其 X 坐标为 15，Y 坐标为 10，那么在要求输入点的提示后输入"15，10"（不输入双引号）后按 Enter 键即可。图 1-22 表示了该点直角坐标的几何意义。

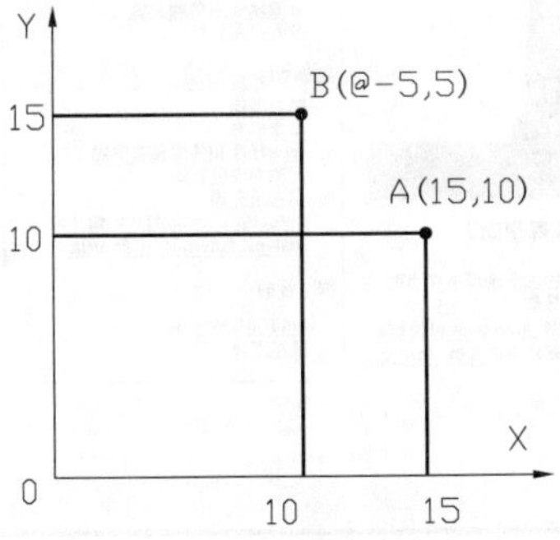

图 1-22　直角坐标

（2）相对直角坐标。相对直角坐标是当前点相对前一点沿 X 轴和 Y 轴的位移增量。对于二维绘图而言，使用相对直角坐标时，其输入格式与绝对直角坐标的输入格式类似，但要在输入的坐标前面加上符号"@"。例如，已知前一点 A 的直角坐标为（15，10），如果在输入点的提示后输入"@–5，5"，则得到新点 B。该坐标表示 B 点相对于 A 点的坐标为（–5，5），即点 B 的绝对坐标为（10，15），如图 1-22 所示。

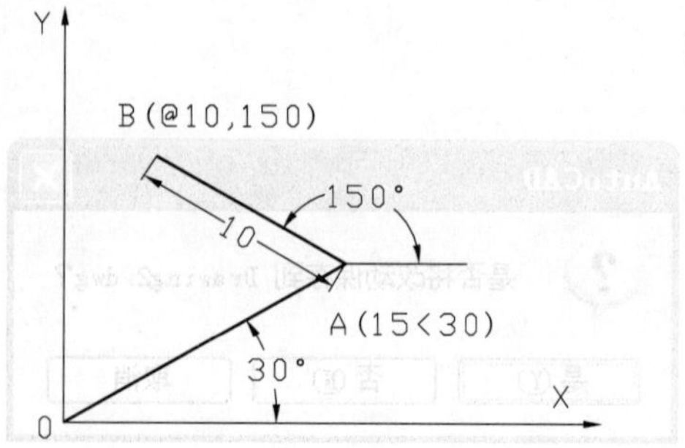

图 1-23　极坐标

（3）绝对极坐标。绝对极坐标的表示方法为“距离<角度”，其中距离为当前点相对于坐标原点的距离，角度为当前点和坐标原点连线与 X 轴正方向的夹角。在默认设置下，AutoCAD 的 X 轴正方向（即水平向右方向）为 0° 方向、Y 轴正方向（即垂直向上方向）为 90° 方向。如图 1-23 所示，A 点距坐标原点的距离为 15，该点与坐标系原点的连线相对于坐标系 X 轴正方向的夹角为 30°，那么该点的绝对极坐标表示为：15<30。

（4）相对极坐标。相对极坐标的表示方法为“@距离<角度”，其中距离是当前点相对前一点之间的距离；其角度为当前点和前一点连线与 X 轴正向的夹角。如图 1-23 所示，B 点相对于 A 点的相对极坐标表示为“@10<150”。

【说明】

AutoCAD 2009 还提供了主要用于三维绘图的球坐标和柱坐标。本书 12.5 将介绍这两种坐标的形式。

1.6　AutoCAD 2009 的帮助功能

AutoCAD 2009 提供了强大的帮助功能。可以通过按<F1>键或单击“帮助”下拉菜单中的“帮助”菜单项，如图 1-24 所示。打开 AutoCAD 2009 的帮助文件，为用户提供联机帮助。

用户可以通过图 1-25 所示的联机帮助窗口获得各种帮助信息。例如，根据“命令参考”，可以了解 AutoCAD 2009 提供的全部命令及其功能。图 1-26 所示显示出对“创建直线段”命令的功能与使用的说明。

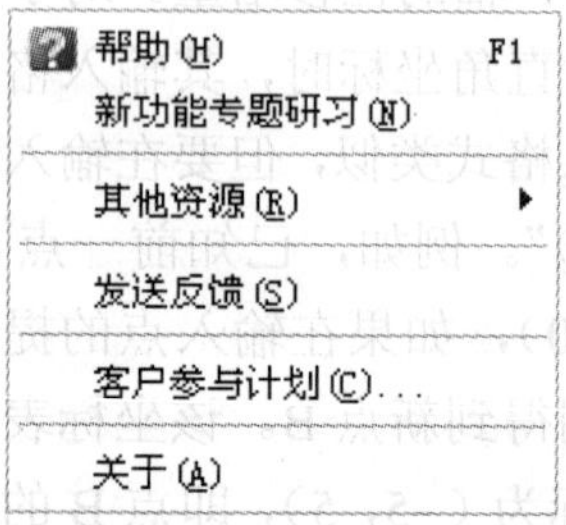

图 1-24　帮助下拉菜单

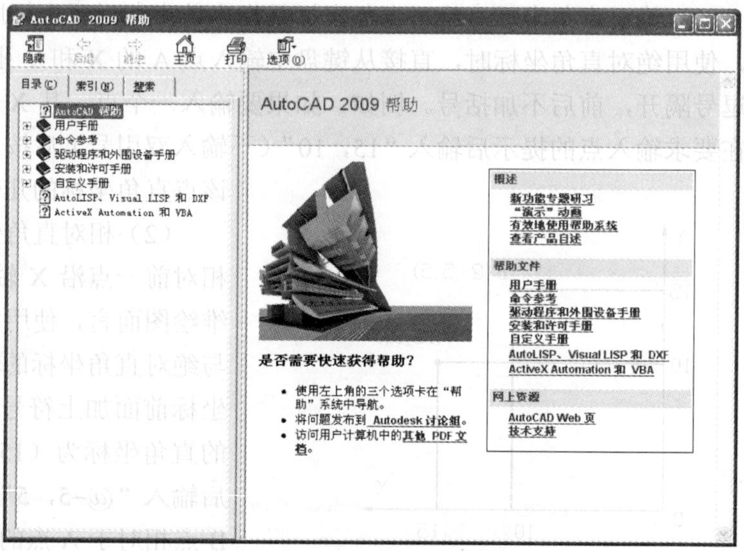

图 1-25　联机帮助窗口

【说明】

用户可通过“帮助”下拉菜单中的“新功能专题研习”项了解 AutoCAD 2009 新增功能方面的信息。

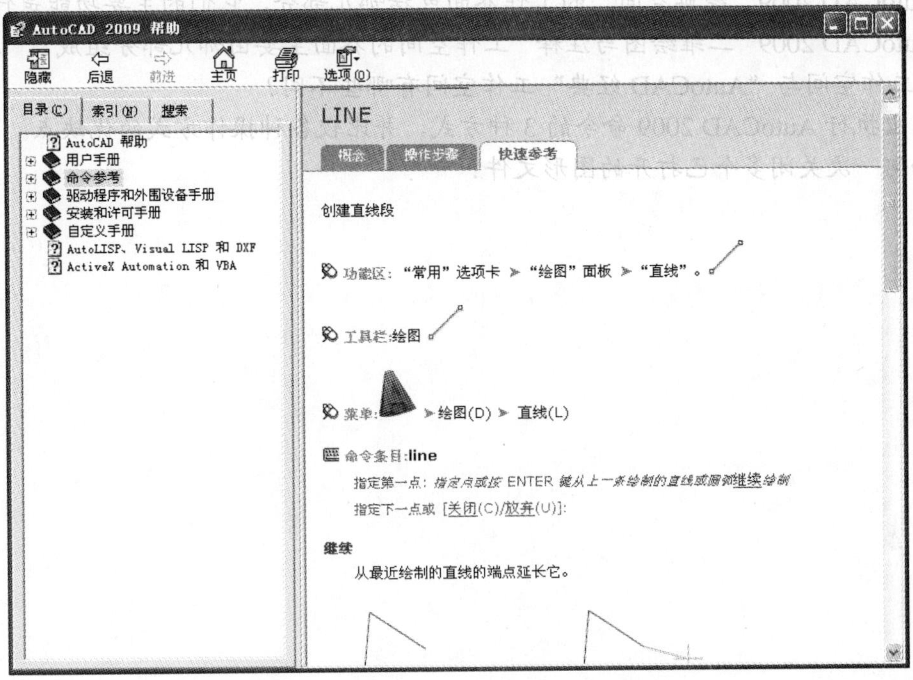

图 1-26 “帮助”对话框中直线命令说明

实　训

1. 在“AutoCAD 经典”工作界面中，打开“绘图”与“修改”工具栏，并将其分别放在绘图窗口的两侧。

2. 以文件 acadiso.dwt 为样板建立新图形，并利用 LINE 命令绘制题图 1-1 所示的三角形和正方形，然后将其以文件名“三角形和正方形.dwg”保存。

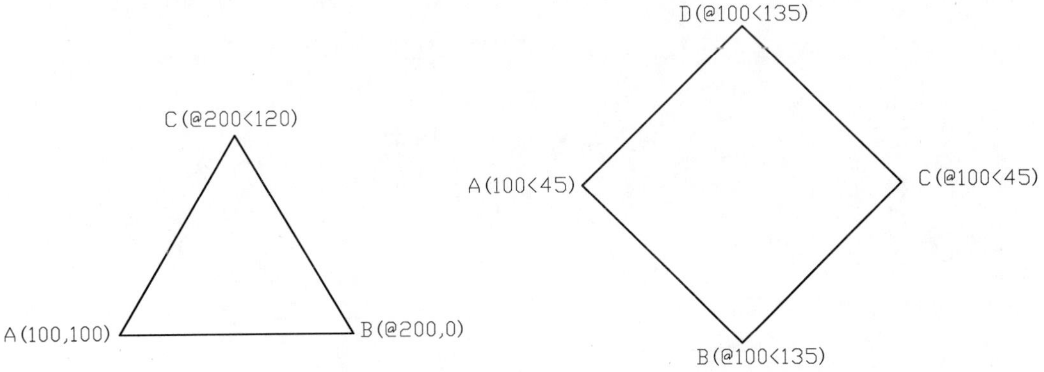

三角形　　　　正方形

题图 1-1

习　题

1. AutoCAD 2009“经典空间”的工作界面包括哪几部分，它们的主要功能是什么？

2. AutoCAD 2009“二维绘图与注释”工作空间的界面主要由哪几部分组成？“二维草图与注释”工作空间与“AutoCAD 经典”工作空间有哪些不同？

3. 列出执行 AutoCAD 2009 命令的 3 种方式，并比较各种操作方式的优缺点。

4. 如何一次关闭多个已打开的图形文件？

第 2 章
绘制二维图形

AutoCAD 2009 软件的优势之一在于其强大的二维图形绘制功能。在本章中将介绍常用的二维基本图形绘制的命令执行方式，并讲述利用这些方式绘制直线、射线、构造线、多段线、圆、圆弧、椭圆、矩形、正多边形、点及样条曲线等基本图形对象。本章主要包括以下内容：

- 绘制命令的执行方式
- 二维图形的绘制

2.1 绘制命令的执行方式

绘制二维基本图形的方法很多，用户可以通过“绘图”下拉菜单（见图 2-1）或通过“绘图”工具栏（见图 2-2）或在命令行中输入相应的命令来执行 AutoCAD 2009 相应的二维图形绘制命令。

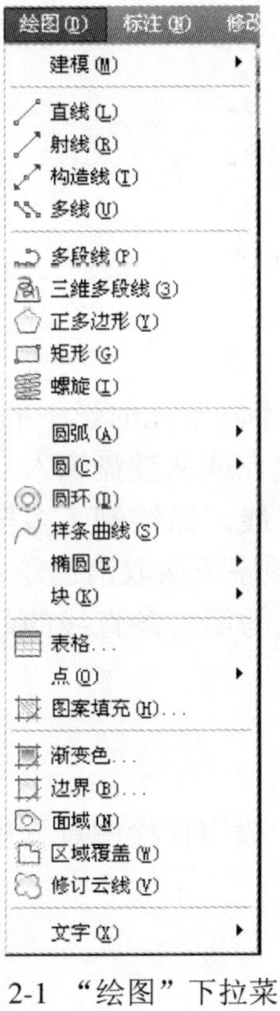

图 2-1 “绘图”下拉菜单

图 2-2 “绘图”工具栏

2.2 二维图形的绘制

2.2.1 绘制直线

直线是各种绘图中最常用、最简单的一类图形对象。使用 LINE 命令，可以创建一系列连续的线段，每条线段都是可以单独进行编辑的直线对象。

用 LINE 命令绘制如图 2-3 所示的零件截面图。

1）命令执行方式

（1）菜单：“绘图”|“直线”

（2）工具栏：“绘图”工具栏 |“直线”按钮

（3）命令 LINE↙

2）操作过程及说明

执行上述任一方式后，系统提示：

_line 指定第一点：（在绘图区域适当位置拾取一点作为图形绘制的起点）

指定下一点或 [放弃（U）]：@0，-36↙（相对坐标，确定此图形的第二点）

指定下一点或 [放弃（U）]：@44，0↙

指定下一点或 [闭合（C）/放弃（U）]：@0，36↙

指定下一点或 [闭合（C）/放弃（U）]：@-14，0↙

指定下一点或 [闭合（C）/放弃（U）]：@6，-18↙

指定下一点或 [闭合（C）/放弃（U）]：@-28，0↙

指定下一点或 [闭合（C）/放弃（U）]：@6，18↙

指定下一点或 [闭合（C）/放弃（U）]：C↙

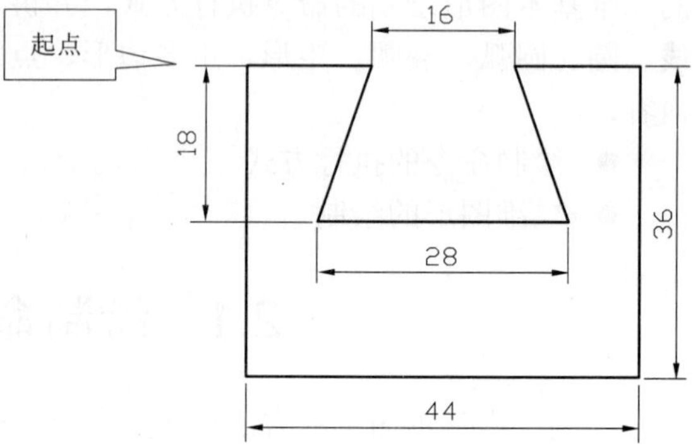

图 2-3 零件截面图

【说明】

（1）AutoCAD 2009 中的直线实际上是直线段，不同于几何学中的直线。

（2）指定下一点：这是默认选项，可用鼠标指定点或从键盘输入点的坐标。

（3）“放弃（U）”选项用于取消刚绘制的一段直线，当绘制了多段直线以后，用户可以连续执行“放弃（U）”命令，按与绘图顺序相反的顺序依次取消已绘制出的线段。

（4）“闭合（C）”选项能将最后一条直线的终点与第一条直线的起点连接绘制直线，从而构成封闭多边形并退出直线命令。

2.2.2 绘制射线

射线为一端固定，另一端无限延伸的直线。它一般用作绘图过程中的辅助线。

1. 命令执行方式

（1）菜单：“绘图”|“射线”

（2）工具栏：“绘图”工具栏 |“射线”按钮

（3）命令：RAY↙

2. 操作过程及说明

执行上述任一方式后，系统提示：

_ray 指定起点：（指定射线的起始位置）

指定通过点：（指定射线所通过的任意一点。指定该点后，AutoCAD 绘制出过起点与该点的射线。）

【说明】

指定起点后，可在“指定通过点：”提示下指定多个通过点，绘制以起点为端点的多条射线，按 Esc 键或 Enter 键结束命令。

2.2.3　绘制构造线

构造线为两端无限延伸的直线，没有起点和终点，一般也可用作辅助线。

1. 命令执行方式

（1）菜单：“绘图”|“构造线”

（2）工具栏：“绘图”工具栏 |“构造线”按钮

（3）命令：XLINE↙

2. 操作过程

执行上述任一方式后，系统提示：

_xline 指定点或 [水平（H）/垂直（V）/角度（A）/二等分（B）偏移/（O）]:

系统默认的是通过指定点（两点）的方式来创建构造线，还可以运用其他方式进行绘制。

（1）水平（H）。绘制通过指定点且平行于 X 轴的构造线。执行 XLINE 命令，系统提示：

_xline 指定点或 [水平（H）/垂直（V）/角度（A）/二等分（B）偏移/（O）]: H↙（表示绘制水平的构造线）

指定通过点：（在此提示下指定一点，AutoCAD 绘制出通过该点的水平构造线）

指定通过点：（指定通过点，继续绘制通过该点的水平构造线，或按 Enter 键结束该命令）

（2）垂直（V）。绘制通过指定点且平行于 Y 轴的构造线，操作方法同“水平（H）”类似。

（3）角度（A）。绘制一条或多条沿指定角度的构造线。执行 XLINE 命令，系统提示：

_xline 指定点或 [水平（H）/垂直（V）/角度（A）/二等分（B）偏移/（O）]: A↙（表示用角度方式绘制构造线）

输入构造线的角度（O）或 [参照（R）]:（输入角度值，并按 Enter 键）

指定通过点：（指定通过点，画出一条通过该点且与 X 轴正方向夹角成指定角度的构造线）

指定通过点：（指定通过点，继续绘制通过该点且与 X 轴正方向夹角成指定角度的构造线，或按 Enter 键结束该命令）

如果在“输入构造线的角度（O）或 [参照（R）]:”提示下输入“R”，再按 Enter 键表示将绘制与已有直线成指定角度的构造线，系统提示：

选择直线对象：（选择已有的直线）

输入构造线的角度：（输入角度值，再按 Enter 键）

指定通过点：（指定通过点，绘制出过该点且与指定直线成指定角度的构造线）

指定通过点：（指定通过点，继续绘制通过该点且与指定直线成指定角度的构造线，或按 Enter 键结束该命令）

（4）二等分（B）。绘制平分由指定三点所确定的角的构造线，如图 2-4 所示。

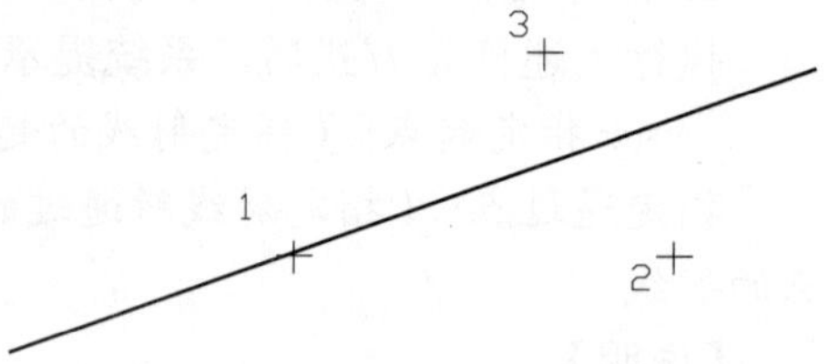

图 2-4　选择“二等分（B）”方式画构造线

绘图步骤如下。

执行 XLINE 命令，系统提示：

_xline 指定点或 [水平（H）/垂直（V）/角度（A）/二等分（B）偏移/（O）]：B↙（表示用二等分方式绘制构造线）

指定角的顶点：（指定“1”点为角的顶点）

指定角的起点：（指定“2”点为角的起点）

指定角的端点：（指定“3”点为角的端点）

指定角的端点：↙

（5）偏移（O）。绘制与指定直线平行的构造线。执行 XLINE 命令，系统提示：

_xline 指定点或 [水平（H）/垂直（V）/角度（A）/二等分（B）偏移/（O）]：O↙（表示用偏移方式绘制构造线）

指定偏移距离或 [通过（T）] <通过>：

此时可以用以下两种方法来绘制构造线。

① 指定偏移距离：表示能绘制出与指定直线平行且两线之间的距离为指定值的构造线，如图 2-5 所示。

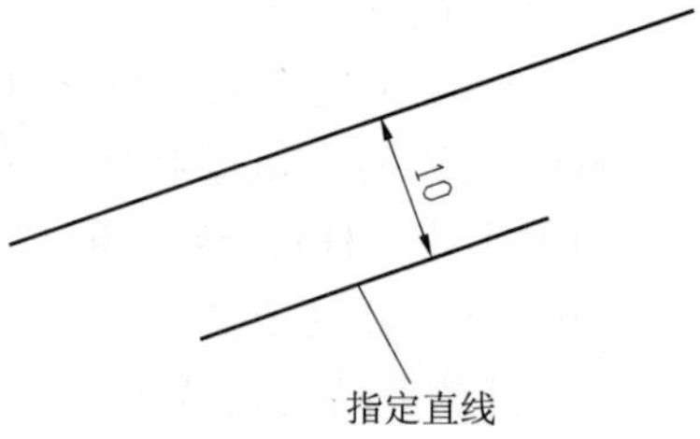

图 2-5　指定偏移距离画构造线

绘图步骤如下。

选择“偏移（O）”方式后，系统提示：

指定偏移距离或 [通过（T）] <通过>：10↙

选择直线对象：（选择被平行的直线）

指定向哪侧偏移：（相对于所选择直线，单击指定偏移侧向，绘出对应构造线）

选择直线对象：（可重复上述操作继续绘制其他构造线，或按 Enter 键结束该命令）

② 通过（T）：表示能绘制出通过指定点且与指定直线平行的构造线。

绘图步骤如下。

选择“偏移（O）”方式后，系统提示：

指定偏移距离或 [通过（T）] <通过>：T↙

选择直线对象：（选择被平行的直线）

指定通过点：（指定构造线所通过的点位置，绘出对应构造线）

选择直线对象：（可重复上述操作继续绘制出其他构造线，或按 Enter 键结束该命令）

2.2.4 绘制多线

多线是一个单一的对象，在建筑平面图中，常被用来绘制街道、管道、道路或墙体等。在绘制多线之前，可以先在图形中创建和保存所需要的多线样式，为多线设置平行线的数量、颜色及其他特性等。

1. 创建样式名为“建筑平面图”

绘图步骤如下。

（1）选择下拉菜单中的“格式”|“多线样式”命令（或在命令行中输入：MLSTYLE↙），此时弹出“多线样式”对话框，如图 2-6 所示。

（2）单击“多线样式”对话框中的 新建(N)... 按钮，弹出“创建新的多线样式”对话框。在对话框中输入“新样式名”为“建筑平面图”，如图 2-7 所示。

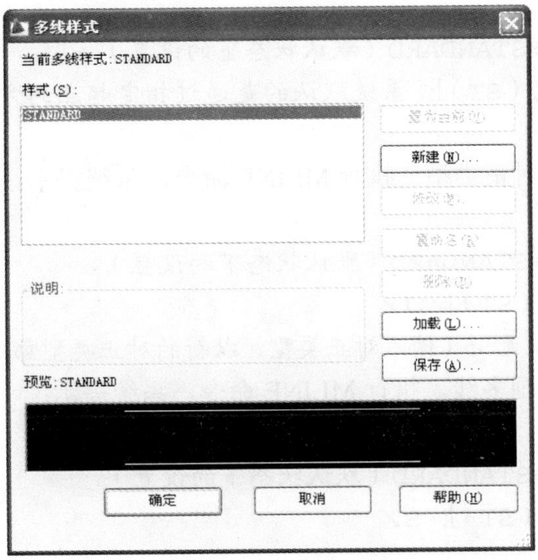

图 2-6 “多线样式”对话框

图 2-7 “创建新的多线样式”对话框

（3）单击“继续”按钮，弹出“新建多线样式：建筑平面图”对话框，如图 2-8 所示。在该对话框“封口”选项区中，选中“直线”的“起点”和“端点”复选框，单击“确定”按钮，返回到“多线样式”对话框，在“预览”窗口中可看到所创建的新样式效果。

（4）单击“多线样式”对话框上的“确定”按钮，完成多线样式的创建。绘图效果如图 2-9 所示。

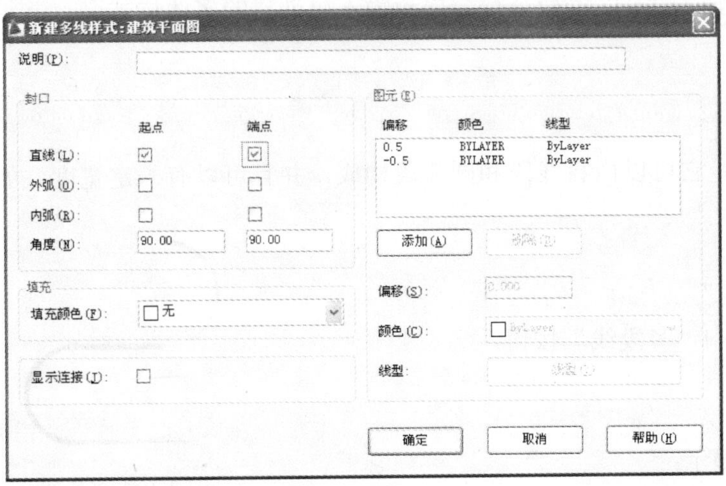

图 2-8 “新建多线样式”对话框

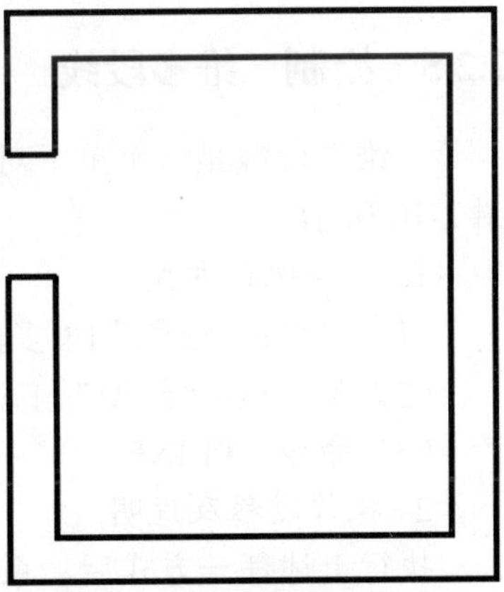

图 2-9 “建筑平面图”样式图例

2. 绘制多线

（1）命令执行方式。

① 菜单：“绘图”|“多线”

② 命令：MLINE↙

（2）操作过程及说明。

执行上述任一方式后，系统提示：

_mline

当前设置：对正=上，比例=20.00，样式=STANDARD（默认状态下的设置）

指定起点或［对正（J）/比例（S）/样式（ST）]：系统默认的是通过指定起点的方式来创建构造线，还可以运用其他方式进行绘制：

① 对正（J）。指定在绘制多线时拾取点的对正类型。执行 MLINE 命令，系统提示：

_mline

当前设置：对正=无，比例=20.00，样式=STANDARD（默认状态下的设置）

指定起点或［对正（J）/比例（S）/样式（ST）]：J↙

输入对正类型［上（T）/无（Z）/下（B）] <无>：（输入对正类型，以新的对正类型画线）

② 比例（S）。按指定的最外侧两线的间距画多线。执行 MLINE 命令，系统提示：

_mline

当前设置：对正=上，比例=20.00，样式=STANDARD（默认状态下的设置）

指定起点或［对正（J）/比例（S）/样式（ST）]：S↙

输入多线比例<20.00>：100↙

当前设置：对正=无，比例=30.00，样式=STANDARD（设置后的参数）

指定起点或［对正（J）/比例（S）/样式（ST）]：（指定画线的起点）

指定下一点：（指定画线的下一点）

指定下一点或［放弃（U）]：（指定画线的下一点）

指定下一点或［闭合（C）/放弃（U）]：（继续指定点，或输入 C 闭合或按 Enter 键结束绘制）

③ 样式（ST）。在命令行中输入“ST”，命令行会提示输入已创建的多线样式名，并将其置为当前样式。

2.2.5 绘制二维多段线

二维多段线是一个单个对象，它可以由直线段和圆弧段构成，并且可以有一定宽度，如图 2-10 所示。

1. 命令执行方式

（1）菜单：“绘图”|“多段线”

（2）工具栏：“绘图”工具栏 |“多段线”按钮

（3）命令：PLINE↙

2. 操作过程及说明

执行上述任一方式后，系统提示：

指定起点：（指定多段线的起点）

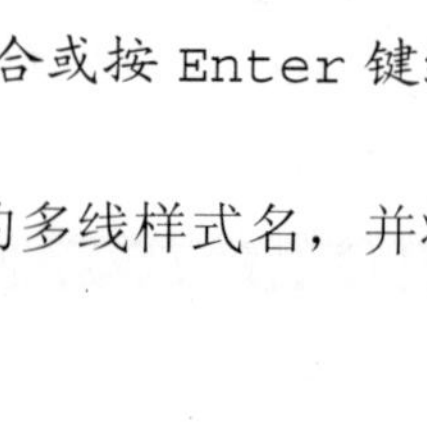

图 2-10 多段线

指定下一个点或 [圆弧（A）/半宽（H）/长度（L）/放弃（U）/宽度（W）]:

各选项含义如下：

（1）指定下一个点。确定多段线的另一端点位置，为默认项。

（2）圆弧（A）。将圆弧段添加到多段线中。执行该选项，系统提示：

指定圆弧的端点或 [角度（A）/圆心（CE）/闭合（CL）/方向（D）/半宽（H）/直线（L）/半径（R）/第二个点（S）/放弃（U）/宽度（W）]:

如果执行默认项“指定圆弧的端点”，AutoCAD 将绘出以上一点和该点为两端点的圆弧。

绘制圆弧提示中部分选项的含义：

① 角度（A）：根据圆弧的包含角绘制圆弧。

② 圆心（CE）：根据圆弧的圆心位置绘制圆弧。

③ 闭合（CL）：用圆弧封闭多段线。

④ 方向（D）：确定所绘圆弧在起点处的切线方向。

⑤ 直线（L）：将绘圆弧方式改为绘直线方式。

⑥ 半径（R）：指定半径绘制圆弧。

⑦ 第二个点（S）：根据 3 点绘制圆弧。

⑧ 放弃（U）：删除上一次绘出的圆弧段。

（3）半宽（H）。确定所绘多段线的半宽度，即输入值是所绘多段线宽度的一半。选取该选项后，用户需要分别指定起点半宽和终点半宽。

（4）直线（L）。从当前点绘制指定长度的多段线。如果前一线段是圆弧段，系统将绘制与该圆弧段相切的直线段。

（5）放弃（U）。删除最近一次添加到多段线上的直线段或圆弧段。

（6）宽度（W）。确定多段线的宽度。选取该选项后，用户需要分别指定起点宽度和终点宽度。

3. 案例

绘制如图 2-11 所示的箭头。

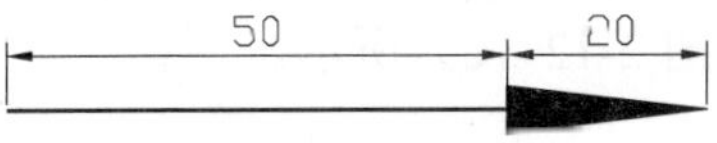

图 2-11　箭头

绘图过程如下。

执行 PLINE 命令，系统提示：

指定起点:（在绘图区域适当位置拾取一点）

指定下一个点或 [圆弧（A）/半宽（H）/长度（L）/放弃（U）/宽度（W）]: @50，0↙

指定下一个点或 [圆弧（A）/闭合（C）/半宽（H）/长度（L）/放弃（U）/宽度（W）]: W↙（设置宽度）

指定起点宽度: 5↙

指定端点宽度: <10.0000>: 0↙

指定下一点或 [圆弧（A）/闭合（C）/半宽（H）/长度（L）/放弃（U）/宽度（W）]: L↙

指定直线的长度: 20↙

指定下一点或 [圆弧（A）/闭合（C）/半宽（H）/长度（L）/放弃（U）/宽度（W）]: ↙

执行结果如图 2-11 所示。

2.2.6 绘制正多边形

在 AutoCAD 2009 中，可以绘制出 3～1 024 条边的正多边形。

1. 命令执行方式

（1）菜单："绘图" | "正多边形"

（2）工具栏："绘图" 工具栏 | "正多边形" 按钮

（3）命令：POLYGON↙

2. 操作过程及说明

执行上述任一方式后，系统提示：

输入边的数目：（输入正多边形的边数）

指定正多边形的中心点或 [边（E）]:

各选项含义如下。

（1）指定正多边形的中心点。默认情况下，使用多边形的假想外接圆或内切圆绘制正多边形。当指定正多边形的中心点后，系统提示：

输入选项 [内接于圆（I）/外切于圆（C）] <I>:

① 内接于圆（I）。此选项表示所绘正多边形内接于假想的圆，如图 2-12（a）所示。执行该选项，系统提示：

指定圆的半径：15↙

输入圆的半径后，AutoCAD 绘出与该圆内接的正六边形。

② 外切与圆（C）。此选项表示所绘正多边形外切于假想的圆，如图 2-12（b）所示。执行该选项，系统提示：

指定圆的半径：15↙

输入圆的半径后，AutoCAD 绘出与该圆外切的正六边形。

（2）边（E）。此选项表示通过指定正多边形上某一条边的两个端点，AutoCAD 就按逆时针方向以该边为第一条边绘制一个正多边形。如以边（E）形式绘制边长为 15 的正六边形，如图 2-12（c）所示。

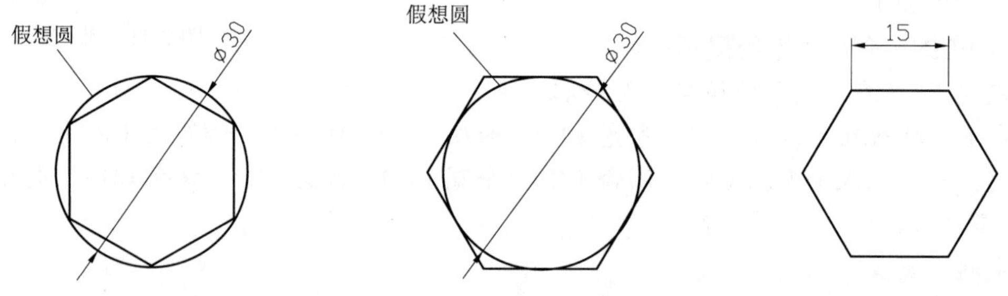

（a）内接于假想圆　（b）外切于假想圆　（c）以边（E）形式

图 2-12　正六边形的绘制

2.2.7 绘制矩形

在 AutoCAD 2009 中，可以绘制出各种形式的矩形，如图 2-13 所示。

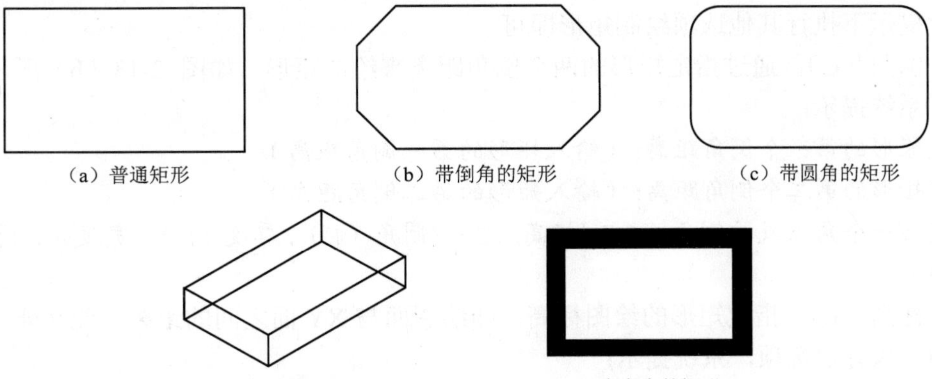

（a）普通矩形　（b）带倒角的矩形　（c）带圆角的矩形　（d）有厚度的矩形　（e）有宽度的矩形

图 2-13　利用矩形命令绘制的各种矩形

1. 命令执行方式

（1）下拉菜单："绘图" | "矩形"

（2）工具栏："绘图" 工具栏 | "矩形" 按钮

（3）命令：RECTANG↙

2. 操作过程及说明

执行上述任一方式后，系统提示：

指定一个角点或 [倒角（C）/标高（E）/圆角（F）/厚度（T）/宽度（W）]:

各选项含义如下。

（1）指定一个角点。指定矩形的第一个角点位置，此项为默认项。执行该默认项，系统提示：

指定另一个角点或 [面积（A）/尺寸（D）/旋转（R）]:

① 指定另一个角点。指定矩形的另一角点位置，确定该点后，AutoCAD 绘制出对应的矩形。

② 面积［A］。通过指定矩形的面积和长度（或宽度）绘制矩形。执行该选项，系统提示：

输入以当前单位计算的矩形面积: <100.0000>:（输入所绘矩形的面积值，再按 Enter 键）

计算矩形标注时依据 [长度（L）/宽度（W）] <长度>:（利用 "长度（L）" 或 "宽度（W）" 选项输入长或宽，AutoCAD 按指定的面积和对应的尺寸绘出矩形）

③ 尺寸（D）。通过指定矩形的长和宽绘制矩形。执行该选项，系统提示：

指定矩形的长度:（输入矩形的长度值，再按 Enter 键）

指定矩形的宽度:（输入矩形的宽度值，再按 Enter 键）

指定另一个角点或 [面积（A）/尺寸（D）/旋转（R）]:（拖动鼠标确定所绘矩形的另一个角点后，单击，AutoCAD 按指定的长和宽绘出矩形）

④ 旋转（R）。通过指定旋转的角度和拾取两个参考点绘制矩形。执行该选项，系统提示：

指定旋转角度或 [拾取点（P）]:（输入旋转角度值，或通过拾取点的方式确定角度）

指定另一个角点或 [面积（A）/尺寸（D）/旋转（R）]:

在此提示下执行其他选项绘制矩形即可。

（2）倒角（C）。通过指定矩形的两个倒角距离来绘制矩形，如图 2-13（b）所示。执行该选项，系统提示：

指定矩形的第一个倒角距离：（输入矩形的第一倒角距离）

指定矩形的第二个倒角距离：（输入矩形的第二倒角距离）

指定第一个角点或 [倒角（C）/标高（E）/圆角（F）/厚度（T）/宽度（W）]：（执行其他选项）

（3）标高（E）。指定矩形的绘图标高，即绘图面与 XY 面之间的距离。此功能一般用于三维绘图。执行该选项，系统提示：

指定矩形的标高：（输入标高值，再按 Enter 键）

指定第一个角点或 [倒角（C）/标高（E）/圆角（F）/厚度（T）/宽度（W）]：（执行其他选项）

（4）圆角（F）。通过指定矩形的圆角半径来绘制带圆角矩形，如图 2-13（c）所示。执行该选项，系统提示：

指定矩形的圆角半径：（输入圆角半径值，再按 Enter 键）

指定第一个角点或 [倒角（C）/标高（E）/圆角（F）/厚度（T）/宽度（W）]：（执行其他选项）

（5）厚度（T）。通过指定厚度来绘制有厚度的矩形，如图 2-13（d）所示。执行该选项，系统提示：

指定矩形的厚度：（输入厚度值，再按 Enter 键）

指定第一个角点或 [倒角（C）/标高（E）/圆角（F）/厚度（T）/宽度（W）]：（执行其他选项）

设置矩形的厚度后，绘制的矩形实际上是一个“长方体”。如果执行“视图”|“三维视图”级联菜单中的某一个等轴测命令时，可以看到“长方体”。

（6）宽度（W）。通过指定线宽来绘制有宽度的矩形，如图 2-13（e）所示。执行该选项，系统提示：

指定矩形的线宽：（输入宽度值，再按 Enter 键）

指定第一个角点或 [倒角（C）/标高（E）/圆角（F）/厚度（T）/宽度（W）]：（执行其他选项）

3. 案例

绘制长和宽分别为 50 和 30 且圆角半径为 6 的长方形，如图 2-14 所示。

绘图过程如下。

执行 RECTANG 命令，系统提示：

指定一个角点或 [倒角（C）/标高（E）/圆角（F）/厚度（T）/宽度（W）]：F↙

指定矩形的圆角半径：6↙

指定一个角点或 [倒角（C）/标高（E）/圆角（F）/厚度（T）/宽度（W）]：（在绘图区域中适当位

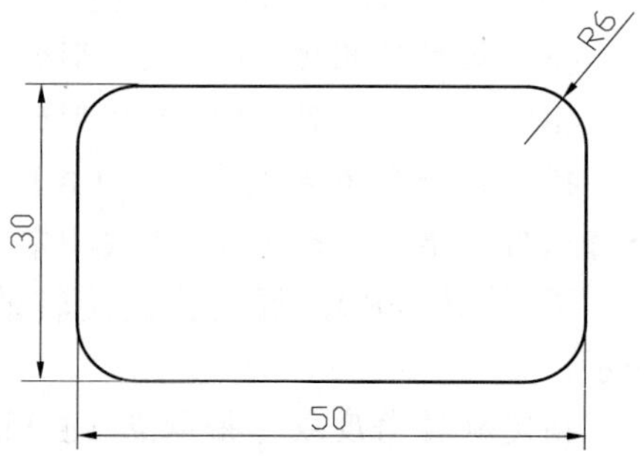

图 2-14　矩形

置任意拾取一点）

指定另一个角点或［尺寸（D）]：D↙

指定矩形的长度<0.0000>：50↙

指定矩形的宽度<0.0000>：30↙

指定另一个角点或［尺寸（D）]：（单击结束命令）

执行结果如图 2-14 所示。

2.2.8　绘制圆弧

1. 命令执行方式

（1）下拉菜单："绘图"|"圆弧"的子菜单（见图 2-15）

（2）工具栏："绘图"工具栏 |"圆弧"按钮

（3）命令：ARC↙

2. 操作过程及说明

在 AutoCAD 2009 的"绘图"|"圆弧"的子菜单中提供了 11 种绘制圆弧的方法，下面介绍这 11 种绘制圆弧的方法。

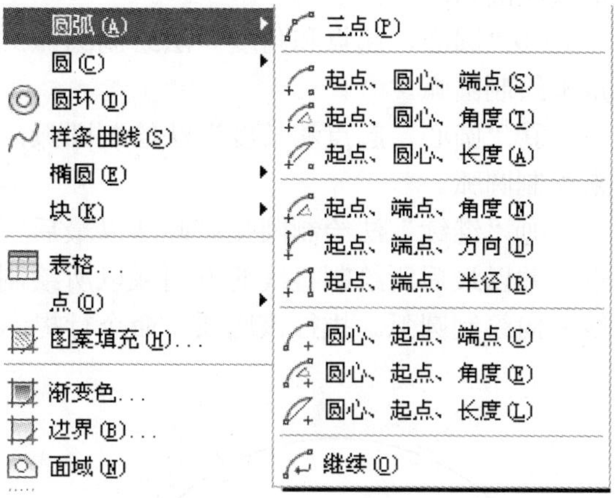

图 2-15 "圆弧"子菜单

（1）"三点"法绘制圆弧。此方法是 AutoCAD 默认的方法，它根据圆弧的起点、圆弧上任意一点及圆弧的终点来绘制圆弧，其绘制过程如下。

选择菜单"绘图"|"圆弧"|"三点"命令，系统提示：

指定圆弧的起点或［圆心（C）]：（指定第 1 点）

指定圆弧的第二个点或［圆心（C）/端点（E）]：（指定第 2 点）

指定圆弧的端点：（指定第 3 点）

执行结果如图 2-16 所示。

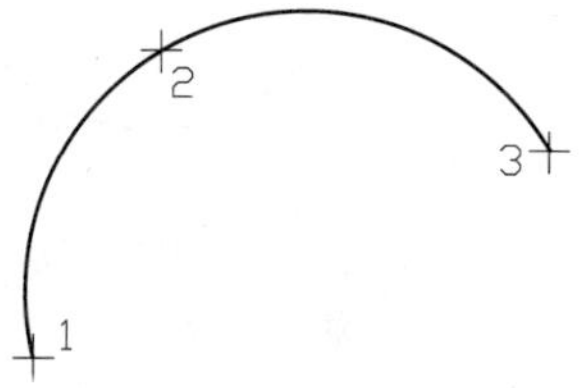

图 2-16 "三点"法绘圆弧

（2）其他 10 种绘制圆弧的命令。

①"起点、圆心和端点"法绘制圆弧：此方法通过依次指定圆弧的起点、圆心和端点来绘制圆弧。

②"起点、圆心和角度"法绘制圆弧：此方法通过依次指定圆弧的起点、圆心和圆弧所对应的包含角来绘制圆弧。

【说明】

当提示"指定包含角："时，若输入的角度值为正，AutoCAD 从起点绕圆心沿逆时针方向绘制圆弧；若输入角度值为负，则沿顺时针方向绘制圆弧。

③"起点、圆心和长度"法绘制圆弧：此方法是通过依次指定圆弧的起点、圆心和长度来绘制圆弧。

指定一个角点或［倒角（C）/标高（E）/圆角（F）/厚度（T）/宽度（W）]：

④"起点、端点和角度"法绘制圆弧：此方法是通过依次指定圆弧的起点、端点和包含角来绘制圆弧。

⑤“起点、端点和方向”法绘制圆弧：此方法是通过依次指定圆弧的起点、端点和圆弧起点处的切线方向来绘制圆弧。

⑥“起点、端点和半径”法绘制圆弧：此方法是通过依次指定圆弧的起点、端点和半径来绘制圆弧。

⑦“圆心、起点和端点”法绘制圆弧：此方法是通过依次指定圆弧的圆心、起点和端点来绘制圆弧。

⑧“圆心、起点和角度”法绘制圆弧：此方法是通过依次指定圆弧的圆心、起点和包含角来绘制圆弧。

⑨“圆心、起点和长度”法绘制圆弧：此方法是通过依次指定圆弧的圆心、起点和弦长来绘制圆弧。

⑩“继续”法绘制圆弧：此法以最后一次绘制直线或圆弧时确定的终点作为新圆弧的起点，并以最后所绘制直线的方向或以所绘制圆弧在终点处的切线方向为新圆弧在起点处的切线方向绘制圆弧。执行该选项，命令行提示“指定圆弧的端点:”。

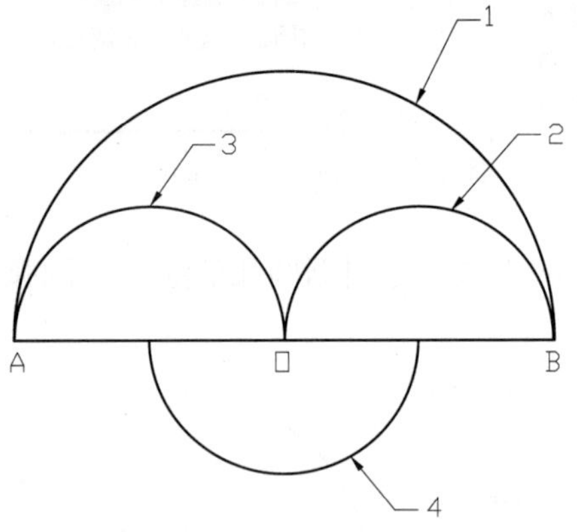

图 2-17　圆弧方法的应用

在实际应用中，用户应根据具体情况灵活选用合适的命令来创建圆弧。

3. 案例

绘制如图 2-17 所示的多个圆弧。

绘图过程如下。

（1）绘制直线 AB。

（2）绘制圆弧 1。

选择菜单“绘图”|“圆弧”|“起点、圆心和角度”命令，系统提示：

指定圆弧的起点或 [圆心（C）]:（指定 B 点作为圆弧 1 的起点）

指定圆弧的第二个点或 [圆心（C）/端点（E）]: _c 指定圆弧的圆心:（指定 O 点作为圆弧 1 的圆心）

指定圆弧的端点或 [角度（A）/弦长（L）]: _a 指定包含角: 180↙

（3）绘制圆弧 2。单击下拉菜单“绘图”|“圆弧”|“起点、端点和角度”，系统提示：

指定圆弧的起点或 [圆心（C）]:（指定 B 点作为圆弧 2 的起点）

指定圆弧的第二点或 [圆心（C）/端点（E）]: _e

指定圆弧的端点:（指定 O 点作为圆弧 2 的终点）

指定圆弧的圆心或 [角度（A）/方向（D）/半径（R）]: _a 指定包含角: 180↙

（4）绘制圆弧 3。单击下拉菜单“绘图”|“圆弧”|“起点、端点和方向”，系统提示：

指定圆弧的起点或 [圆心（C）]:（指定 O 点作为圆弧 3 的起点）

指定圆弧的第二个点或 [圆心（C）/端点（E）]: _e

指定圆弧的端点:（指定 A 点作为圆弧 3 的终点）

指定圆弧的圆心或 [角度（A）/方向（D）/半径（R）]: _d 指定圆弧的起点切向: 90↙

（5）绘制圆弧 4。单击下拉菜单“绘图”|“圆弧”|“圆心、起点和端点”，系统提示：

指定圆弧的起点或 [圆心（C）]: _c 指定圆弧的圆心:（指定 O 点作为圆弧 4 的圆心）

指定圆弧的起点:（指定圆弧 3 的圆心作为圆弧 4 的起点）

指定圆弧的端点或 [角度（A）/弦长（L）]:（指定圆弧 2 的圆心作为圆弧 4 的终点）

执行结果如图 2-17 所示。

2.2.9　绘制圆

圆是比较常见的图形对象，AutoCAD 提供了 6 种画圆的方法，如图 2-18 所示。

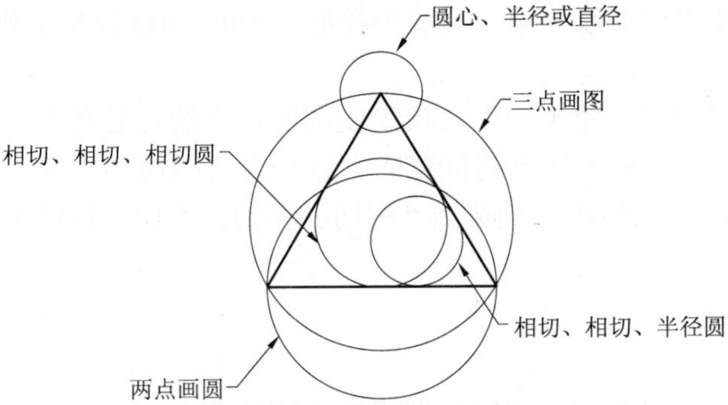

图 2-18　绘制圆的方式

1. 命令执行方式

（1）下拉菜单:“绘图”|“圆”子菜单（见图 2-19）

（2）工具栏:“绘图”工具栏 |“圆”按钮

（3）命令: CIRCLE↙

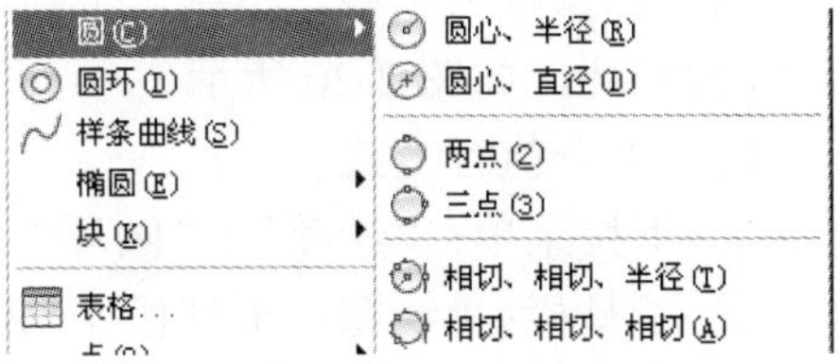

图 2-19 “圆”子菜单

2. 操作过程及说明

单击“圆”按钮，系统提示:

指定圆的圆心或 [三点（3P）/两点（2P）/相切、相切、半径（T）]:

各选项含义如下。

（1）指定圆的圆心。此项为默认项，通过指定圆心位置和输入半径值或直径值来绘制圆。接受该默认项，系统提示:

指定圆的半径或 [直径（D）]:

指定圆的半径为默认项，用户可以直接输入半径值来绘出圆；也可以输入“D”，然后按 Enter 键，通过输入圆的直径值来绘圆。

（2）三点（3P）。通过给定圆上的三点绘制圆。执行该选项，系统提示:

指定圆上的第一个点:

指定圆上的第二个点:

指定圆上的第三个点:

依次指定 3 个点后，AutoCAD 绘出过这三点的圆。

（3）两点（2P）。通过指定圆的直径的两个端点绘制圆。执行该选项，系统提示:

指定圆直径的第一个端点:

指定圆直径的第二个端点:

依次指定两个点后，AutoCAD 绘制出对应的圆。

（4）相切、相切、半径（T）。此方法通常被简称为“切切半”，可以绘制与已知两个目标对象（如圆、圆弧或直线等）相切，半径为指定值的圆，常用于绘制过渡圆弧。执行该选项，系统提示：

指定第一个与圆相切的对象:

指定第二个与圆相切的对象:

指定圆的半径:

根据提示依次选择相切对象并输入圆的半径后，AutoCAD 绘制出相应的圆。

【说明】

（1）用“相切、相切、半径（T）”选项绘制圆时，系统总是在距拾取点最近的部位绘制相切的圆，因此光标指定对象上切点的位置应大致符合实际切点位置。

（2）通过下拉菜单项“绘图”|“圆”|“相切、相切、相切”选项可以绘制与已有 3 个目标对象相切的圆。

2.2.10 绘制圆环

利用 AutoCAD 2009，可绘制出同圆心但半径不同的两个圆构成的圆环。

以坐标原点为圆心，绘制一个圆心相同且内径为 20，外径为 30 的圆环，如图 2-20 所示。

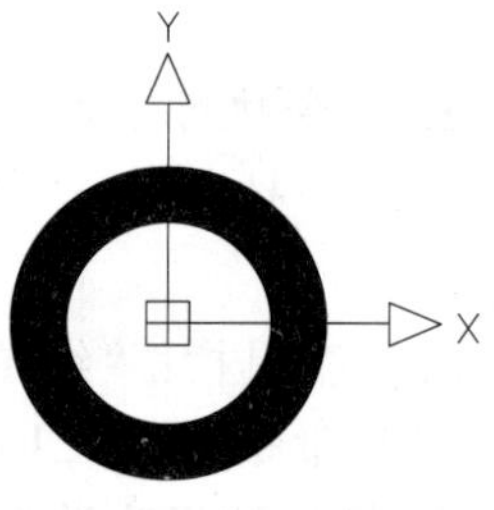

图 2-20 圆环

（1）命令执行方式。

① 下拉菜单：“绘图”|“圆环”

② 工具栏：“绘图”工具栏 |“圆环”按钮

③ 命令：DONUT↙

（2）操作过程及说明。执行上述任一方式后，系统提示：

指定圆环的内径：20↙

指定圆环的外径：30↙

指定圆环的中心点或<退出>：0，0↙

指定圆环的中心点或<退出>：↙

【说明】

（1）如果当提示“指定圆环的内径：”时输入 0，则可以绘出如图 2-21 所示的填充圆。

（2）利用系统变量 FILLMODE 可以设置是否填充圆环。默认设置值为 1，表示圆环填充显示，如果值为 0，表示圆环按未填充方式显示，图 2-22 是未填充的圆环。

图 2-21 填充圆

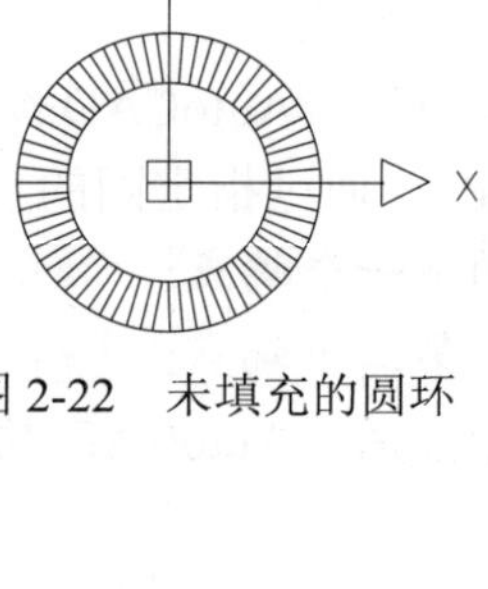

图 2-22 未填充的圆环

（3）利用系统变量 FILLMODE 更改填充设置后，应执行“REGEN”命令来观察设置后的结果。

2.2.11 绘制样条曲线

在 AutoCAD 2009 中，通过此命令可以创建通过或接近指定点的平滑曲线，如图 2-23 所示。在实际工作中，它主要用于表示机械制图中的波浪线、气象上用到的等气压线和温度分布的等温线。利用该命令，可以绘制一种非一致有理 B 样条（NURBS）曲线，该曲线在控制点之间产生一条光滑的曲线。

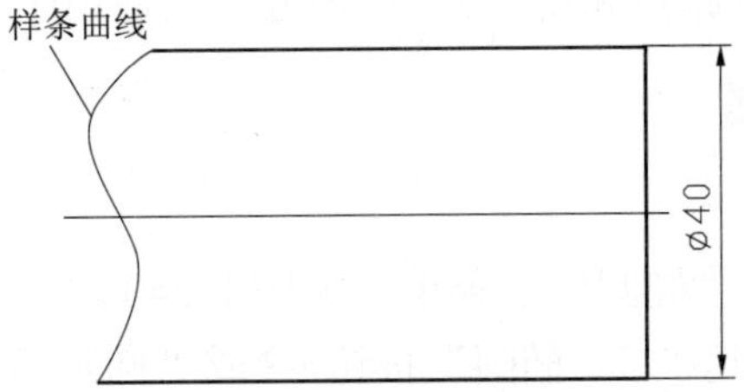

图 2-23 样条曲线示例

1. 命令执行方式

（1）下拉菜单：“绘图” | “样条曲线”

（2）工具栏：“绘图”工具栏 | “样条曲线”按钮

（3）命令：SPLINE↙

2. 操作过程及说明

执行上述任一方式后，系统提示：

指定第一个点或 [对象（O）]:

当选择“对象（O）”选项时，可以将多段线编辑得到的二次或三次拟合样条曲线（见 3.19 节）转换成等价的样条曲线。执行该选项，系统提示：

选择要转换为样条曲线的对象...

选择对象:（选择要转换的对象）

选择对象:（可以继续选择对象，或按 Enter 键结束该命令）

“指定第一个点”为默认项，指定样条曲线上的第一点后，系统提示：

指定下一点:（指定样条曲线上的另一点）

指定下一点或 [闭合（C）/拟合公差（F）] <起点切向>:

各选项含义如下。

（1）指定下一点。此项为默认项，通过继续确定点来绘制样条曲线。当确定了样条曲线上的另一点后，命令行继续提示：

指定下一点或 [闭合（C）/拟合公差（F）] <起点切向>:

用户可以在这样的提示下确定样条曲线上的一系列点。当不再需要输入点时，对提示直接按 Enter 键，命令不是结束，而是执行“起点切向”选项，命令行提示：

指定起点切向:（指定一点，起点和该点的连线方向为曲线起点的切线方向）

指定端点切向:（指定一点，终点和该点的连线方向为曲线终点的切线方向）

指定了起点和终点的切线方向后，命令结束，生成样条曲线。

（2）闭合（C）。此选项用于形成闭合样条曲线。执行该选项后，命令行提示：

指定切向：

此时要求指定样条曲线在起点也是终点处的切线方向（因为样条曲线的起点与终点重合，故只需要确定一个方向）。当确定切线方向后，即可绘出一条封闭样条曲线。

（3）拟合公差（F）。此项可以根据给定的拟合公差绘样条曲线。所谓拟合公差，是指实际样条曲线与拟合点之间所允许偏移距离的最大值。拟合公差越小，样条曲线越接近拟合点，公差为 0 时，绘出的样条曲线均通过各拟合点。当输入了拟合公差值后，绘出的样条曲线则不通过各拟合点（但总是通过起点和终点）。这种方法很适用于拟合点较多的情况。

2.2.12 绘制椭圆和椭圆弧

1. 命令执行方式

（1）下拉菜单：“绘图”|“椭圆”子菜单（见图 2-24）

（2）工具栏：“绘图”工具栏 |“椭圆”按钮或“椭圆弧”按钮

（3）命令：ELLIPSE↙

2. 案例

利用椭圆命令绘制如图 2-25 所示的面盆。

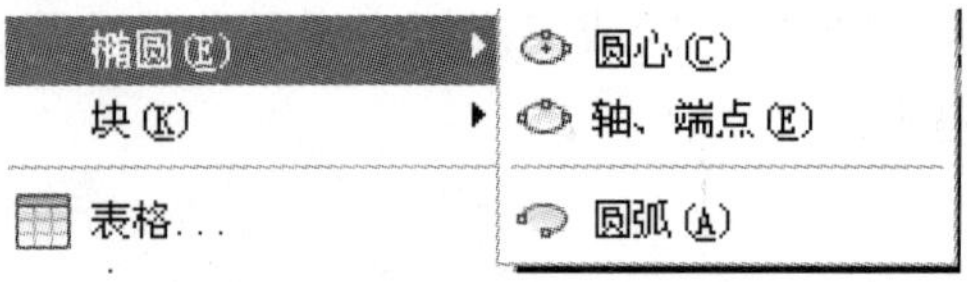

图 2-24 “椭圆”子菜单

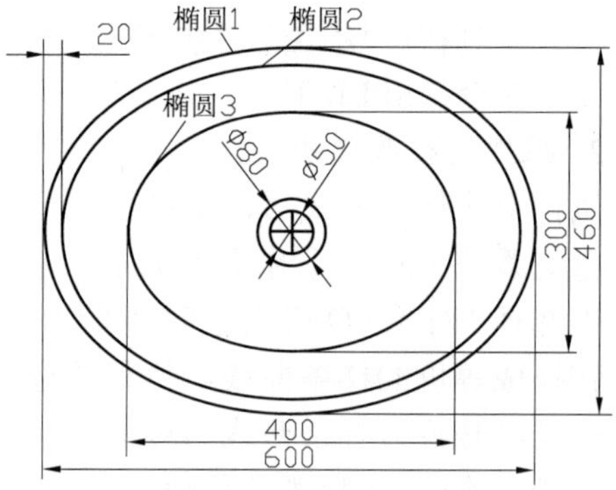

图 2-25 面盆示例

绘图过程如下。

（1）绘制椭圆 1。单击下拉菜单项“绘图”|“椭圆”|“轴、端点”，系统提示：

指定椭圆的轴端点或 [圆弧（A）/中心点（C）]：（指定任意一点为椭圆的轴端点）

指定轴的另一个端点：@600，0↙

指定另一条半轴长度或 [旋转（R）]：230↙

（2）绘制椭圆 2。单击下拉菜单“绘图”|“椭圆”|“中心点”，系统提示：

指定椭圆的中心点：（捕捉椭圆 1 的中心点）

指定轴的端点：@280，0↙

指定另一条半轴长度或 [旋转（R）]：210↙

【说明】

利用本书 3.7 节中的偏移命令，将指定偏移距离设置为 20 mm，即将椭圆 1 向内偏移 20 mm，也可以得到椭圆 2。

（3）绘制椭圆 3。右击，从快捷菜单中选择“重复椭圆”选项，系统提示：

指定椭圆的轴端点或 [圆弧（A）/中心点（A）]：C↙

指定椭圆的中心点：（捕捉椭圆 1 的中心点）

指定轴的端点：@200，0↙

指定另一条半轴长度或 [旋转（R）]：150↙

（4）绘制中心部位的圆和直线。利用圆命令，捕捉椭圆圆心，分别以 40 和 25 为半径绘制圆。再利用直线命令，连接小圆的象限点，完成图形的绘制。

【说明】

如果执行“旋转（R）”选项，系统提示：

指定绕长轴旋转的角度：（此角度确定的是椭圆长轴和短轴的比例）

输入的角度值越大，则长轴和短轴的比值就越大，当输入值为“0”时，该命令绘制的图形为圆。

3. 绘制椭圆弧

单击下拉菜单项“绘图”|“椭圆”|“圆弧”，或单击“绘图”工具栏上的“椭圆弧”按钮，系统提示：

指定椭圆弧的轴端点或 [中心点（C）]：

在此提示下的操作与前面介绍的绘制椭圆的过程相同（因为椭圆弧就是从完整椭圆上截取所需要的一段弧），确定出对应的椭圆。根据提示确定了椭圆的形状后，AutoCAD 继续提示：

指定起始角度或 [参数（P）]：

各选项含义如下。

（1）指定起始角度。此项为默认项，通过给定椭圆弧的起始角来绘制椭圆弧。输入椭圆弧的起始角后，系统提示：

指定终止角度或 [参数（P）/包含角度（I）]：

其中，“指定终止角度”选项要求用户给定椭圆弧的终止角，用以确定椭圆弧另一端点的位置；“参数（P）”选项将通过参数确定椭圆弧另一个端点的位置，该选项的执行方式与执行选项“参数（P）”后的操作相同；“包含角度（I）”选项将根据椭圆弧的包含角确定椭圆弧。

（2）参数（P）。通过指定的参数来确定椭圆弧。执行该选项，系统提示：

指定起始参数或 [角度（A）]：

其中，“角度（A）”选项可切换到前面介绍的利用角度确定椭圆弧的方式。如果在该提示下输入参数，系统将使用公式 $p(n)=c+a*\cos(n)+b*\sin(n)$ 来计算椭圆弧的起始角。式中：n——用户输入的参数；c——椭圆弧的半焦距；a，b——椭圆的长半轴与短半轴的轴长。

2.2.13　绘制点

点是组成图形元素的最基本对象，一般起标记作用和参考作用。在 AutoCAD 2009 中，可以绘制单点、多点、定数等分点和定距等分点 4 种。

1. 设置点样式

默认时，绘制的点在屏幕中显示很小，有时甚至看不清。为了使所绘制的点对象在屏幕

中显示得清晰可见，用户可以在绘制点对象之前设置点的样式。用户可以通过下拉菜单项“格式”|“点样式”或通过键盘在命令行中输入 DDPTYPE 命令按 Enter 键确认来打开如图 2-26 所示的“点样式”对话框。

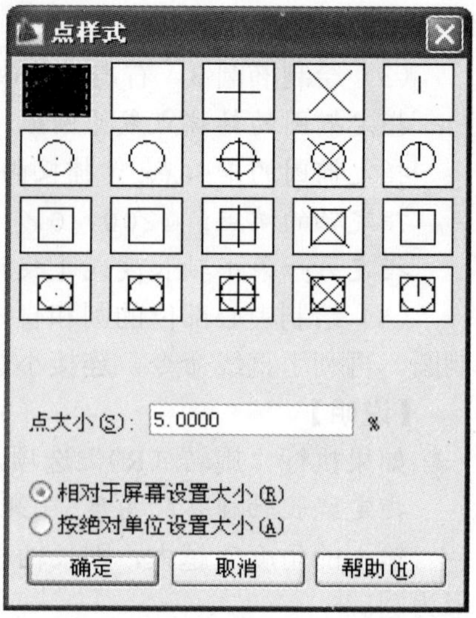

图 2-26 “点样式”对话框

对话框中，用户可根据 AutoCAD 提供的点样式，选定所需的一种，并且可以通过“点大小”文本框确定点的大小。通过“相对于屏幕设置大小”和“按绝对单位设置大小”单选按钮设置在“点大小”文本框中所确定的点尺寸（相对于绘图窗口的百分比或绝对尺寸）。最后单击“确定”按钮，完成点样式的设置。

2. 绘制单点

（1）命令执行方式。

① 下拉菜单：“绘图”|“点”|“单点”

② 命令：POINT↙

（2）操作过程及说明。

执行 POINT 命令，系统提示：

当前模式：POMODE=0 PDSIZE=0.0000（此信息说明当前所绘点的模式与大小）

指定点：（用在此提示下指定点的位置即可）

3. 绘制多点

绘制多点的方法类似于单点，有以下命令执行方式。

（1）下拉菜单：“绘图”|“点”|“多点”

（2）工具栏：“绘图”工具栏 |“点”按钮

4. 绘制定数等分点

定数等分是指在对象上按照指定的数目沿对象的长度或周长等间距地创建等分点（也可以在等分点上插入块），如图 2-27 所示。

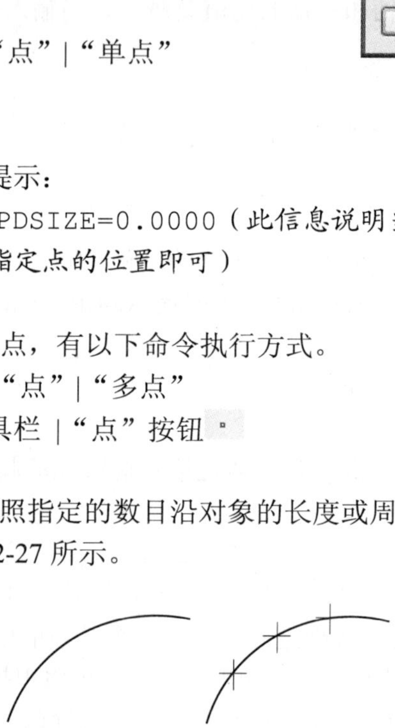
图 2-27 “定数”等分示例

（1）命令执行方式。

① 下拉菜单：“绘图”|“点”|“定数等分”

② 命令：DIVIDE↙

（2）操作过程及说明。执行定数等分命令，系统提示：

选择要定数等分的对象：（选择圆弧）

输入线段数目或 [块（B）]：4↙

AutoCAD 在指定的圆弧上绘出等分点。如果执行“块（B）”选项，表示将在等分点处插入块。

5. 绘制定距等分点

定距等分是指在对象上以指定的间距连续地创建等分点（也可以在等分点上插入块），如图 2-28 所示。

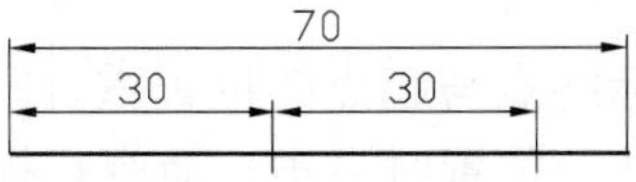

图 2-28 “定距”等分示例

（1）命令执行方式。

① 通过下拉菜单项“绘图”|“点”|“定距等分”

② 命令：MEASURE↙

（2）操作过程及说明。执行定距等分命令，系统提示：

选择要定距等分的对象：（选择图中长为 70 的直线）

指定线段长度或 [块（B）]：30↙

AutoCAD 在指定直线的各相应位置绘出点。如果执行“块（B）”选项，表示将在等分点处插入块。

【说明】

（1）定距等分点不一定均分实体。

（2）用定距等分命令绘制点时，在“选择要定距等分的对象：”提示下选择直线或非闭合的多段线时，AutoCAD 总是从离选择点近的一端开始绘点。

2.2.14　修订云线

在 AutoCAD 2009 中，可以绘制由连续圆弧多段线构成的云状形图元对象，如图 2-29 所示。它适用于在检查阶段提醒用户注意图形的某个部分。

（a）“手绘”样式的云形线　　（b）“普通”样式的云形线

图 2-29　云形线

1. 命令执行方式

（1）下拉菜单：“绘图”|“修订云线”

（2）工具栏：“绘图”工具栏 |“修订云线”按钮

（3）命令：REVCLOUD↙

2. 操作过程及说明

执行上述任一方式后，系统提示：

最小弧长：15　　最大弧长：15　　样式：普通

指定起点或［弧长（A）/对象（O）样式（S）］<对象>:

各选项含义如下。

（1）指定起点。指定修订云线的起点，为默认项。指定起点后，命令行提示：

沿云形路线引导十字光标…

在此提示下拖动鼠标，当光标终点与起点的位置重合时，将绘出一个封闭的云线路径，同时结束该命令。如果当光标在某一位置时右击，命令行提示：

反转方向［是（Y）/否（N）］<否>:（此提示询问是否反转所显示的非封闭云线）

根据提示响应后，AutoCAD 绘出修订云线，同时结束该命令。

（2）弧长（A）。此项用于指定云线中弧线的长度，包括最大弧长和最小弧长，其中最大弧长不能超过最小弧长的 3 倍。执行该选项，命令行提示：

指定最小弧长:

指定最大弧长:

输入圆弧的最小长度和最大长度后，AutoCAD 返回到“指定起点或［弧长（A）/对象（O）样式（S）］:”提示，并将按此设置绘制修订云线。

（3）对象（O）。此选项用于将指定的图像对象转变成云形线。执行该选项，命令行提示：

选择对象:（选择一个封闭图形，如矩形、圆及等边多边形等。）

选择对象后，AutoCAD 将其转变成云线路径，并提示：

反转方向［是（Y）/否（N）］<否>:

此时，如果输入 Y，则圆弧方向向内；如果输入 N，则圆弧方向向外。

（4）样式（S）。指定修订云线的样式，包括“普通”和“手绘”两种。“手绘”样式的云形线与“普通”样式的云形线的对比效果如图 2-29 所示。

执行该选项，命令行提示：

选择圆弧样式［普通（N）/手绘（C）］<普通>:

用户从中选择即可。

实　训

1. 绘制题图 2-1 所示的图形。（图形尺寸由读者自定）

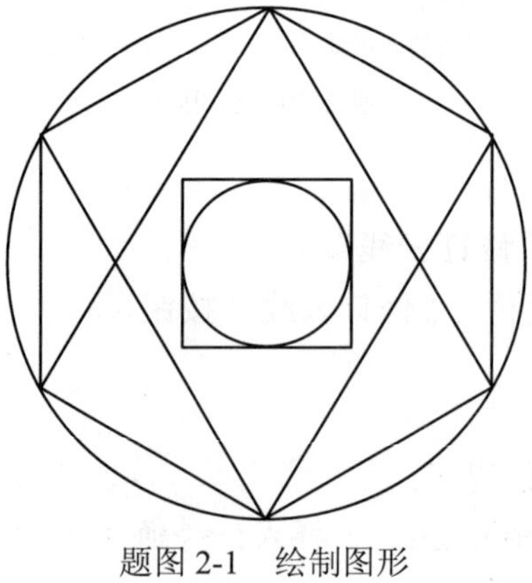

题图 2-1　绘制图形

2. 用 LINE 命令绘制题图 2-2 所示的图形。

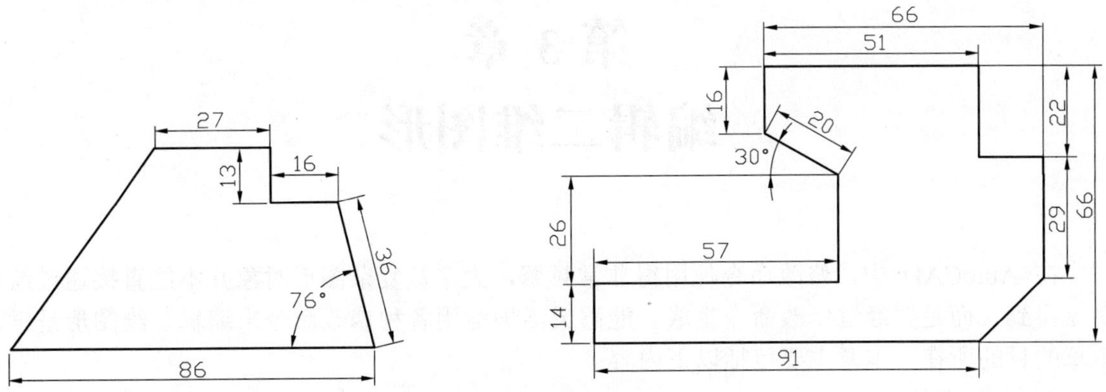

题图 2-2　多边形

习　　题

1. 想一想，AutoCAD 2009 的“绘图”工具栏提供了哪些绘制基本二维图形的命令？这些命令的英文名称是什么？

2. 射线和构造线有哪些不同？如何来创建它们？

3. 什么是多线？如何设置多线样式？

4. 在 AutoCAD 2009 中，绘制圆的菜单命令有哪些？

5. 在 AutoCAD 2009 中，绘制圆弧主要有哪些方式？

6. 什么是多段线？如何创建多段线？

7. 定数等分圆周时，为什么有时在圆周上看不到点的标记？

8. 定数等分和定距等分的区别是什么？

第 3 章
编辑二维图形

在 AutoCAD 中，修改命令使用得非常频繁，大多数复杂图形对象并不能直接通过绘图命令得到，而是要经过修改命令生成。能够灵活地运用各种修改命令来编辑二维图形是学习本章的目的所在。本章主要包括以下内容：

- 选择对象
- 删除对象
- 复制对象
- 移动对象
- 旋转对象
- 镜像对象
- 偏移对象
- 修剪对象
- 延伸对象
- 阵列对象
- 缩放对象
- 拉伸对象
- 拉长对象
- 创建倒角
- 创建圆角
- 打断对象
- 合并对象
- 编辑二维多段线
- 编辑样条曲线
- 利用夹点功能编辑对象
- 利用特性选项板修改图形对象

3.1 选 择 对 象

编辑图形对象前，首先要选择编辑对象。一般情况下，采用系统默认的选择模式即可。但如有特殊需要，也可以选择“工具”|“选项”命令，打开“选项”对话框，并切换到“选择集”选项卡，在“选择集模式”选项组中进行相应设置，如图 3-1 所示。默认情况下，“先选择后执行”、“隐含窗口”及“对象编组”处于勾选状态。

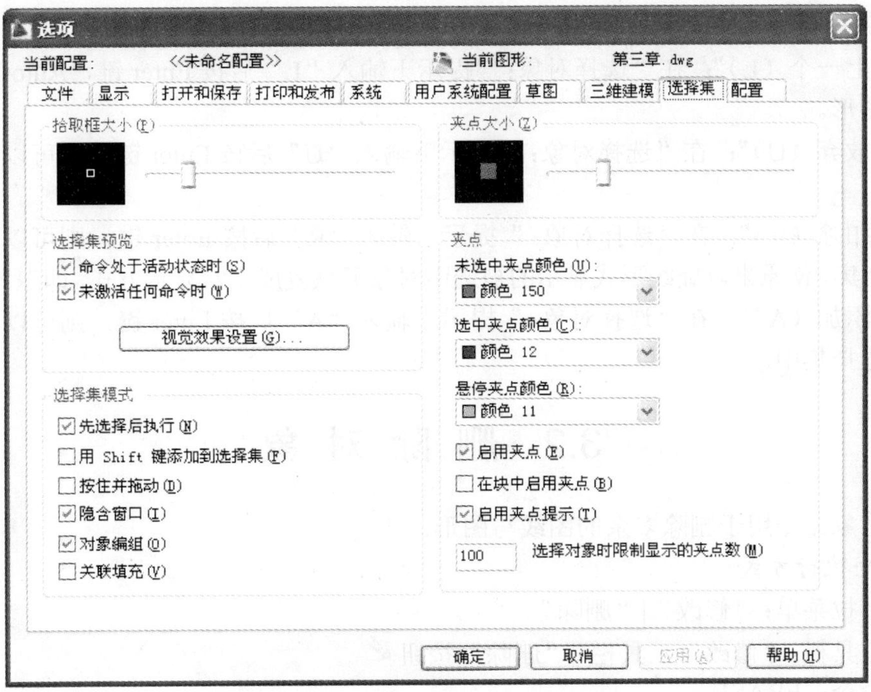

图 3-1 “选择集”选项卡

下面介绍一些常用的选择对象方法。

1. 直接拾取方式

默认时，将鼠标移动到需要选择对象的位置上，此时的对象会加亮显示，单击对象，该对象以虚线形式显示，表示已被选中。如果要选择更多的对象，可以以连续单击的方式来选择。

2. 矩形区域选择方式

矩形区域是由指定对角点定义的，其区域背景的颜色将变成透明的其他色，从一点向其对角点方向拖动光标来确定选择的对象。根据操作方法的不同，矩形区域选择可分为窗口选择和交叉选择。

窗口选择：从左向右拖动光标，通常选择完全位于矩形区域中的对象。

交叉选择：从右向左拖动光标，选择矩形窗口包围的或相交的对象。

3. 不规则窗口选择方式

（1）圈围：在“选择对象:”提示下输入 WP 后按 Enter 键，系统提示：

第一圈围点:（确定不规则选择窗口的第一个角点的位置）

指定直线的端点或 [放弃（U）]:

在此提示下用户依次指定若干点来创建一个不规则多边形窗口，与窗口选择相似，完全被多边形窗口包围的对象将被选择。

（2）圈交：在“选择对象:”提示下输入 CP 后按 Enter 键，系统提示：

第一圈围点:（确定不规则选择窗口的第一个角点的位置）

指定直线的端点或 [放弃（U）]:

在此提示下用户依次指定若干点来创建一个不规则多边形窗口，与交叉选择类似，位于多边形窗口内及与该窗口边界相交的对象均被选中。

4. 其他选择方式

（1）“上一个（L）”：在“选择对象：”提示下输入“L”后按 Enter 键，AutoCAD 选中最后绘制的图形。

（2）“放弃（U）”：在“选择对象：”提示下输入“U”后按 Enter 键，则可以取消最后选择的对象。

（3）“扣除（R）”：在“选择对象：”提示下输入“R”后按 Enter 键，则可以将选中的对象移出选择集，使原来以虚线形式显示的被选中对象又恢复成正常显示方式，即退出了选择集。

（4）“添加（A）”：在“选择对象：”提示下输入“A”后按 Enter 键，则可以将选中的对象加入到选择集中。

3.2 删 除 对 象

删除对象命令用于删除多余的图线与图形。

1. 命令执行方式

（1）下拉菜单：“修改”|“删除”

（2）工具栏：“修改”工具栏 |“删除”按钮

（3）命令：ERASE↙

（4）快捷方式：选择要删除的对象，在没有选中状态夹点的情况下右击，从弹出的快捷菜单中选择“删除”选项。

2. 操作过程及说明

执行上述任一方式后，系统提示：

选择对象：(选择要删除的对象)

选择对象：↙（也可以继续选择对象）

执行结果：AutoCAD 删除选中的对象。

3.3 复 制 对 象

复制对象命令用于将选定的图形对象复制到指定的位置，如图 3-2 所示。

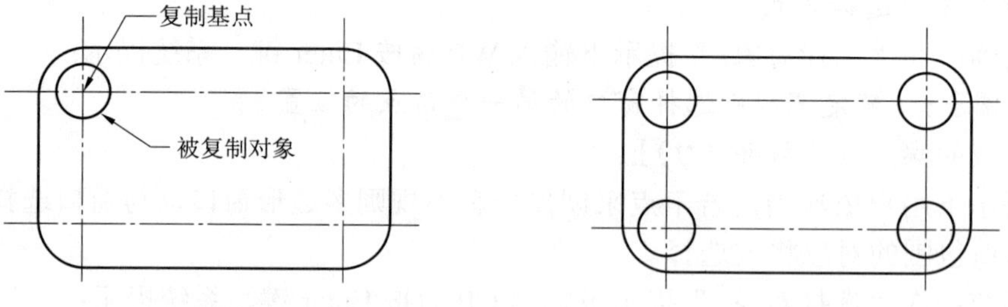

（a）复制前　　（b）复制后

图 3-2　复制对象

1. 命令执行方式

（1）下拉菜单：“修改”|“复制”

（2）工具栏：“修改”工具栏 | “复制”按钮

（3）命令：COPY↙

（4）快捷方式：在没有命令运行的情况下，选中要复制的对象后右击，从弹出的快捷菜单中选择“复制”命令。

2. 操作过程及说明

执行上述任一方式后，系统提示：

选择对象：（选择要复制的对象）

选择对象：↙（也可以继续选择对象）

指定基点或 [位移（D）/模式（O）] <位移>:

各选项含义如下。

（1）指定基点。此项为默认项，指定了移动基点后，系统提示：

指定第二个点或 <使用第一个点作为位移>:

在此提示下再确定一点，AutoCAD 将选择的对象从当前位置按由给定两点确定的位移矢量复制到指定位置；如果在此提示下直接按 Enter 键或空格键，那么 AutoCAD 则将所指定的基点被认为是相对坐标（X，Y，Z）位移。复制完成后，命令行会继续提示：

指定第二个点或<退出（E）放弃（U）> <退出>:

如果在该提示下再依次指定位移的第二点，AutoCAD 将选择的对象按基点与其他各点确定的各位移矢量关系进行多次复制。

（2）位移（D）。根据位移量复制对象。执行该选项，系统提示：

指定位移:

如果在此提示下输入坐标值（直角坐标或极坐标），AutoCAD 把点的直角坐标值作为被选中对象的横向和纵向移动距离，把点的极坐标值作为被选中对象的移动距离和角度复制对象。

（3）模式。用于确定复制的模式。执行该选项，系统提示：

输入复制的模式选项 [单个（S）/多个（M）] <多个>:

“多个（M）”选项为 AutoCAD 默认项，表示可以实现多次复制，而“单个（S）”选项表示只能对选择的对象执行一次复制。

3.4 移动对象

移动对象命令用于将被选对象从一处移动到另一处，如图 3-3 所示。

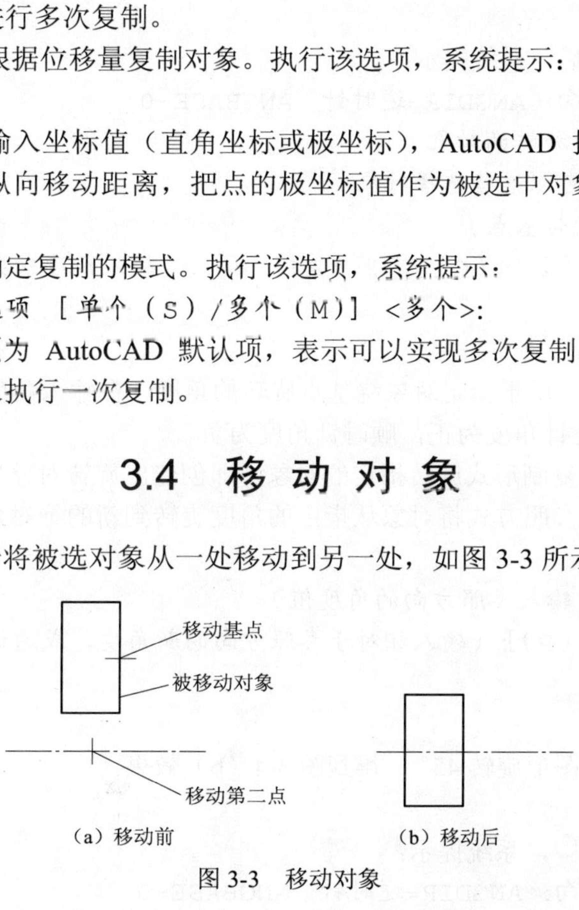

图 3-3　移动对象

命令执行方式如下。

（1）下拉菜单："修改"|"移动"

（2）工具栏："修改"工具栏 |"移动"按钮

（3）命令：MOVE↙ 或 M↙

（4）快捷方式：在没有命令运行的情况下，选中要移动的对象后右击，从弹出的快捷菜单中选择"移动"命令。

命令输入后的提示、"指定基点"及"位移（D）"选项的含义与复制命令的类似，所不同的是复制命令在新位置生成新对象后，还会保留原有对象，并且可以实现多重复制；而移动则是删除原位置对象，同时不能实现多次移动。

3.5 旋转对象

旋转对象命令用于将选中的对象绕基点旋转指定的角度。

1. 命令执行方式

（1）下拉菜单："修改"|"旋转"

（2）工具栏："修改"工具栏 |"旋转"按钮

（3）命令：ROTATE↙

2. 操作过程及说明

执行上述任一方式后，系统提示：

UCS 当前的正角方向：ANGDIR=逆时针　ANGBASE=0

选择对象：（选择要旋转的对象）

选择对象：↙（也可以继续选择对象）

指定基点：（指定旋转基点）

指定旋转角度，或［复制（C）/参照（R）］ <0>：（输入角度或指定点，或者输入 C 或 R）

各选项含义如下。

（1）指定旋转角度。用于指定对象绕基点旋转的角度。在输入角度时，角度的大小是有方向之分的，默认逆时针角度为正，顺时针角度为负。

（2）复制（C）。以复制形式旋转指定的对象，即创建出旋转对象后仍保留源对象。

（3）参照（R）。以参照方式将对象从指定的角度旋转到新的绝对角度。执行该选项，系统提示：

指定参照角<0>：（输入参照方向的角度值）

指定新角度或［点（P）］：（输入相对于参照方向的新角度，或通过"点（P）"选项确定角度）

3. 案例

将图 3-4（a）部分图形旋转 45°，得到图 3-4（b）效果。

绘图过程如下。

单击"旋转"按钮，系统提示：

UCS 当前的正角方向：ANGDIR=逆时针　ANGBASE=0

选择对象：（选择要旋转的对象，注意不要选择水平中心线）
选择对象：↙
指定基点：（选择图 3-4（a）中的基点）
指定旋转角度，或 [复制（C）/参照（R）] <0>: -45↙
旋转结果如图 3-4（b）所示。

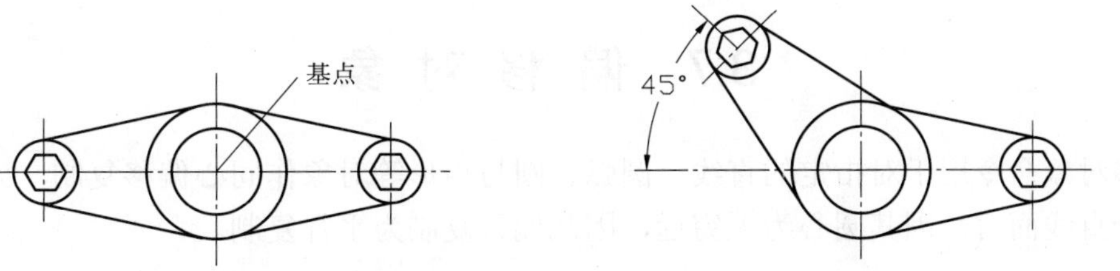

（a）旋转前 （b）旋转后

图 3-4 旋转对象

3.6 镜像对象

镜像对象命令用于实现对象关于对称线的镜像复制，较适合于绘制对称图形，如图 3-5 所示。

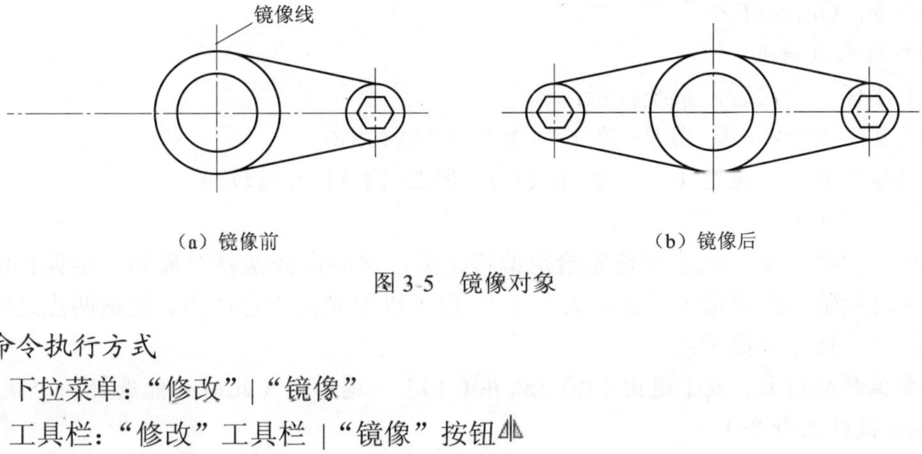

（a）镜像前 （b）镜像后

图 3-5 镜像对象

1. 命令执行方式

（1）下拉菜单："修改" | "镜像"

（2）工具栏："修改" 工具栏 | "镜像" 按钮

（3）命令：MIRROR↙

2. 操作过程及说明

执行上述任一方式后，系统提示：

选择对象：（选择要镜像的对象）
选择对象：↙（也可以继续选择对象）
指定镜像线的第一点：
指定镜像线的第二点：
要删除源对象吗？ [是（Y）/否（N）] <N>:

若直接按 Enter 键，镜像后保留源对象；如果执行“是（Y）”选项，AutoCAD 执行镜像后将源对象删除。

【说明】

执行镜像操作时，可以直接通过指定两点来确定镜像线，此时的镜像线为假想的通过指定两点的直线，不一定要专门绘制出镜像线。

3.7 偏移对象

偏移对象命令用于对指定的直线、圆弧、圆与矩形等对象作同心偏移复制，如图 3-6 所示。对于直线而言，因其圆心为无穷远，因此偏移复制为平行复制。

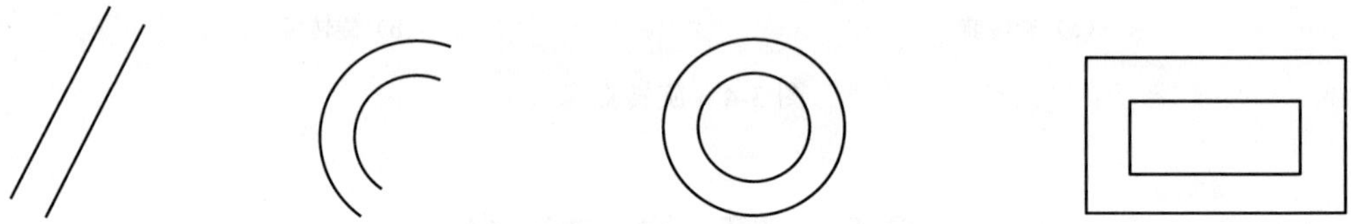

图 3-6　偏移对象

1. 命令执行方式

（1）下拉菜单：“修改”|“偏移”

（2）工具栏：“修改”工具栏 |“偏移”按钮

（3）命令：OFFSET↙

2. 操作过程及说明

执行上述任一方式后，系统提示：

当前设置：删除源=否　图层=源　OFFSETGAPTYPE=0

指定偏移距离或 [通过（T）/删除（E）/图层（L）] <通过>:

各选项含义如下。

（1）指定偏移距离。此选项是先给定偏移距离，然后选择偏移对象和指定偏移侧。其中偏移距离可直接输入距离值（但必须大于零），也可以用光标指定两点，把这两点之间的长度作为偏移距离。接下来提示：

选择要偏移的对象，或 [退出（E）/放弃（U）] <退出>:（此时只能选择一个操作对象，或按 Enter 键结束命令）

指定要偏移的那一侧上的点，或 [退出（E）/多个（M）/放弃（U）] <退出>:（用光标在要偏移复制到的一侧单击任意拾取一点或按 Enter 键结束命令）

选择要偏移的对象，或 [退出（E）/放弃（U）] <退出>: ↙

因为上述两行提示会重复出现，且偏移后得到的新对象又可以作为被偏移对象进行偏移，所以可以生成被偏移对象的一系列相似图形。

其他选项含义如下。

① 退出（E）：退出偏移命令的执行。

② 多个（M）：按当前设置的偏移距离，不用再选择被偏移对象，只要指定偏移哪一侧，

便可绘制一系列等距相似图形。

③ 放弃（U）：取消上一次偏移操作。

（2）通过（T）。此方式使对象偏移复制后通过指定的点。执行该选项，系统提示：

选择要偏移的对象，或 [退出（E）/放弃（U）] <退出>：（此时只能选择一个操作对象，或按 Enter 键结束命令）

指定通过点或 [退出（E）/多个（M）/放弃（U）] <退出>：（指定新对象要通过的点）

选择要偏移的对象，或 [退出（E）/放弃（U）] <退出>：（继续选择对象进行偏移复制，或按 Enter 键结束命令）

（3）删除（E）。此选项用于在偏移操作完成后，将被偏移对象删除。执行“删除（E）”选项，系统提示：

要在偏移后删除源对象吗？ [是（Y）/否（N）] <否>：

（4）图层（L）。该选项用于确定偏移后新对象是创建在当前图层上还是源对象所在的图层上。执行“图层（L）”选项，系统提示：

输入偏移对象的图层选项 [当前（C）/源（S）] <源>：

3.8 修剪对象

修剪对象命令是指以一个或多个对象为边界，把图形中与边界相交（或延长相交）的被修剪对象从边界的一侧修剪掉。

1. 命令执行方式

（1）下拉菜单：“修改”|“修剪”

（2）工具栏：“修改”工具栏 |“修剪”按钮

（3）命令：TRIM↙

2. 操作过程及说明

执行上述任一方式后，系统提示：

选择剪切边...

选择对象或<全部选择>：（选择剪切边界，或按 Enter 键选择全部对象）

选择对象：↙（可以继续选择对象）

选择要修剪的对象，或按住 Shift 键选择要延伸的对象，或

[栏选（F）/窗交（C）/投影（P）/边（E）/删除（R）/放弃（U）]：

各选项含义如下。

（1）选择要修剪的对象，或按住 Shift 键选择要延伸的对象。此项为默认项，每选中一个对象，执行一次修剪，即剪掉对象超出剪切边（或其延长线）的部分。按住 Shift 键选择要延伸的对象，这是把命令的修剪模式暂时转换为延伸模式，即把剪切边作为延伸边界，而被修剪对象作为被延伸对象。

（2）栏选（F）。此选项是以栏选方式选择多个被修剪对象。

（3）窗交（C）。此选项选择与窗口边界相交的对象作为被修剪对象并进行修剪。

（4）投影（P）。此选项可以指定修剪对象时使用的投影方式，用于三维绘图。

（5）边（E）。选择该选项时，命令行显示“输入隐含边延伸模式 [延伸（E）/不延伸（N）]

<延伸>: ”的信息，如果选择“延伸（E)”选项，当剪切边太短而且没有与被修剪对象相交时，AutoCAD 会将剪切边延长，然后进行修剪。如果选择“不延伸（N)”选项，这时只有当剪切边与被修剪对象真正相交时，才能进行修剪。

（6）删除（R)。此选项用于删除选定的对象。

（7）放弃（U)。此选项用于取消上一次的操作。

3. 案例

利用分解、偏移及修剪命令绘制图 3-7 所示图形。图形的绘制过程如图 3-8 所示。

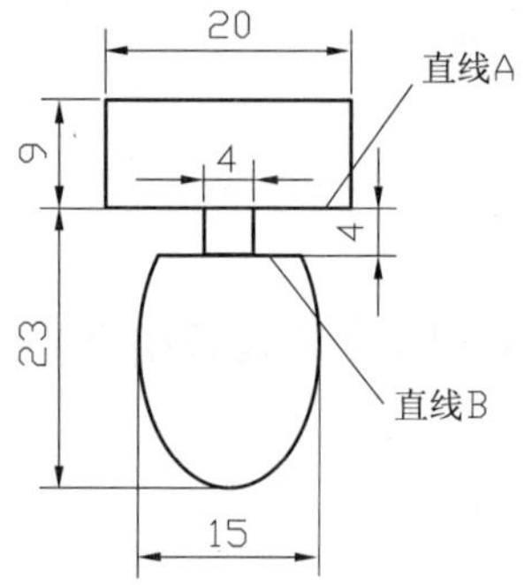

图 3-7　平面图形的绘制

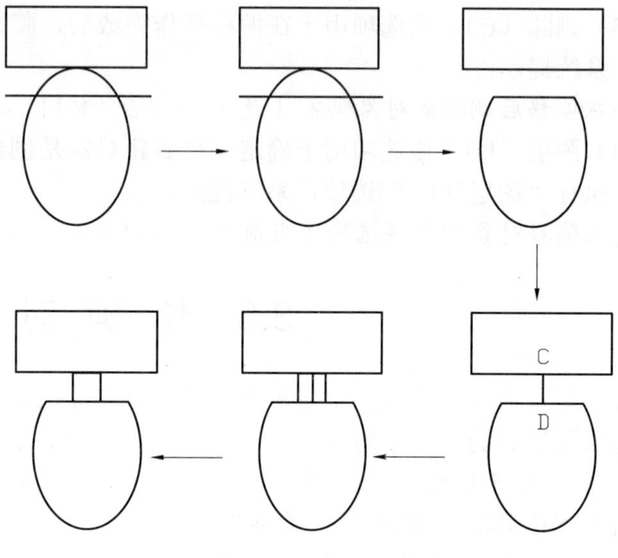

图 3-8　图形的绘制过程

绘图过程如下。

（1）绘制矩形。利用“矩形”命令绘制长为 20，宽为 9 的矩形。

（2）绘制椭圆。利用“椭圆”命令绘制长轴为 23，短轴为 15 的椭圆。

（3）分解矩形。所绘制的矩形是一个整体，如果想修改其中的某个部分，应将矩形分解。

单击“分解”按钮，系统提示：

_explode

选择对象：(选择矩形)

选择对象：↙

矩形被分解为 4 段直线。

（4）利用偏移命令绘制直线。单击“偏移”按钮，系统提示：

当前设置：删除源=否　图层=源　OFFSETGAPTYPE=0

指定偏移距离或 [通过（T）/删除（E）/图层（L)]　<通过>：4↙

选择要偏移的对象，或 [退出（E）/放弃（U)] <退出>：(选择矩形的下边直线 A)

指定要偏移的那一侧上的点，或 [退出（E）/多个（M）/放弃（U)]　<退出>：(将光标移到直线 A 的下方单击左键)

选择要偏移的对象，或 [退出（E）/放弃（U）]　<退出>：↙

（5）利用修剪命令修剪直线与圆弧。单击“修剪”按钮，系统提示：

当前设置：投影=UCS，边=延伸

选择剪切边...

选择对象或<全部选择>：（单击直线 B 作为剪切边）

选择对象：↙

选择要修剪的对象，或按住 Shift 键选择要延伸的对象，或 [栏选（F）/窗交（C）/投影（P）/边（E）/删除（R）/放弃（U）]：（选择直线与椭圆被剪部分后，按回车键）

（6）绘制直线 CD。单击“直线”按钮绘制直线 CD。

（7）利用偏移命令绘制与 CD 距离都为 2 的两直线。单击“偏移”按钮，系统提示：

当前设置：删除源=否　图层=源　OFFSETGAPTYPE=0

指定偏移距离或 [通过（T）/删除（E）/图层（L）]　<通过>：2↙

选择要偏移的对象，或 [退出（E）/放弃（U）]　<退出>：（选择直线 CD）

指定要偏移的那一侧上的点，或 [退出（E）/多个（M）/放弃（U）]　<退出>：（将光标移到直线 CD 的右侧单击左键）

选择要偏移的对象，或 [退出（E）/放弃（U）]　<退出>：↙

选择要偏移的对象，或 [退出（E）/放弃（U）]　<退出>：（选择直线 CD）

指定要偏移的那一侧上的点，或 [退出（E）/多个（M）/放弃（U）]　<退出>：（将光标移到直线 CD 的左侧单击左键）

选择要偏移的对象，或 [退出（E）/放弃（U）]　<退出>：↙

（8）删除直线 CD。

3.9 延伸对象

延伸对象命令用于将指定对象延长到指定的边界，可以看作是修剪命令的相反命令。

1. 命令执行方式

（1）下拉菜单：“修改”|“延伸”

（2）工具栏：“修改”工具栏 |“延伸”按钮

（3）命令：EXTEND↙

2. 操作过程及说明

执行上述任一方式后，系统提示：

选择边界的边...

选择对象或<全部选择>：（选择延伸边界，或按 Enter 键选择全部对象）

选择对象：↙

选择要延伸的对象，或按住 Shift 键选择要修剪的对象，或

[栏选（F）/窗交（C）/投影（P）/边（E）/放弃（U）]：

提示中各选项的含义与修剪命令中的相似，这里不再重述。

3. 案例

对图 3-9（a）进行相应的延伸和修剪，结果如图 3-9（b）所示。

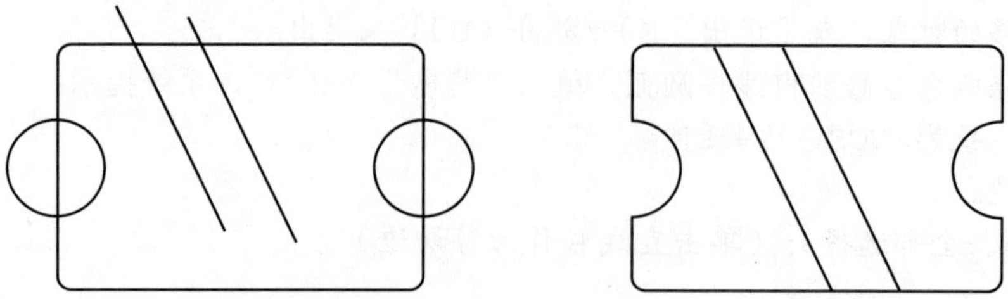

（a）延伸、修剪前　　（b）延伸、修剪后

图 3-9　延伸、修剪对象

操作过程如下。

单击“修改”工具栏上的“延伸”按钮，系统提示：

选择边界的边...

选择对象或<全部选择>:（选择矩形的底边为边界）

选择对象: ↙

选择要延伸的对象，或按住 Shift 键选择要修剪的对象，或 [栏选（F）/窗交（C）/投影（P）/边（E）/放弃（U）]:

在此提示下，分别选择位移矩形之内的两条斜线（选择点靠近斜线的下端点），即可实现对应斜边的延伸，同时命令行继续提示：

选择要延伸的对象，或按住 Shift 键选择要修剪的对象，或 [栏选（F）/窗交（C）/投影（P）/边（E）/放弃（U）]:

在此提示下，按住 Shift 键分别在两个圆的内部拾取矩形的垂直边，在矩形垂直边之外拾取两圆，在矩形顶边之外拾取两条斜线，同时命令行继续提示：

选择要延伸的对象，或按住 Shift 键选择要修剪的对象，或 [栏选（F）/窗交（C）/投影（P）/边（E）/放弃（U）]: ↙

3.10　阵 列 对 象

陈列对象命令可以创建按指定方式排列的多个对象副本。阵列分矩形阵列和环形阵列两种。

命令执行方式如下。

（1）下拉菜单：“修改” | “阵列”

（2）工具栏：“修改” 工具栏 | “阵列” 按钮

（3）命令：ARRAY↙

下面，通过实例来介绍矩形阵列或环形阵列的操作方式。

3.10.1　矩形阵列

桩孔的布置图可以利用矩形阵列命令来完成，如图 3-10 所示。该桩孔直径为 40，按正方形布置，共 4 行 4 列，行间距和列间距都是 80。

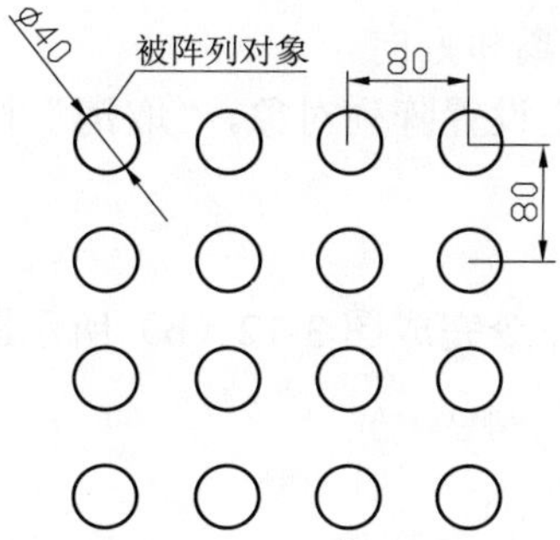

图 3-10　桩孔布置图

绘图过程如下。

（1）绘制圆。利用“圆”命令绘制出最左上角直径为 40 的圆。

（2）阵列参数的设置。单击“修改”工具栏上的“阵列”按钮，弹出“阵列”对话框，选中“矩形阵列”按钮，在“行数”文本框中输入 4，在“列数”文本框中输入 4，在“行偏移”文本框中输入–80，在“列偏移”文本框中输入 80，单击“选择对象”按钮，切换到绘图区域，选择绘制好的桩孔作为阵列对象，按 Enter 键或右击返回到“阵列”对话框，如图 3-11 所示。

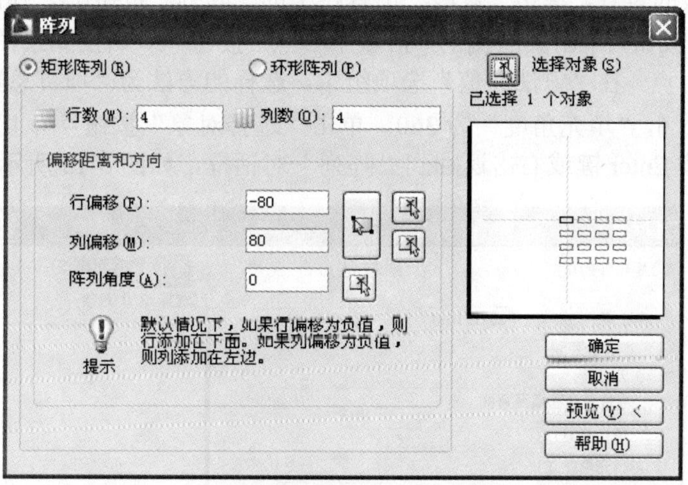

图 3-11　“阵列”对话框

（3）预览。单击对话框右下侧的“预览”按钮，这时“阵列”对话框暂时关闭，AutoCAD 切换到绘图窗口，并按当前阵列设置显示出阵列效果，系统提示：

拾取或按 Esc 键返回到对话框或<右击接受阵列>:

如果预览的阵列结果理想，可右击接受，从而完成对桩孔的矩形阵列。

【说明】

（1）在默认设置下，如果“行偏移”大于零，向上排列复制对象，小于零则向下排列；如果“列偏移”大于零，向右排列复制对象，小于零则向左排列。

（2）在“行数”和“列数”文本框中输入的数值应都是正整数。

（3）用户也可以单击“行偏移”、“列偏移”和“阵列角度”文本框右边相应的按钮，在绘图区域中通过指定点来确定距离和方向。

（4）“确定”按钮用于按指定设置阵列对象，“取消”按钮则取消当前的阵列操作。

3.10.2 环形阵列

图 3-12（a）利用环形阵列命令完成图 3-12（b）所示图形。

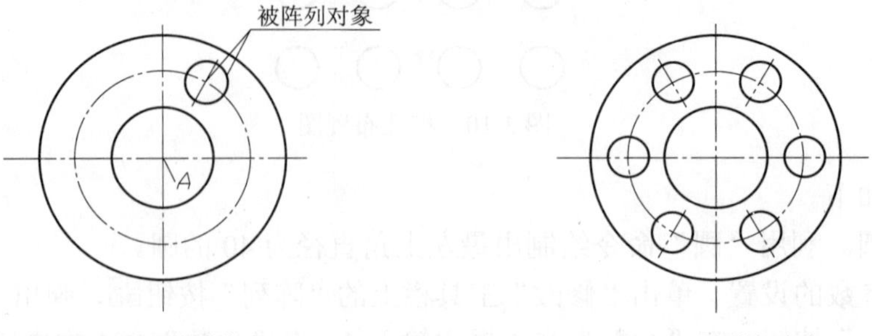

（a）环形阵列前　　（b）环形阵列后

图 3-12　环形阵列

操作过程如下。

（1）阵列参数的设置。单击“修改”工具栏上的“阵列”按钮，弹出“阵列”对话框，选中“环形阵列”按钮，单击其右侧的“拾取中心点”按钮，切换到绘图区域中，指定“A”点作为阵列的中心点。在“方法和值”选项组中，选择的方法为“项目总数和填充角度”，设置“项目总数”为 6，“填充角度”为 360。单击“选择对象”按钮，切换到绘图区域，选择被阵列对象，按 Enter 键或右击返回到“阵列”对话框，如图 3-13 所示。

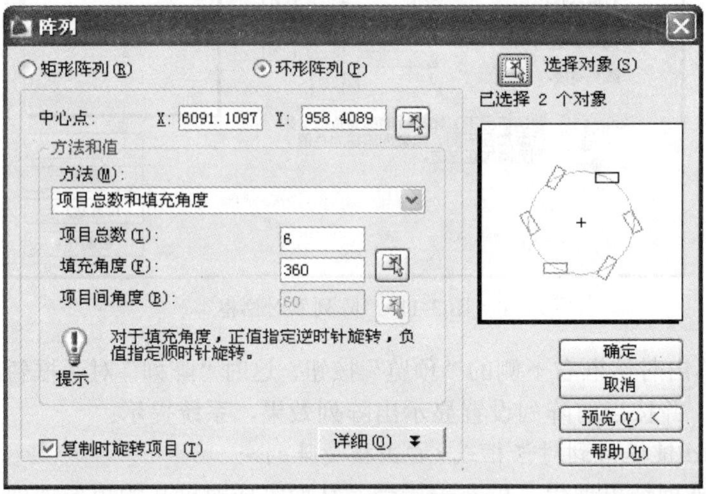

图 3-13　“阵列”对话框

（2）“预览”。单击对话框右下侧的“预览”按钮，这时“阵列”对话框暂时关闭，AutoCAD 切换到绘图窗口，并按当前阵列设置显示出阵列效果，系统提示：

拾取或按 Esc 键返回到对话框或<右击接受阵列>:

如果预览的阵列结果理想，可右击接受，从而完成对被阵列对象的环形阵列。

【说明】

(1)“方法和值”选项组：选择阵列的方法有 3 种，如图 3-14 所示。其中，项目总数表示阵列后的对象个数（包括源对象）；填充角度表示在阵列圆周上要填充的总角度，默认时为 360°；项目间的角度则表示阵列后相邻两对象间的角度。

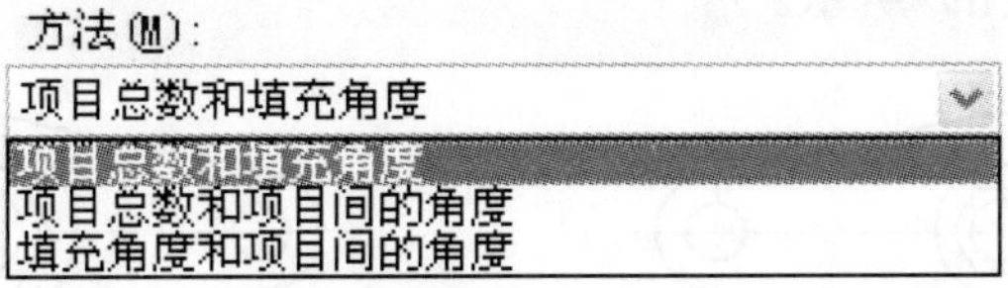

图 3-14 “方法”下拉列表

(2)“复制时旋转项目”复选框：设置在阵列时是否将复制出的对象旋转。

(3)“详细”按钮：单击该按钮，对话框中将显示对象的基点信息，可以利用这些信息设置对象的基点。

3.11　缩放对象

缩放对象命令用于将选定的对象相对于指定的基点按比例放大或缩小。

1. 命令执行方式

（1）下拉菜单：“修改”|“缩放”

（2）工具栏：“修改”工具栏 |“缩放”按钮

（3）命令：SCALE↙

2. 操作过程及说明

执行上述任一方式后，系统提示：

选择对象：↙（选择要缩放的对象）

指定基点：（指定基点）

指定比例因子或 [复制（C）/参照（R）]:

各选项含义如下。

（1）指定比例因子。此项为默认项，当输入的比例因子值大于 1，则使对象放大；若输入的比例因子值介于 0 和 1 之间，则使对象缩小。

（2）复制（C）。保持源对象不变，生成一个按指定比例缩放的源对象的副本。

（3）参照（R）。将对象按参照的方式缩放，需要指定参照长度值和新的长度值，AutoCAD 根据参考长度与新长度的值自动计算比例因子（比例因子=新长度值/参考长度值），然后按该比例缩放对象。若在“指定新的长度或 [点（P）] <1.0000>”提示中输入“P”后按 Enter 键，接下来提示“指定第一点：指定第二点：”这两点间的距离作为新长度。

3. 案例

如图 3-15（a）所示，对该图中位于中间位置的两个圆和六边形相对于圆心放大 1.5 倍，结果如图 3-15（b）所示。

操作过程如下。

单击“修改”工具栏上的“缩放”按钮，系统提示：

选择对象:（选择图 3-15（a）中位于中间位置的两个圆和六边形）
选择对象: ↙
指定基点:（选择图 3-15（a）中的基点）
指定比例因子或 [复制（C）/参照（R）]: 1.5↙
缩放结果如图 3-15（b）所示。

（a）缩放前　　（b）缩放后

图 3-15　缩放对象

3.12　拉伸对象

拉伸对象命令可以移动或拉伸对象，如图 3-16 所示。可以看出，对图 3-16（a）中选择矩形内的对象执行拉伸操作后，位于右边的圆弧和垂直线只是改变了位置（即移动），而其他对象则被拉长，如图 3-16（b）所示。

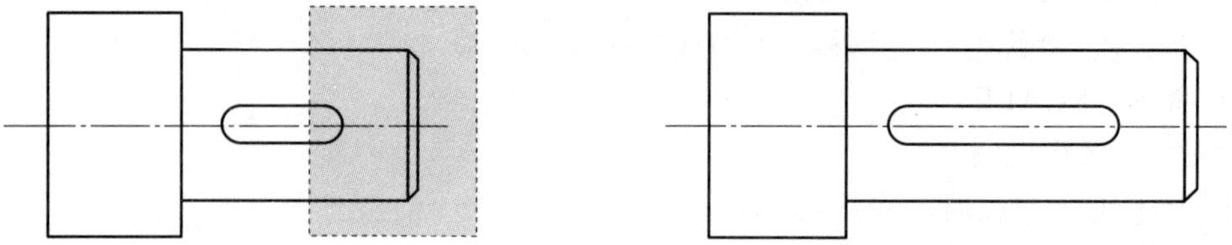

（a）拉伸前（用交叉窗口选择对象）　　（b）拉伸后

图 3-16　拉伸对象

1. 命令执行方式

（1）下拉菜单:“修改”|“拉伸”

（2）工具栏:“修改”工具栏 |“拉伸”按钮

（3）命令: STRETCH↙

2. 操作过程及说明

执行上述任一方式后，系统提示:

以交叉窗口或交叉多边形选择要拉伸的对象...
选择对象:

根据提示选择对象，然后指定拉伸基点和位移矢量，AutoCAD 将会移动位于选择窗口之内的对象，拉伸（或压缩）与窗口边界相交的对象。

对于直线、圆弧和多段线等图形对象，若其整个图形位于选择窗口内，那么执行的结果是它们将被移动，若其图形的一部分在选择窗口内，另一部分在选择窗口外，则遵循以下拉伸规则。

（1）直线：位于窗口外的端点不动，位于窗口内的端点移动，直线由此改变。

（2）圆弧：与直线类似，但在圆弧改变的过程中，圆弧的弦高保持不变，同时由此来调整圆心的位置、圆弧起始角和终止角的值。

（3）多段线：与直线或圆弧相似，但多段线两端的宽度、切线方向及曲线拟合信息均不改变。

（4）其他对象：如果其定义点位于选择窗口内，对象发生移动，否则不动。其中，圆的定义点为圆心，文字和属性的定义点为字符串基线的左下端点，块的定义点为插入点。

3.13 拉长对象

拉长对象命令用于修改线段或圆弧的长度。在执行操作命令选择对象时，只能用直接单击方式来选择对象，且一次只能选择一个对象。

1. 命令执行方式

（1）下拉菜单："修改"|"拉长"

（2）命令：LENGTHEN↙

2. 案例

利用"拉长"命令将圆的中心线拉长，使其超出轮廓线 3～5 mm，如图 3-17（a）所示，操作结果如图 3-17（b）所示。

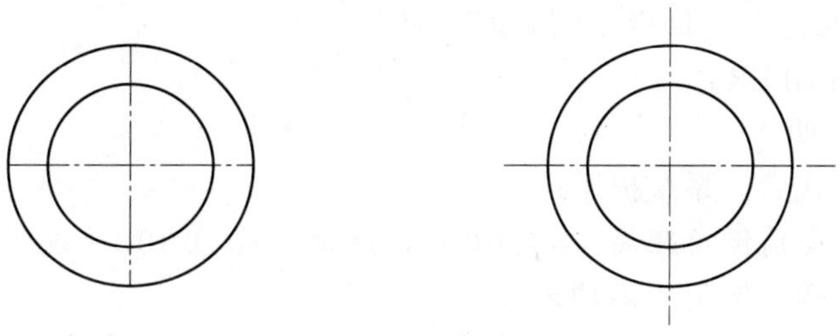

（a）拉长前　　（b）拉长后

图 3-17　拉长对象

操作过程如下。

执行 LENGTHEN 命令，系统提示：

选择对象或［增量（DE）/百分数（P）/全部（T）/动态（DY）]：DE↙（表示选择增量方式）

输入长度增量或［角度（A）]：5↙

选择对象或［增量（DE）/百分数（P）/全部（T）/动态（DY）]：（选择要加长的中心线）

【说明】

（1）默认情况下，用户选择对象后，系统会显示出当前选中对象的长度及包含角等信息。

（2）增量（DE）：根据长度增量或圆弧的包含角增量改变长度。此时可以直接输入长度增量来拉长直线或圆弧，长度增量为正值时拉长，反之则缩短对象。也可以输入 A，通过指定圆弧的包含角增量来修改圆弧的长度。

（3）百分数（P）：以相对于原长度的百分比来改变直线或圆弧的长度。

（4）全部（T）：以给定直线新的总长度或圆弧的新包含角来改变长度。

（5）动态（DY）：可通过鼠标拖动选定对象的端点之一来改变直线或圆弧的长度，而其他端点保持不变。

3.14 创建倒角

创建倒角命令用于将直线类型的两个不平行对象进行倒角，如图 3-18 所示。在机械制图中，经常会在机件图形中绘制倒角。

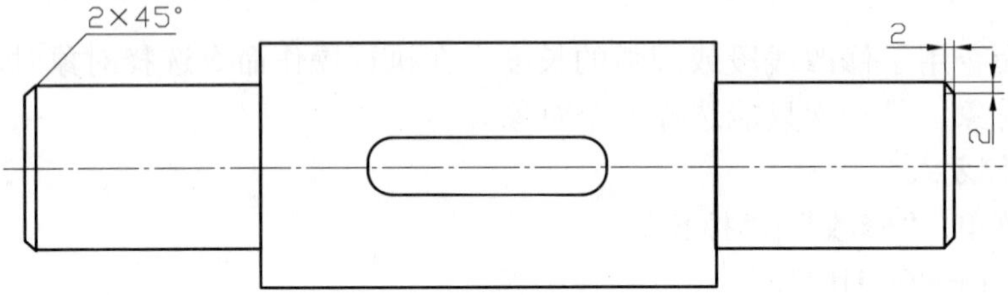

图 3-18 键槽倒角

1. 命令执行方式

（1）下拉菜单：“修改”|“倒角”

（2）工具栏：“修改”工具栏 |“倒角”按钮

（3）命令：CHAMFER↙

2. 操作过程及说明

执行上述任一方式后，系统提示：

（“修剪”模式）当前倒角距离 1=0.0000，距离 2=0.0000（说明当前的创建倒角模式为“修剪”模式，且两个倒角距离均为 0）

选择第一条直线或 [放弃（U）/多段线（P）/距离（D）/角度（A）/修剪（T）/方式（E）/多个（M）]:

各选项含义如下。

（1）选择第一条直线。此选项为默认项，选择某一直线后，系统提示：

选择第二条直线，或按住 Shift 键选择要应用角的直线:

在该提示下选择相邻的另一条直线，AutoCAD 按当前的倒角设置对两条直线倒角。如果按住 Shift 键选择相邻的另一条线段，AutoCAD 则创建零距离的倒角，使两条直线准确相交。

（2）多段线（P）。此选项在整条多段线的各顶点处一次性创建倒角。

（3）距离（D）。用于设置倒角至选定边端点的距离。执行该选项，命令行依次提示：

指定第一个倒角距离:

指定第二个倒角距离:

依次输入距离值后，命令行会继续给出下面的提示：

选择第一条直线或 [放弃（U）/多段线（P）/距离（D）/角度（A）/修剪（T）/方式（E）/多个（M）]:

【说明】

（1）距离是指从两对象的交点分别到倒角斜线两个端点的长度，先选择的那条直线的倒角距离为第一倒角距离，而后选择的那条直线上的倒角距离为第二倒角距离，如图 3-19（b）所示。

（2）第一倒角距离和第二倒角距离可以相等也可以不相等，如果将这两个距离均设置为 0，那么倒角操作将延伸或修剪两条直线，使它们终止于同一点，如图 3-20（b）所示。

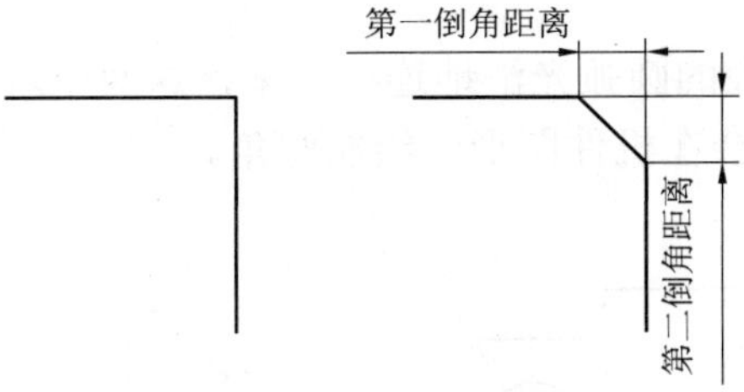

（a）倒角前　（b）倒角后

图 3-19　倒角距离示意图

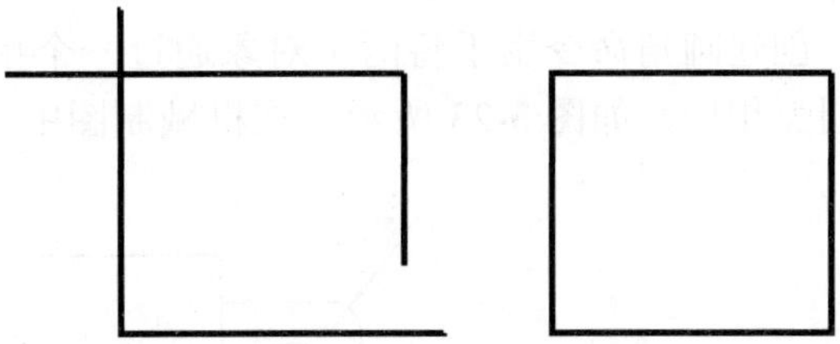

（a）倒角前　（b）倒角后

图 3-20　倒角距离为零的倒角示例

（3）角度（A）。用于根据第一倒角距离和倒角斜线与第一条直线的夹角来进行倒角。执行该选项，命令行依次提示：

指定第一条直线的倒角长度：

指定第一条直线的倒角角度：

倒角长度与倒角角度的含义如图 3-21 所示。

依次输入倒角长度与倒角角度后，命令行继续给出下面的提示：

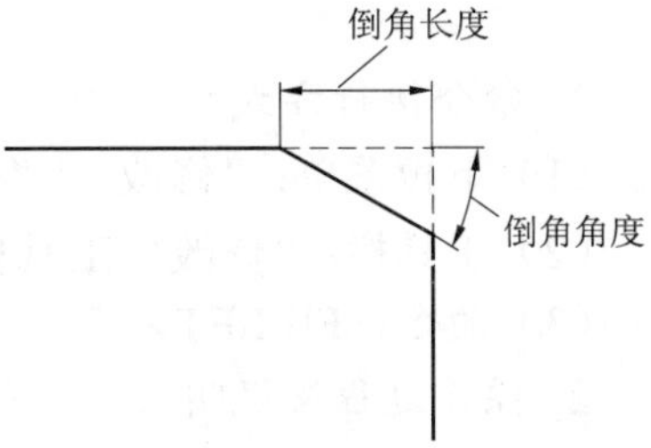

图 3-21　倒角长度与倒角角度的含义

选择第一条直线或［放弃（U）/多段线（P）/距离（D）/角度（A）/修剪（T）/方式（E）/多个：

（4）修剪（T）。用于设置倒角后是否对相应的倒角边进行修剪。执行该选项，系统提示：

输入修剪模式［修剪（T）/不修剪（N）］ <修剪>:

其中，“修剪（T）”选项表示倒角后对倒角边进行修剪；“不修剪（N）”选项则表示不修剪，具体效果如图 3-22 所示。

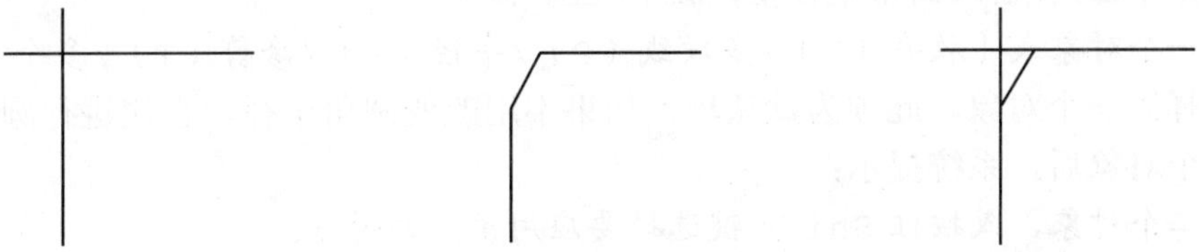

（a）创建倒角前　（b）创建倒角后（修剪）　（c）创建倒角后（不修剪）

图 3-22　创建倒角时修剪与否示例

（5）方式（E）。用于设置倒角的方法。执行该选项，系统提示：

输入修剪方法［距离（D）/角度（A）］ <距离>:

其中，“距离（D）”选项表示将按两条边的倒角距离来进行倒角；“角度（A）”选项则表示将一条边的距离及相应的倒角角度来进行倒角。

（6）多个（M）：可以依次对多条边倒角。

（7）放弃（U）：放弃前一次操作。

3.15 创建圆角

创建圆角命令用于将两个对象通过一个指定半径的圆弧光滑地连接起来，这两个对象均与圆弧相切，如图 3-23 所示。在机械制图中，经常会在机件图形中绘制圆角。

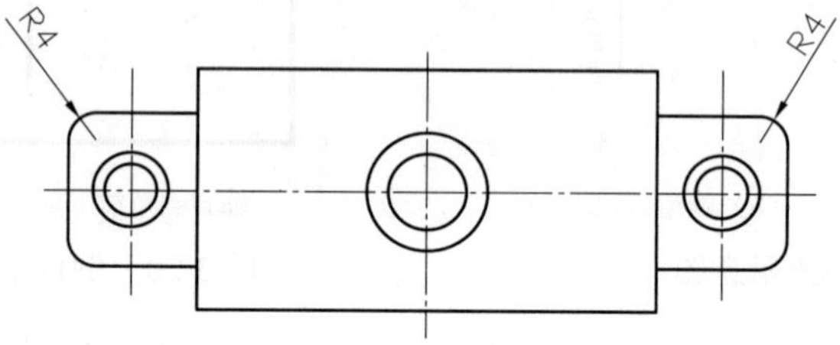

图 3-23 圆角示例

1. 命令执行方式

（1）下拉菜单：“修改”|“圆角”

（2）工具栏：“修改”工具栏 |“圆角”按钮

（3）命令：FILLET↙

2. 操作过程及说明

执行上述任一方式后，系统提示：

当前设置模式=修剪，半径=0.0000（说明当前的创建圆角模式为“修剪”模式，且圆角半径为 0）

选择第一个对象或 [放弃（U）/多段线（P）/半径（R）/修剪（T）/多个（M）]:

各选项含义如下。

（1）半径（R）。在圆角操作前，应先确定圆角半径。AutoCAD 默认的半径是上一次设置的半径。重新指定半径时要在命令行中输入 R 后按 Enter 键，接下来提示：

指定圆角半径:（输入圆角半径值，按 Enter 键）

选择第一个对象或 [放弃（U）/多段线（P）/半径（R）/修剪（T）/多个（M）]:

（2）选择第一个对象。此项为默认项，如果不用改变圆角半径，直接进行圆角操作，用户选择第一个对象后，系统提示：

选择第二个对象，或按住 Shift 键选择要应用角点的对象:

在此提示下选择另一个对象，AutoCAD 按当前设置为它们创建出圆角并结束命令。如果按住 Shift 键选择第二个对象，则是对两对象创建零距离圆角，使两对象准确相交。

（3）多段线（P）。此选项在整条多段线的各顶点处一次性创建圆角。

（4）修剪（T）。创建圆角后是否对相应的对象进行修剪。“修剪（T）”选项表示在创建圆角的同时对倒圆角边进行修剪；“不修剪（N）”选项表示保留源对象，不进行修剪，具体效果如图 3-24 所示。

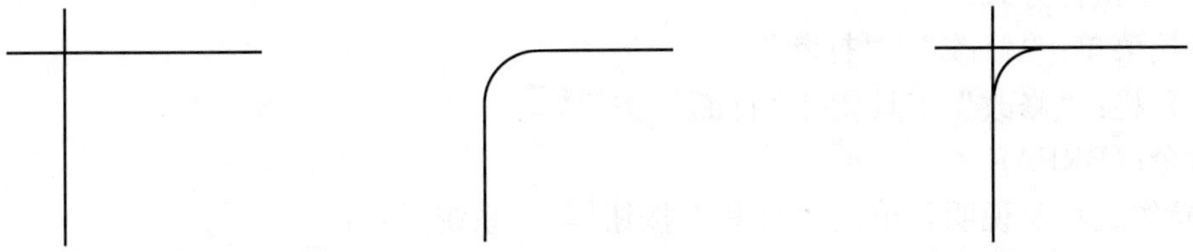

（a）创建圆角前　（b）创建圆角后（修剪）　（c）创建圆角后（不修剪）

图 3-24　创建圆角时修剪与否示例

（5）多个（M）。用户对两对象创建圆角后，可以继续对其他对象创建圆角。

（6）放弃（U）。放弃已进行的设置或操作。

3.16 打断对象

打断对象命令用于将选中对象分成两部分或删除对象上指定两点之间的部分，如图 3-25 所示。

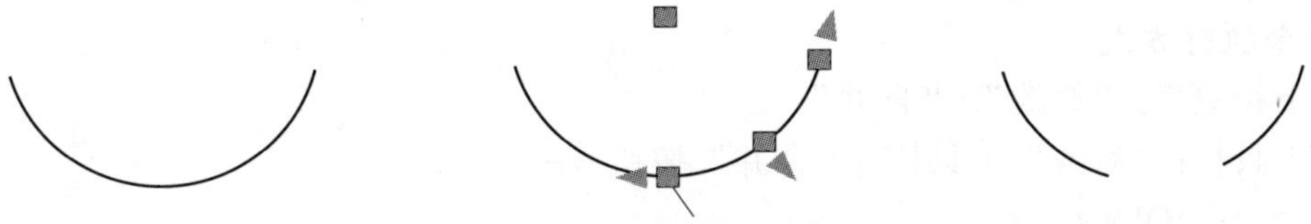

（a）原对象　（b）从指定点处断为两段　（c）删除中间一段

图 3-25　打断对象示例

1. 在一点处打断对象

（1）命令执行方式。

① 下拉菜单："修改" | "打断"

② 工具栏："修改"工具栏 | "打断"按钮

③ 命令：BREAK↙

（2）操作过程及说明。

单击"打断于点"按钮，系统提示：

选择对象：

在此提示下，选择要打断的对象，命令行继续提示：

指定第二个打断点或 [第一点 (F)]: _f （表示选择"第一点"模式）

指定第一打断点：

在该提示下重新确定对象上的第一断点后，系统提示：

指定第二打断点：@

此命令结束，AutoCAD 在选择对象的拾取点位置将对象一分为二。

2. 删除对象上指定两点之间的部分

（1）命令执行方式。

① 下拉菜单：“修改”|“打断”

② 工具栏：“修改”工具栏 |“打断”按钮

③ 命令：BREAK↙

（2）操作过程及说明。单击“打断”按钮，系统提示：

选择对象：（在默认情况下，选择对象时的单击点作为第一打断点）

指定第二个打断点或 [第一点（F）]:

在此提示下指定第二打断点，AutoCAD 将位于所确定两点之间的那一段对象删除。对圆执行打断命令后，AutoCAD 沿逆时针方向将圆上位于第一断点与第二断点之间的那段圆弧删除掉。

3.17 合 并 对 象

合并对象命令用于将选中对象合并以形成一个完整的对象。可以合并的对象有直线、圆弧、椭圆弧、多段线和样条曲线等，但要合并的对象必须位于相同的平面上。

将图 3-26（a）所示的两段同心且半径相同的圆弧合并，结果如图 3-26（b）所示。

1. 命令执行方式

（1）下拉菜单：“修改”|“合并”

（2）工具栏：“修改”工具栏 |“合并”按钮

（3）命令：JOIN↙

2. 操作过程及说明

（1）执行上述任一方式后，系统提示：

选择源对象：（如选择图 3-26（a）中的一段圆弧）

选择圆弧，以合并到源或进行 [闭合（L）]:（选择另一段圆弧）

选择要合并到源的圆弧：找到 1 个 ↙

已将 1 个圆弧合并到源（完成了圆弧的合并，见图 3-26（b）左图）

（2）执行闭合（L）选项的操作过程如下。单击“合并”按钮后，系统提示：

选择源对象：（如选择图 3-26（a）中的一段圆弧）

选择圆弧，以合并到源或进行 [闭合（L）]: L↙

已将圆弧转换为圆。（两段圆弧闭合成一个完整的圆，见图 3-26（b）右图）

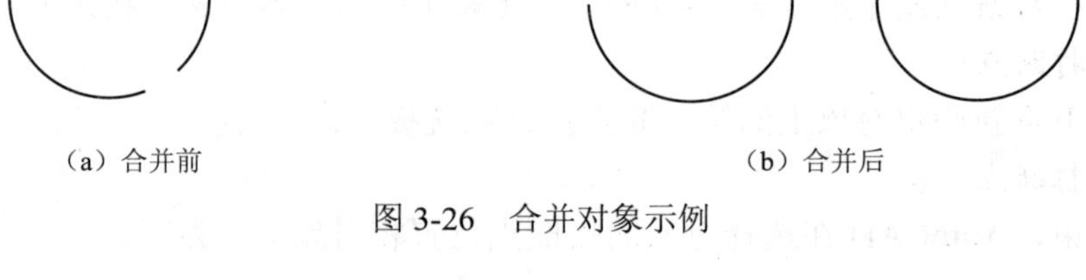

（a）合并前　　（b）合并后

图 3-26　合并对象示例

3.18　编辑二维多段线

编辑二维多段线命令用于编辑二维多段线。

1. 命令执行方式

（1）下拉菜单：“修改”|“对象”|“多段线”

（2）工具栏：“修改 II”工具栏 |“编辑多段线”按钮

（3）命令：PEDIT↙

2. 操作过程及说明

执行上述任一方式后，系统提示：

选择多段线或 [多条（M）]:

在此提示下选择要编辑的多段线，若输入 M，则可以选择多条多段线。如果选择的对象是由直线及圆弧等命令绘制的非多段线对象，AutoCAD 会提示：

选定的对象不是多段线

是否将其转换为多段线？<Y>

输入 Y 可以将对应的对象转换成多段线，然后继续提示：

输入选项 [闭合（C）/合并（J）/宽度（W）/编辑顶点（E）/拟合（F）/样条曲线（S）/非曲线化（D）/线型生成（L）/放弃（U）]:

各选项含义如下。

（1）闭合（C）。用于封闭所编辑的多段线。

（2）合并（J）。将直线、圆弧或多段线连接到指定的非封闭多段线上。

（3）宽度（W）。为整个多段线设置统一新宽度。

（4）编辑顶点（E）。编辑多段线的顶点。只能对一条多段线进行操作。

（5）拟合（F）。创建平滑曲线，它由连接各对顶点的圆弧曲线组成，且圆弧曲线通过多段线的所有顶点并使用指定的切线方向。拟合效果如图 3-27 所示。

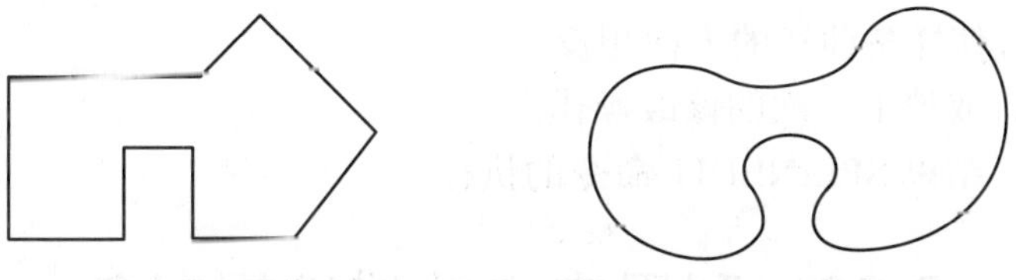

（a）多段线　　（b）圆弧曲线拟合

图 3-27　用圆弧曲线拟合多段线

（6）样条曲线（S）。用样条曲线拟合多段线。图 3-28 所示为用样条曲线拟合多段线的前后效果。

由图可以看出，“样条曲线（S）”和“拟合（F）”生成的曲线有很大区别。

（7）非曲线化（D）。对多段线进行反拟合，即使多段线恢复到执行“拟合（F）”或“样条曲线（S）”选项前的状态。

（8）线型生成（L）。规定非连续线型多段线在各顶点处的绘线方式。

（9）放弃（U）。取消 PEDIT 命令的上一次操作。

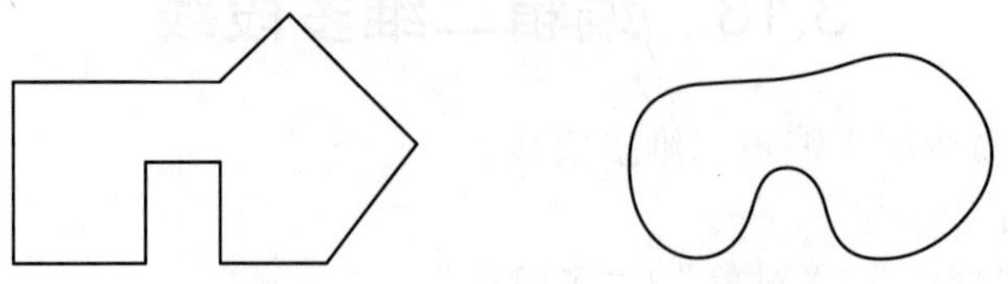

（a）多段线　　　（b）样条曲线拟合

图 3-28　用曲线拟合多段线

3.19　编辑样条曲线

编辑样条曲线命令用于编辑样条曲线。

1. 命令执行方式

（1）下拉菜单："修改" | "对象" | "样条曲线"

（2）工具栏："修改 II" 工具栏 | "编辑样条曲线" 按钮

（3）命令：SPLINEDIT↙

2. 操作过程及说明

执行上述任一方式后，系统提示：

选择样条曲线：

在该提示下选择样条曲线，系统提示：

输入选项 [拟合数据（F）/ 闭合（C）/ 移动顶点（M）/ 精度（R）/ 反转（E）/ 放弃（U）]：

各选项含义如下。

（1）拟合数据（F）。编辑样条曲线所通过的某些控制点。

（2）闭合（C）。封闭当前所编辑的样条曲线。

（3）移动顶点（M）。移动样条曲线上的当前控制点。

（4）精度（R）。对样条曲线的控制点进行细化操作。

（5）反转（E）。使样条曲线的方向相反。

（6）放弃（U）。取消上一次的修改操作。

（7）退出（X）。结束 SPLINEDIT 命令的执行。

3.20　利用夹点功能编辑对象

在没有输入任何命令时，用光标在绘图区域直接选择对象，则被选对象上会出现一些特征点，称为夹点，夹点是一些实心的小方框。图 3-29 所示为常见图形的夹点特征。利用夹点功能，不用激活通常的 AutoCAD 修改命令就可以对图形进行拉伸、移动、旋转、缩放及镜像等编辑操作。

选择"工具" | "选项"命令，打开"选项"对话框，从"选择集"选项卡的"夹点"选项组中，用户可以设置是否启用夹点及相关的选项与参数。默认情况下，启用夹点和夹点提示。

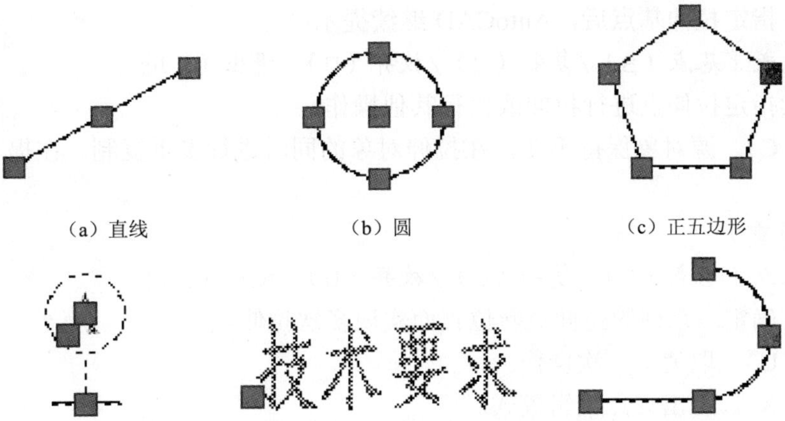

（a）直线 （b）圆 （c）正五边形

（d）块 （e）文字 （f）多段线

图 3-29 常见图形的夹点显示

要使用夹点进行编辑，首先，直接单击要编辑的对象，单击后在这些对象上出现小方框（其颜色默认为蓝色）。然后，选择其中的一个夹点作为编辑操作点，方法是：将光标移到希望成为基点的夹点上单击，那么该夹点会以另一种颜色显示（默认为红色），表示已经成为操作点。

选择了操作点后，就可以用夹点功能对被选中的对象进行拉伸、移动、旋转、缩放及镜像等编辑操作，下面分别进行介绍。

1. 拉伸对象

该模式是第一种夹点编辑模式，一旦选择了操作点，系统提示：

拉伸

指定拉伸点或 [基点（B）/复制（C）/放弃（U）/退出（X）]:

各选项含义如下。

（1）指定拉伸点。此项为默认项，要求指定拉伸到达的新点，用户可输入点的坐标或用鼠标直接拾取点来确定操作点的新位置。图 3-30 所示是使用夹点拉伸对象的一个示例。

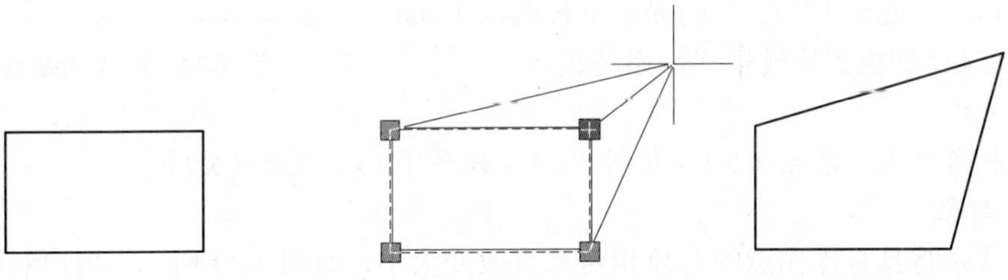

（a）拉伸前 （b）拉伸时 （c）拉伸后

图 3-30 指定拉伸点拉伸

（2）基点（B）。默认的拉伸基点是光标拾取的夹点，如果需要的话，可以改变基点为另一点，方法是在提示下输入 B，接下来系统提示：

指定基点:

在此提示下指定拉伸基点后，AutoCAD 继续提示：

指定拉伸点或 [基点（B）/复制（C）/放弃（U）/退出（X）]:

即可以继续指定拉伸点进行拉伸或执行其他操作。

（3）复制（C）。源对象保持不变，在拉伸对象的同时进行多重复制。在提示下输入 C，系统提示：

拉伸（多重）

指定拉伸点或 [基点（B）/复制（C）/放弃（U）/退出（X）]:

此时用户可确定一系列的拉伸点新位置而实现多次拉伸。

（4）放弃（U）。取消上一次操作。

（5）退出（X）。退出夹点编辑模式。

2. 移动对象

移动模式是指将具有操作点的对象从当前位置移动到新位置而不改变其大小和方向，如图 3-31 所示。此外，也可以重新指定移动基点或在指定移动新位置的同时进行对象复制。

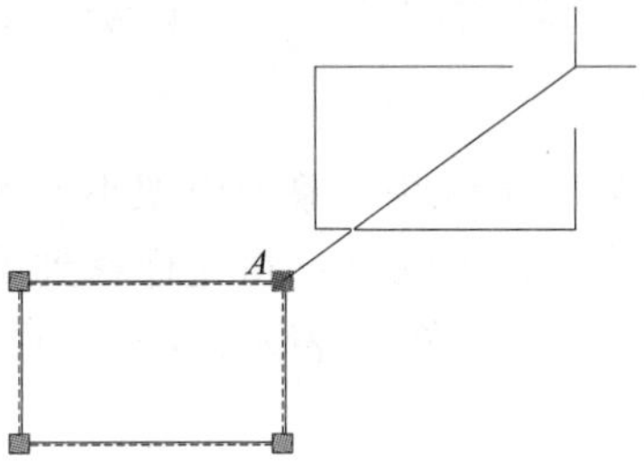

图 3-31　以 A 为基点的移动

用户对操作对象选择了操作点后，在“**拉伸**指定拉伸点或[基点(B)/复制(C)/放弃(U)/退出(X)]: ”的提示下按 Enter 键，将 AutoCAD 切换到移动模式，系统提示：

移动

指定移动点或 [基点（B）/复制（C）/放弃（U）/退出（X）]:

3. 旋转对象

旋转模式是指将具有操作点的对象绕一基点旋转，如图 3-32 所示。此外，也可以重新指定旋转基点或在旋转的同时进行对象复制。用户对操作对象选择了操作点后，在“**拉伸**指定拉伸点或 [基点（B）/复制（C）/放弃（U）/退出（X）]: ”的提示下按两次 Enter 键，将 AutoCAD 切换到旋转模式，系统提示：

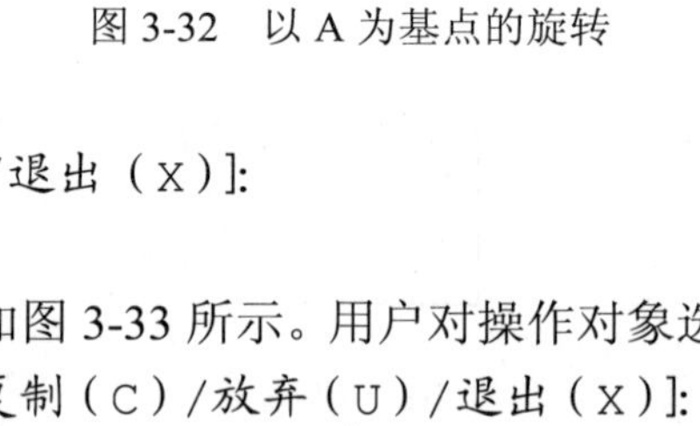

图 3-32　以 A 为基点的旋转

旋转

指定旋转角度或 [基点（B）/复制（C）/放弃（U）/退出（X）]:

4. 缩放对象

缩放模式是将具有操作点的对象相对基点改变大小，如图 3-33 所示。用户对操作对象选择了操作点后，在“**拉伸**指定拉伸点或[基点(B)/复制(C)/放弃(U)/退出(X)]: ”的提示下按 3 次 Enter 键，将 AutoCAD 切换到缩放模式，系统提示：

比例缩放

指定比例因子或 [基点（B）/复制（C）/放弃（U）/参照（R）/退出（X）/]:

提示中，“指定比例因子”选项用于指定缩放比例；“基点”选项用于重新指定缩放基点；“复制”选项用于实现复制缩放；“放弃”选项用于取消上一次操作；“参照（R）”选项用于以参照的方式进行缩放；“退出”选项则用于退出当前的操作。

5. 镜像对象

镜像模式是将具有操作点的对象相对过基点的镜像线（由基点和指定的第二点来确定）实现镜像，如图 3-34 所示。以直线 AB 为镜像线，将所给四边形以复制的形式镜像。其操作过程为：用户对操作对象选择了操作点后，在“**拉伸**指定拉伸点或［基点（B）/复制（C）/放弃（U）/退出（X）]:”的提示下按 4 次 Enter 键，将 AutoCAD 切换到镜像模式，系统提示：

镜像

指定第二点或［基点（B）/复制（C）/放弃（U）/退出（X）]: C↙（实现对象复制）

指定第二点或［基点（B）/复制（C）/放弃（U）/退出（X）]: B↙（重新指定基点）

指定基点:（用鼠标捕捉端点 A）

镜像（多重）

指定第二点或［基点（B）/复制（C）/放弃（U）/退出（X）]:（用鼠标捕捉端点 B）

指定第二点或［基点（B）/复制（C）/放弃（U）/退出（X）]: ↙（退出镜像编辑）

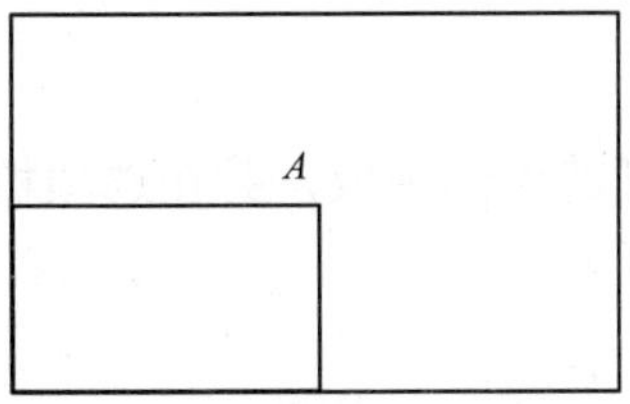

图 3-33　比例为 2 的复制缩放

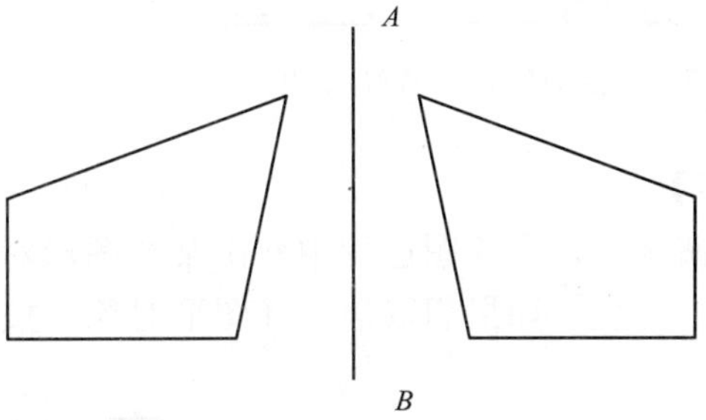

图 3-34　指定新基点的复制镜像

3.21　利用特性选项板修改图形对象

通过特性选项板，用户可以对选定的对象进行特性查看和特性修改。

命令执行方式如下。

（1）下拉菜单：“修改”|“特性”

（2）工具栏：“标准”工具栏 |“对象特性”按钮

（3）命令：PROPERTIES↙

执行上述任一方式后，AutoCAD 弹出特性选项板，如果没有在绘图区域选中图形对象，选项板内显示出绘图环境的特性及其当前设置，如图 3-35 所示。如果选择某一对象，在特性选项板内会列出该对象的全部特性及其当前设置，如图 3-36 所示。如果选择同一类型的多个对象，选项板内列出这些对象的共有特性及其当前位置；如果选择的是不同类型的多个对象，选项板内则列出这些对象的基本特性及它们的当前设置。

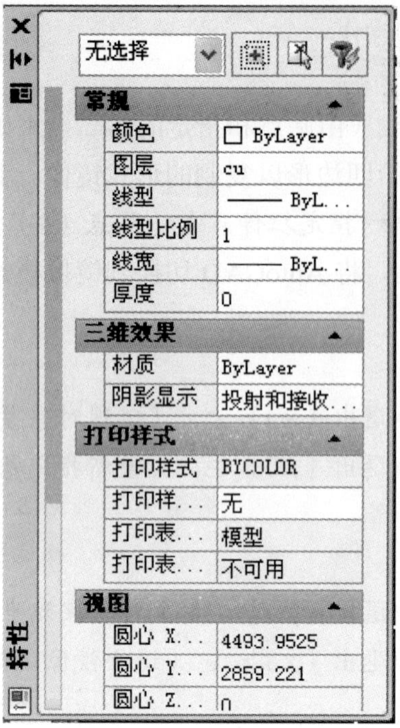

图 3-35　无选择对象的特性选项板

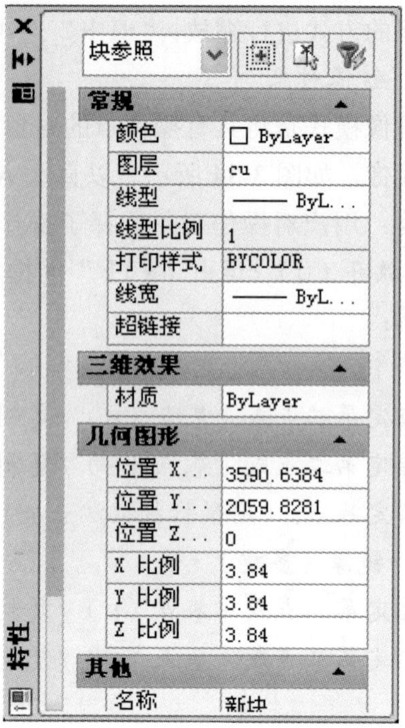

图 3-36　选择对象后的特性选项板

【说明】

一般情况下，在绘图过程中双击某个图形对象也会打开特性选项板，并在选项板中显示出该对象的特性。如果想取消选择图形对象，按 Esc 键即可。

实　　训

绘制如题图 3-1 所示的图形。(图形未注尺寸，由读者自定，且暂可以不考虑线宽和线型)

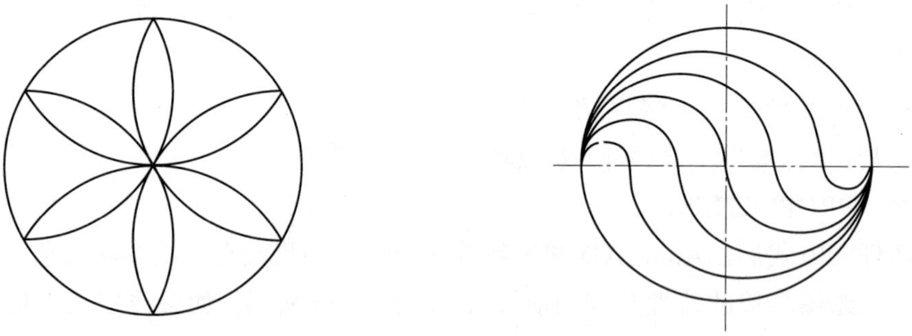

(a)　　(b)

题图 3-1（一）

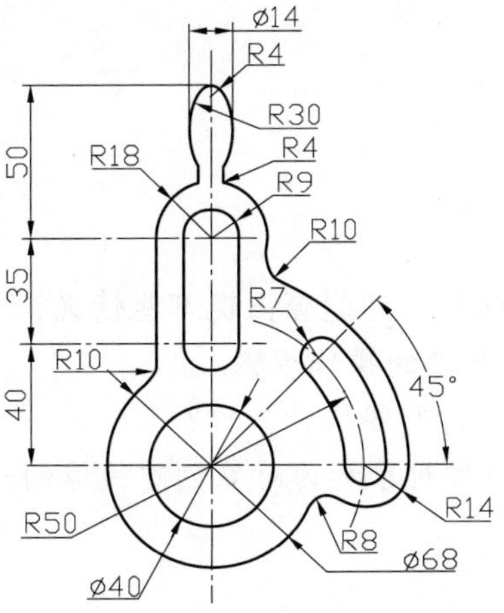

(c)

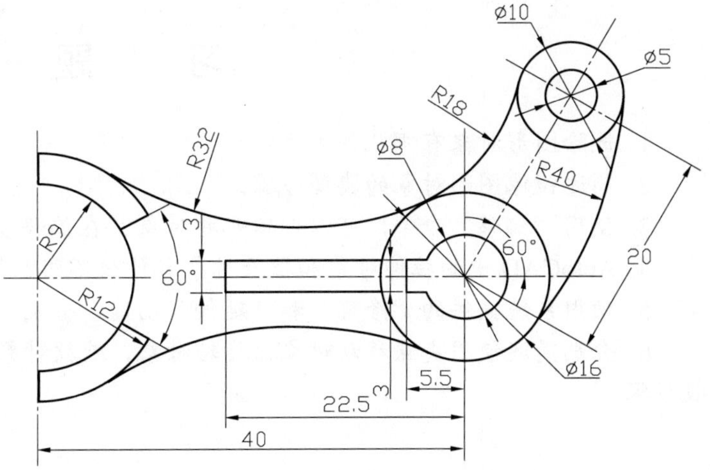

(d)

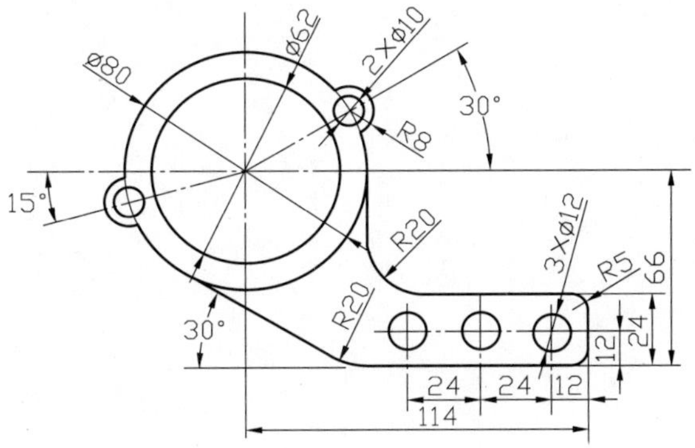

(e)

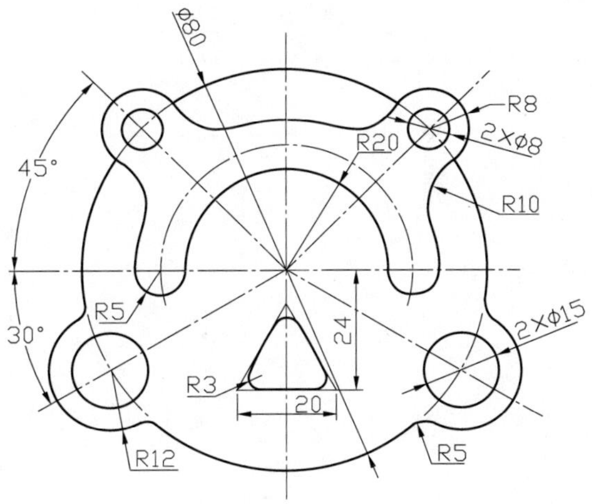

(f)

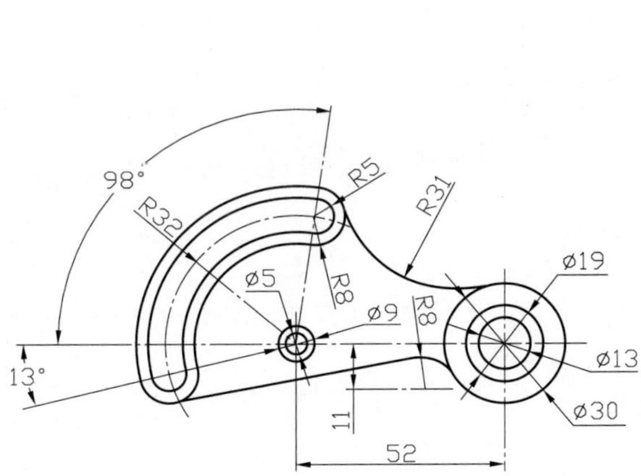

(g)

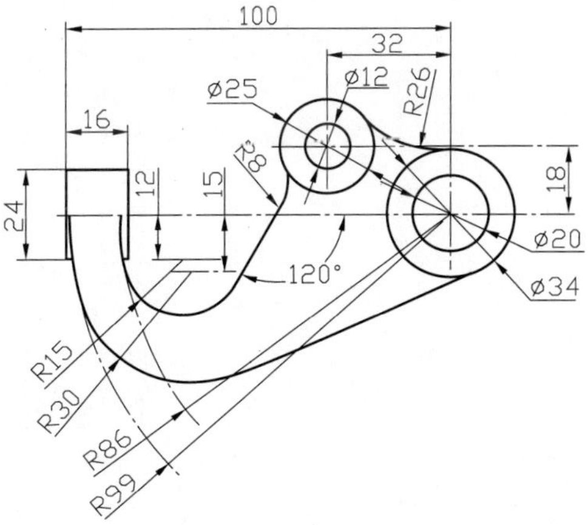

(h)

题图 3-1（二）

习　题

1. 删除图形对象有哪几种方法？

2. 简述镜像图形对象的典型步骤。

3. 使用“偏移”命令，可以创建哪些对象？在偏移多段线时，可能会出现哪些情况？

4. AutoCAD 中的拉伸对象和拉长对象有什么不同？简述两者的操作步骤。

5. 使用系统提供的“修剪”和“延伸”功能，分别可以进行哪些设计工作？

6. 分别简述使用夹点移动对象、旋转对象、缩放对象、拉伸对象和为对象创建镜像的一般步骤。

第 4 章
图形显示控制

绘图时，通常要根据所绘图形的大小及复杂程度选择合适的图幅。AutoCAD 2009 也提供了类似功能，即设置图形界限。此外，还介绍了相关命令对图形单位和图形显示进行具体设置与操作。本章主要包括以下内容：

- 绘图界限
- 绘图单位
- 视图移动
- 视图缩放
- 图形重生成
- 鸟瞰视图

4.1 绘 图 界 限

图形界限的设置是在当前的“模型”或“布局”选项卡上，设置一个矩形绘图区域。在绘图过程中所设置的绘图区域可根据需要打开与关闭。

将图形界限设置成 A4 图幅（即尺寸为 297×210），并使所设图形界限有效。

（1）命令执行方式。

① 下拉菜单：“格式”|“图形界限”

② 命令：LIMITS↙

（2）操作过程及说明。执行上述任一操作后，命令行提示：

指定左下角点或 [开（ON）/关（OFF）] <0.0000，0.0000>：↙

指定右上角点：297，210↙

再重复 LIMITS 命令，命令行提示：

指定左下角点或 [开（ON）/关（OFF）] <0.0000，0.0000>：ON↙（使所设图形界限生效）

各选项的含义如下。

（1）指定左下角点。设置图形界限左下角位置，用户可指定点或按 Enter 键，即指定图形界限的左下角位置，命令行提示：

指定右上角点<420.0000，297.0000>：

此提示要求用户确定图形界限右上角的位置，用户可指定点或按 Enter 键。

（2）开（ON）。该选项用于打开界限检查功能，即执行该选项后用户将无法在所设图形界限之外的区域绘图。如果所绘图形要超过所设置的图形界限，系统拒绝执行，并给出提示：

**超出图形界限。

（3）关（OFF）。该选项是默认选项，用于关闭界限检查，即执行该选项后，用户可在绘图区域任意位置绘图。

4.2 绘 图 单 位

利用 AutoCAD 设置绘图单位后，可以控制坐标和角度的显示格式与精度。

1. 命令执行方式

（1）下拉菜单：“格式”|“单位”

（2）命令：UNITS↙

2. 操作过程及说明

执行上述任一操作后，弹出如图 4-1 所示的“图形单位”对话框。

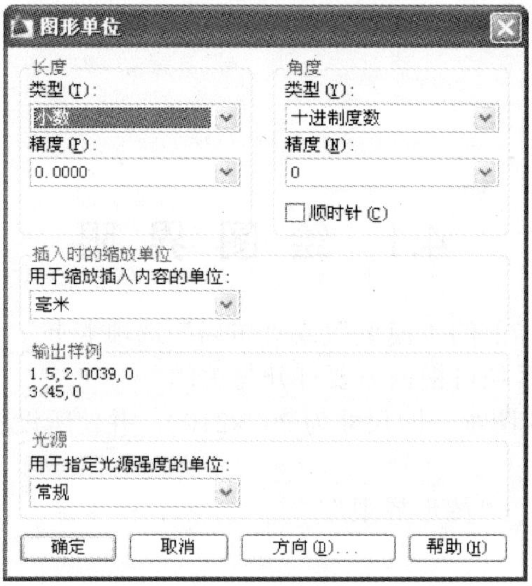

图 4-1 “图形单位”对话框

对话框中主要内容如下。

1）“长度”选项组

（1）“类型”下拉列表框：用于设置测量单位的当前格式。该值包括“建筑”、“小数”、“工程”、“分数”和“科学”。我国的工程图普遍采用“小数”格式。

（2）“精度”下拉列表框：用于设置线性测量值显示的小数位数或分数大小。

2）“角度”选项组

（1）“类型”下拉列表框：用于设置当前角度格式。默认为十进制数。

（2）“精度”下拉列表框：用于设置角度的精度。

（3）“顺时针”复选框：用于确定角度以顺时针方向计算正的角度值。而默认的正角度方向是逆时针方向。

3）“插入时的缩放单位”选项组

用于设置插入到当前图形中的块和图形的测量单位，默认为“毫米”。

4）“输出样例”项

用于显示用当前单位和角度设置的预览。

5）“光源”选项

用于设置当前图形中光度控制光源强度的测量单位，默认为“常规”。

6）“方向”按钮

用于设置零角度的方向。单击该按钮，系统弹出如图 4-2 所示的“方向控制”对话框，可从对话框中选择以东、北、西、南任一方向作为角度的 0 度方向，即对应计算机屏幕的右、上、左或下方。若选中“其他”单选按钮，则可通过输入值来指定零角度方向。

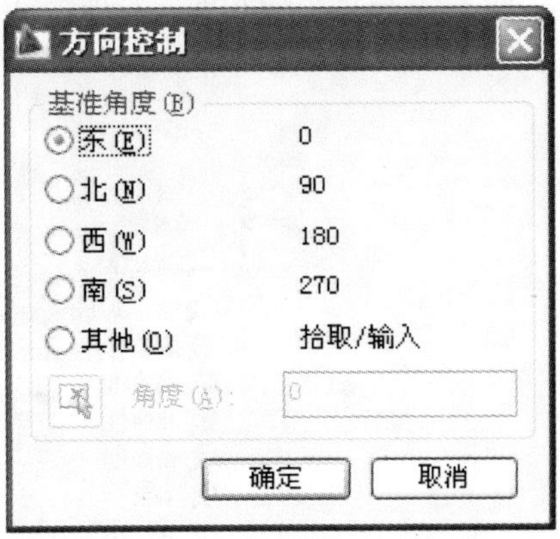

图 4-2　“方向控制”对话框

4.3　视 图 移 动

视图移动功能与对象移动功能不同。对象移动是改变指定图形相对于坐标原点的实际位置，而视图移动则相当于移动整张图纸。

1. 命令执行方式

（1）下拉菜单：“视图”|“平移”（见图 4-3）

（2）工具栏：“标准”工具栏 |“实时平移”按钮

（3）命令：PAN↙

2. 操作过程及说明

执行上述任一操作后，光标形状变为手形。按住鼠标左键，图形位置随光标的移动而移动。若要结束命令，按 Esc 或 Enter 键，若右击，会弹出快捷菜单，供用户选择。

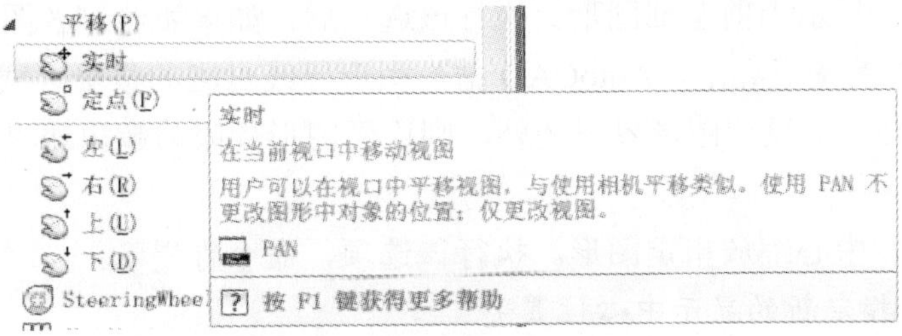

图 4-3　平移子菜单

4.4　视 图 缩 放

在绘图过程中，经常需要对图形的局部进行放大或缩小，以便观察细节或整体效果。视图缩放命令可以实现这一操作。

1. 命令执行方式

（1）下拉菜单：“视图”|“缩放”（见图 4-4）

（2）工具栏：“标准”工具栏 |“缩放”按钮

（3）命令：ZOOM↙

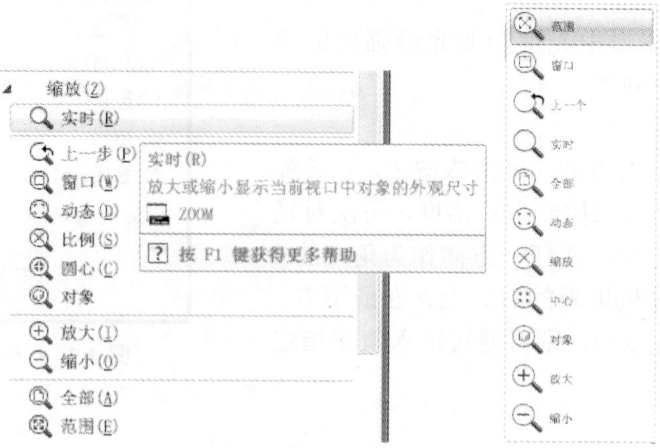

图 4-4　缩放视图子菜单和工具栏

2. 操作过程及说明

执行上述任一操作后，命令行提示：

指定窗口的角点，输入比例因子（nX 或 nXP），或者 [全部（A）/中心（C）/动态（D）/范围（E）/上一个（P）/比例（S）/窗口（W）/对象（O）] <实时>:

默认状态下用户可以直接指定所显示窗口的角点位置或输入比例因子。系统会根据用户指定的两角点所确定的矩形范围或输入的比例因子进行缩放。比例因子可输入一个数值、数值后带 X 或数值后带 XP 三种形式。图形将按相对于图形的实际尺寸、相对于当前显示图形的大小或相对于图纸空间进行缩放。

除默认项外，提示行中各选项的含义如下。

（1）全部（A）。显示当前全部图形。执行该选项后，如果所绘制各图形对象均没有超出由 LIMITS 命令设置的图形界限，AutoCAD 把与图形界线对应的整个区域显示在绘图窗口；如果有图形对象绘到了所设置图形界限之外，则连同图形界限与超出边界的图形对象均显示在屏幕上。

（2）中心（C）。中心缩放指定图形。执行该选项，命令行提示：

指定中心点：（指定新的显示中心位置）

输入比例或高度：（输入缩放比例或高度值）

执行结果：AutoCAD 将图形中按指定的中心位置作为绘图窗口的中心对图形进行缩放。输入的数值后带 X 则按该比例缩放，若输入的数值不带 X，则默认为高度，系统按此数值作为显示高度，在窗口中显示图形，即输入的数值较小时会放大图形，反之缩小图形。

（3）动态（D）。动态缩放指定图形。若执行该选项前屏幕上有如图 4-5 所示的图形，执行“动态（D）”选项后，屏幕上会出现如图 4-6 所示的屏幕模式。

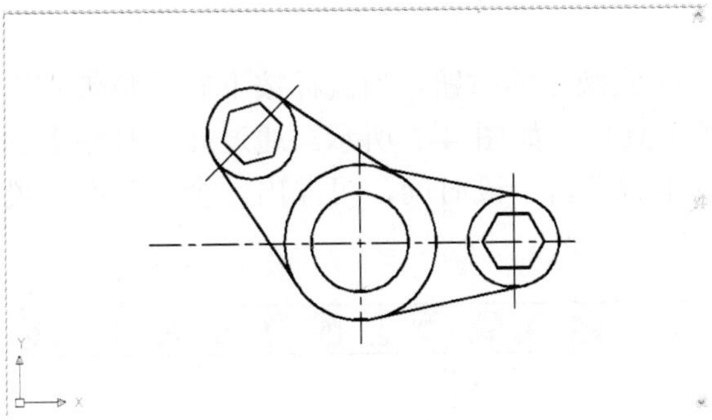

图 4-5　已有图形

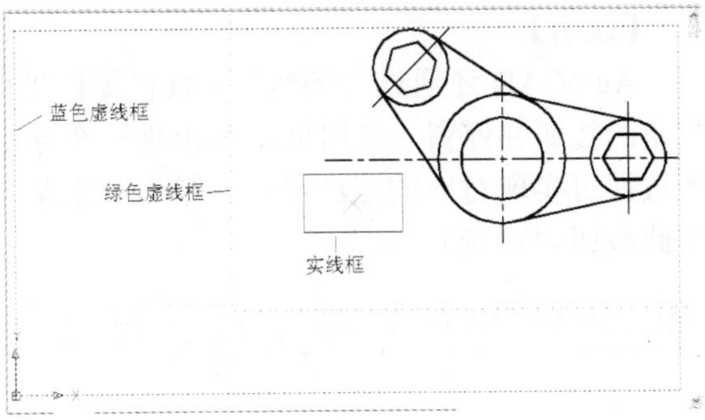

图 4-6　动态缩放时的屏幕模式

图 4-6 中出现 3 个矩形框。蓝色虚线框、绿色虚线框和中心有“×”的实线框。其中，蓝色框表示相当于“全部”选项所显示的范围；绿色框表示当前的屏幕显示范围；实线框可随鼠标移动的视图框，以便找到将要实现的图形部分。单击视图，视图框中心的“×”变成箭头，并指向框的右边。这时可移动鼠标，缩放视图框。待视图框的大小合适后，回车结束命令，则视图框包含的区域以最大范围显示在屏幕中。

（4）范围（E）。使当前图形尽可能大的显示在屏幕中，与图形界限无关。

（5）上一个（P）。恢复上一次显示的画面，最多可恢复到前面第 10 个画面。

（6）比例（S）。以屏幕中心为基准，按需要的缩放比例因子来实现缩放视图。执行该选项，命令行提示：

输入比例因子（nX 或 nXP）：

用户在该提示下输入比例值即可。同样，比例因子可输入一个数值、数值后带 X 或数值后带 XP 三种形式。图形将按相对于图形的实际尺寸、相对于当前显示图形的大小或相对于图纸空间进行缩放。

（7）窗口（W）。以一个矩形窗口来缩放指定图形。确定窗口后，窗口的中心变成新的显示中心，窗口内的区域要被放大以尽量充满显示屏幕。执行该选项，命令行依次提示：

指定第一角点：

指定对角点：

在上面的提示下依次指定矩形窗口的角点位置即可。

（8）对象（O）。该选项将尽可能大地显示选定的对象，并使其位于绘图区域的中心。执行该选项，命令行提示：

选择对象：（选择对应的对象）

选择对象：↙（也可以继续选择对象）

（9）<实时>。执行该选项后，会在绘图区域出现一个放大镜，并提示：

按 Esc 或 Enter 键退出，或单击右键显示快捷菜单。

同时在状态栏显示：

按住拾取键并垂直拖动进行缩放。

此时按住鼠标左键，向上移动可放大图形；向下移动则缩小图形，如果右击，则会弹出快捷菜单供用户选择。

【说明】

AutoCAD 还通过“标准”工具栏提供了用于缩放操作的按钮。当鼠标按下右下角带有黑三角的按钮并停留一定时间，可出现一个浮出式工具栏，如图 4-7 所示。通过此工具栏上的各按钮可实现对应的缩放操作（单击其上某一按钮后停留一段时间，可浮出一个小标签，说明此按钮的功能）。

图 4-7 用于缩放操作的浮动工具栏

4.5 图形重生成

图形重生成可将当前绘图屏幕刷新，清除绘图过程中残留在屏幕上的光标点，重新计算所有对象的屏幕坐标。例如，绘制的圆太小，视图缩放后会呈现多边形样式，重生成后即可恢复到圆的状态，如图 4-8 所示。用于图形重生成的命令有两个：REGEN 命令和 REGENALL 命令。REGEN 命令用于刷新当前窗口中的图形，REGENALL 命令用于重生成图形并刷新所有打开窗口。

（a）重生成前　　（b）重生成后

图 4-8 重生成命令的作用

命令执行方式如下。

（1）下拉菜单：“视图” | “重生成”或“全部重生成”

（2）命令：REGEN↙或 REGENALL↙

4.6 鸟瞰视图

“鸟瞰视图”属于定位工具。它既可以缩放视图，又可以平移视图。在一个独立的窗口中显示整个视图。

命令执行方式如下。

（1）下拉菜单：“视图”|“鸟瞰视图”

（2）命令：DSVIEWER↙

在绘图时，打开鸟瞰视图，则可以直接平移和缩放，无须输入命令，如图 4-9 所示。

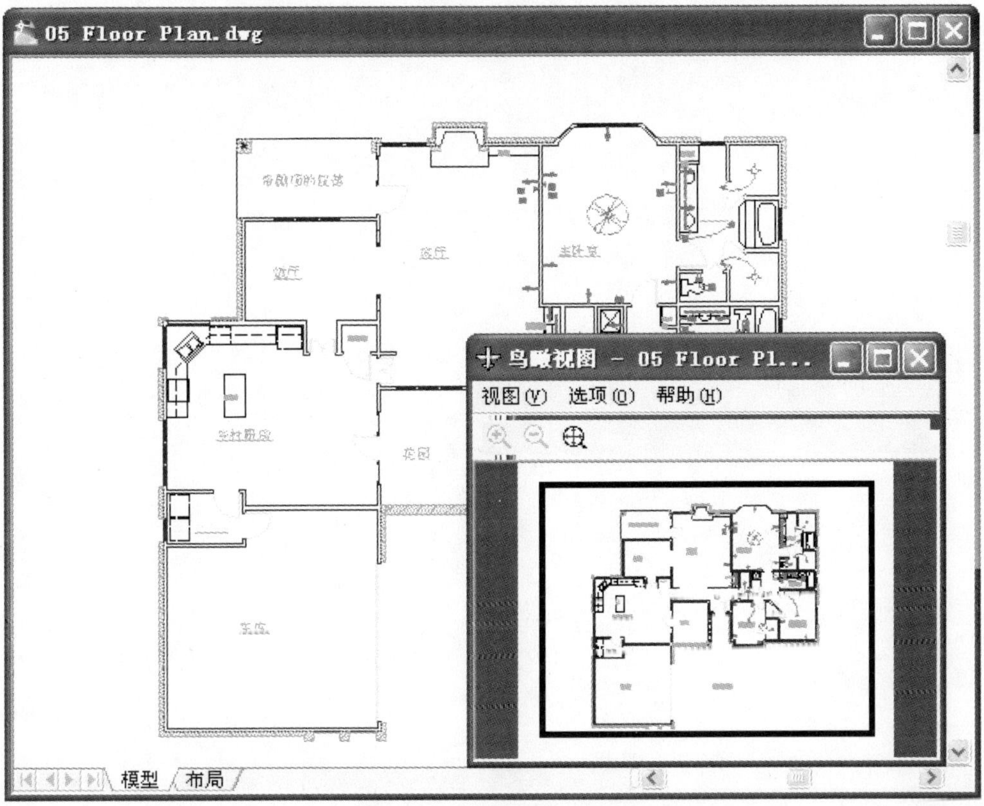

图 4-9　使用鸟瞰视图观察图形

实　　训

新建一文件，并对其进行如下设置。

（1）绘图界限：将绘图界限设成横向 A0 图幅（尺寸：1 189×841），并使所绘图形界限有效。

（2）绘图单位：将长度单位设为小数，精度为小数点后 2 位；将角度单位设为十进制度数，精度为小数点后 2 位，其余保持默认设置。

（3）保存图形：将图形以文件名 A0 保存。

习　题

1. 在 AutoCAD 2009 中，如何设置绘图范围？

2. 如何设置图形单位？试设置一个图形单位，要求长度单位为小数点后 3 位小数，角度单位为十进制数后两位小数。

3. 在 AutoCAD 2009 中，如何使用“动态”缩放法缩放图形。

4. 如何缩放一幅图形，使之能够最大限度地充满当前视口。

第 5 章
精 确 绘 图

学习了绘制二维图形和编辑二维图形后基本能够绘出各种图形，但仅靠这些命令一般很难准确地绘图。例如，如果从一条直线的端点向一个圆绘切线时，很难利用鼠标通过目测的方式准确定出直线的端点及直线与圆的切点。为解决这样的问题，AutoCAD 2009 提供了用于精确绘图的辅助工具，本章主要介绍各种辅助工具的使用与设置等。主要包括以下内容：

- 捕捉模式与栅格显示
- 正交模式
- 极轴追踪
- 对象捕捉
- 对象捕捉追踪
- 动态输入
- 快捷特性

5.1 捕捉模式与栅格显示

5.1.1 捕捉模式

捕捉又称为栅格捕捉，捕捉用于设定十字光标移动的间距，使其按照用户定义的间距移动。当“捕捉”模式打开时，光标似乎附着或捕捉到不可见的栅格点。

命令执行方式如下。

（1）状态栏：“捕捉模式”按钮（见图 5-1）

（2）键盘：F9 键

（3）命令：SNAP↙

图 5-1 状态栏上的精确绘图工具按钮

5.1.2 栅格显示

要提高绘图的速度和效率，可以显示并捕捉矩形栅格。还可以控制其间距、角度和对齐。栅格是点或线的矩阵，遍布在设定的图形界限的整个区域。使用栅格类似于在图形下放置一张坐标纸。利用栅格可以对齐对象并直观显示对象之间的距离。如图 5-2 所示。

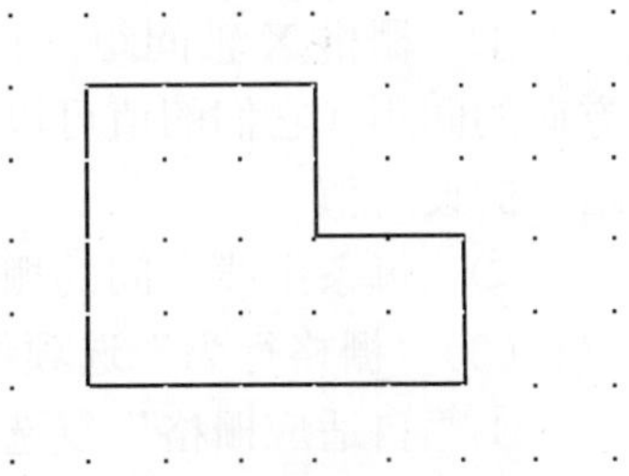

图 5-2 栅格显示

命令执行方式如下。

（1）状态栏：“栅格”按钮

（2）键盘：F7 键

（3）命令：GRID↙

5.1.3 捕捉与栅格设置

利用系统所提供的“草图设置”对话框，如图 5-3 所示，可以方便地设置栅格和捕捉类型的参数。

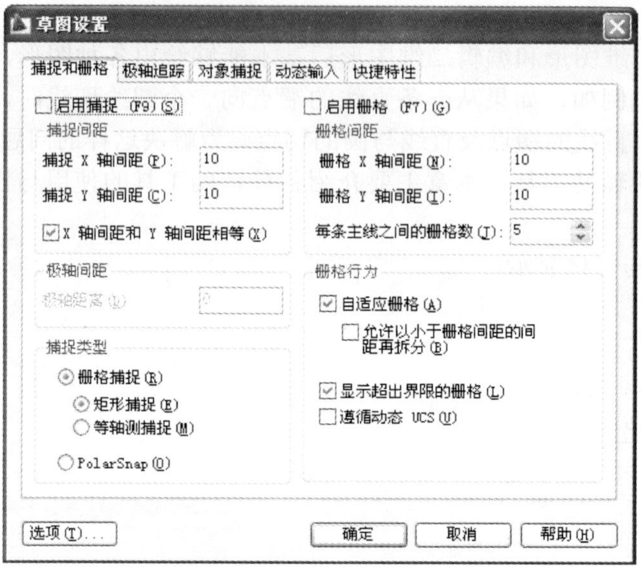

图 5-3 “草图设置”之“捕捉和栅格”选项卡

1. 命令执行方式

（1）下拉菜单：“工具”|“草图设置”|“捕捉和栅格”

（2）状态栏：右击“捕捉”按钮，从弹出的快捷菜单中选择“设置”命令。

（3）命令：DSETTINGS↙

2. “捕捉和栅格”设置

执行上述任一操作后，从弹出的“草图设置”对话框中进行设置。各选项含义如下。

（1）“捕捉间距”选项组。

①“捕捉 X 轴间距”和“捕捉 Y 轴间距”文本框：分别用于设置捕捉栅格沿 X 轴和 Y 轴方向的间距。

②“X 轴间距和 Y 轴间距相等”复选框：使设置的 X 轴间距和 Y 轴间距自动相等。

（2）“栅格间距”选项组。

①“栅格 X 轴间距”和“栅格 Y 轴间距”文本框：分别用于设置栅格点在 X 轴和 Y 轴方向的间距（它们的值可以相等，也可以不等）。若栅格点间距设为 0，则栅格采用“捕捉间距”的设定值。

②“每条主线之间的栅格数”文本框：用于设置主栅格相对于次栅格的频率。

（3）“栅格行为”选项组。

①“自适应栅格”复选框：当缩小图形的显示时，会限制栅格密度。

②“允许以小于栅格间距的间距再拆分”复选框：用于确定是否能够以小于栅格间距的

间距来拆分栅格。

③“显示超出界限的栅格”复选框：用于显示是否超出 LIMITS 命令指定区域之外的栅格。

④“遵循动态 UCS”复选框：用于更改栅格平面以跟随动态 UCS 的 XY 平面。

（4）“捕捉类型”选型组。

①“栅格捕捉”单选按钮：用于设置捕捉样式为栅格捕捉。

②“矩形捕捉”单选按钮：表示捕捉的点沿 X 轴和 Y 轴方向成矩形分布，如图 5-4 所示。

③“等轴测捕捉”单选按钮：表示捕捉方式设置成等轴测捕捉模式，适用于画正等轴测图（其光标形状的 3 个状态可用<F5>切换），如图 5-5 所示。

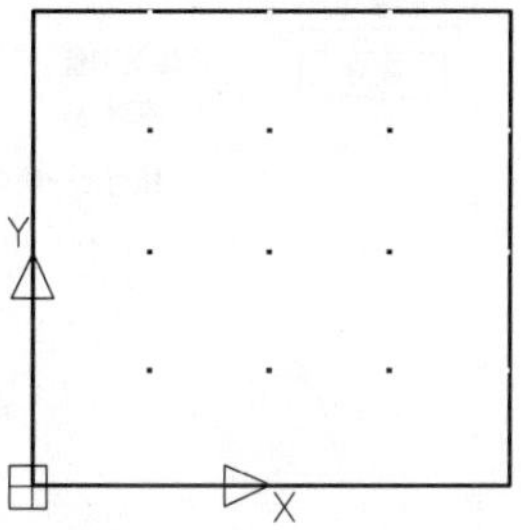

图 5-4　矩形捕捉

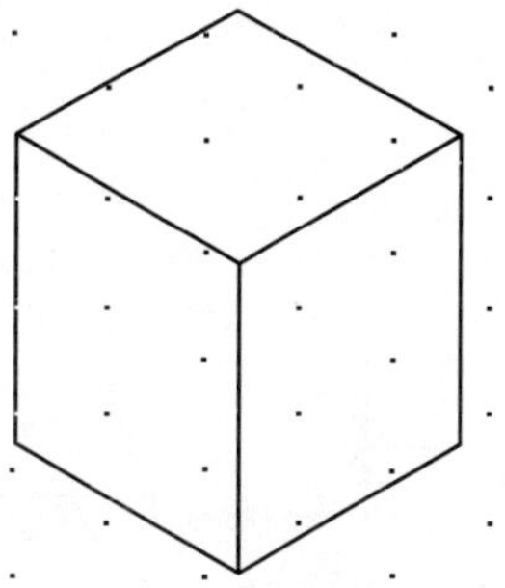

图 5-5　等轴测捕捉

④“PolarSnap”单选按钮：表示在启用了“捕捉”模式并在极轴追踪打开的情况下指定点，光标将沿设置好的极轴角度进行捕捉。

5.2　正交模式

所谓正交，就是可以将光标限制在水平或垂直方向上移动，以便于精确地创建和修改对象。创建或修改对象时，使用“正交”模式将光标限制在水平或垂直轴上。移动光标时，不管水平轴或垂直轴，哪个轴离光标最近，追踪线将沿着该轴移动。

命令执行方式如下。

（1）状态栏：“正交”按钮

（2）键盘：F8 键

（3）命令：ORTHO↙

5.3　极轴追踪

使用极轴追踪，光标将按指定角度进行移动。使用“PolarSnap”，光标将沿极轴角度按指定增量进行移动。

1. 命令执行方式

（1）状态栏：“极轴追踪”按钮

（2）键盘：F10 键

（3）命令：DSETTINGS↙

创建或修改对象时，可以使用“极轴追踪”以显示由指定的极轴角度所定义的临时对齐路径。如图 5-6 所示。

用户可以通过图 5-7 所示“草图设置”对话框中的“极轴追踪”选项卡设置极轴追踪的相关参数。

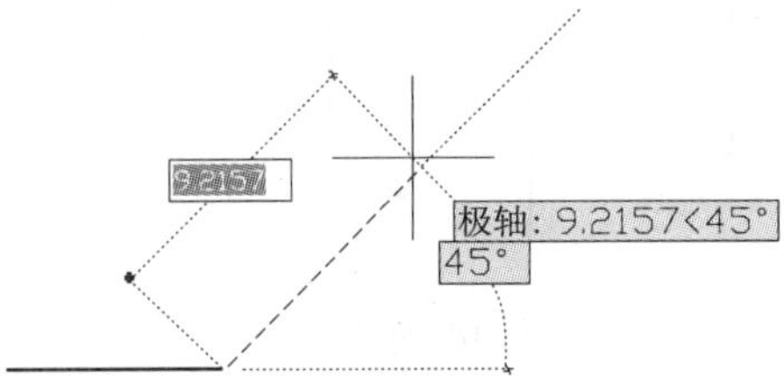

图 5-6 极轴追踪

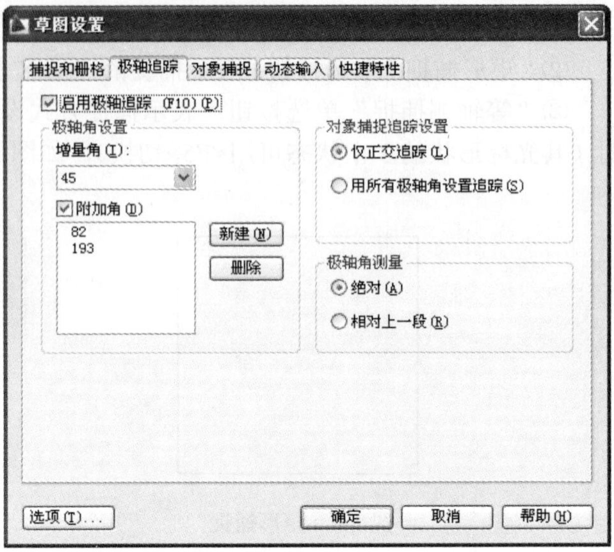

图 5-7 “草图设置”之“极轴追踪”选项卡

2. 各选项含义

（1）“启用极轴追踪”复选框：用于打开或关闭极轴追踪。

（2）“极轴角设置”选项组。

① “增量角”下拉列表框：用于设置或输入极轴追踪的角度增量。例如，选择 45，当确定追踪点后移动光标，AutoCAD 会沿 45°、90°、135°、180°、225°等以 45°为增量的方向显示极轴追踪矢量。

② “附加角”复选框：通过“新建”或“删除”按钮增加或删除附加角度值。

（3）“对象捕捉追踪设置”选项组。用于确定对象捕捉追踪的模式是“仅正交追踪”或“用所有极轴角设置追踪”。

（4）“极轴角测量”选项组：用于确定测量极轴追踪时的角度基准。

① “绝对”单选按钮：表示相对于当前坐标系的 X 轴的正方向为 0°角进行测量。

② “相对于上一段”单选按钮：表示角度相对于前一段图形对象为 0°角进行测量。

5.4 对象捕捉

在绘图时，经常需要指定已有对象上精确位置的点，如指定圆的圆心、象限点或直线的端点及中点等。AutoCAD 提供了对象捕捉功能。此功能可以帮助用户迅速、准确地捕捉到一些特殊点，从而能够精确地绘出图形。可以通过“草图设置”对话框进行设置，如图 5-8 所示。

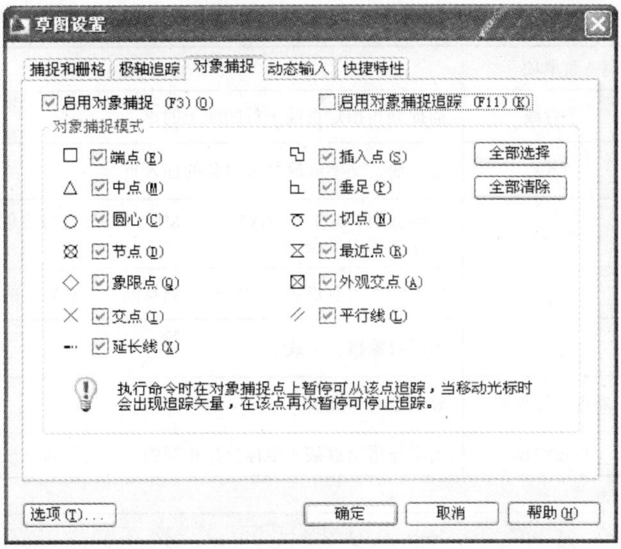

图 5-8　“草图设置”之“对象捕捉”选项卡

1. 命令执行方式

（1）下拉菜单：“工具”|“草图设置”|“对象捕捉”|“启用对象捕捉”

（2）状态栏：“对象捕捉”按钮

（3）键盘：F3 键

2. 对象捕捉功能

对象捕捉功能具体操作可通过对象捕捉工具栏、对象捕捉快捷菜单和自动捕捉功能来实现。表 5-1 列出了图 5-9 所示“对象捕捉”工具栏各按钮功能。

表 5-1　对象捕捉模式

工具栏按钮	菜单项	功　能
临时追踪点	临时追踪点	创建极轴追踪等时所使用的临时追踪点
捕捉自	自	临时指定一点作为基点，然后指定偏移来确定另一点
捕捉到端点	端点	捕捉到线段、圆弧、椭圆弧、多段线、样条曲线及射线等对象的最近端点
捕捉到中点	中点	捕捉到线段、圆弧、椭圆弧、多段线、样条曲线及射线等对象的中点
捕捉到交点	交点	捕捉到两个对象之间的交点
捕捉到外观交点	外观交点	捕捉到两个对象的外观交点，即将对象假想地延长后，它们之间的交点
捕捉到延长线	延长线	捕捉到直线或圆弧的延长线上的点，即将已有直线或圆弧的端点假想地延伸一定距离来确定另一点
捕捉到圆心	圆心	捕捉到圆、圆弧、椭圆或椭圆弧的中心点
捕捉到象限点	象限点	捕捉到圆、圆弧、椭圆或椭圆弧的象限点
捕捉到切点	切点	捕捉到圆、圆弧、椭圆、椭圆弧或样条曲线上的切点
捕捉到垂足	垂足	捕捉到垂直于对象的点

续表

工具栏按钮	菜单项	功　能
捕捉到平行线	平行线	捕捉到与指定直线平行的线上的点
捕捉到插入点	插入点	捕捉块、文字或属性等对象的插入点
捕捉到节点	节点	捕捉到 POINT、DIVIDE 与 MEASURE 等命令创建的点对象、尺寸定义点及尺寸文字定义点
捕捉到最近点	最近点	捕捉到离拾取点最近的线段、圆及圆弧等对象上的点
无捕捉	无	关闭对象捕捉模式
对象捕捉设置	对象捕捉设置	设置自动捕捉模式
	点过滤器	确定与指定点某一坐标分量相同的点（又称为点过滤器）

图 5-9　对象捕捉工具栏

（1）对象捕捉工具栏。例如，要绘制一个圆，要求圆心在已知直线的端点。

操作过程及说明如下。

执行圆命令，命令行提示：

_circle 指定圆的圆心或 circle 指定圆的圆心或 [三点(3P)/两点(2P)/切点、切点、半径(T)]：

此时单击“对象捕捉”工具栏上“端点”按钮，再把光标移到要捕捉直线的某一端点附近，即可捕捉到所需端点，如图 5-10 所示。

（2）对象捕捉快捷菜单。当要求指定点时，可以按住 Shift 键或 Ctrl 键，右击，打开快捷菜单（见图 5-11），从该菜单选择需要的子命令，操作过程与对象捕捉工具栏相同。

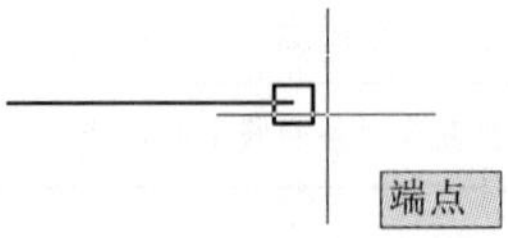

图 5-10　对象捕捉示例

图 5-11　对象捕捉菜单

（3）自动对象捕捉。在绘图过程中经常需要捕捉一些某一类型的点，为此 AutoCAD 提供了一种自动对象捕捉模式，不论何时提示输入点，都可以指定对象捕捉。设置并打开自动对象捕捉的方法为：右击状态栏上的对象捕捉按钮，出现“草图设置”对话框中“对象捕捉”选项卡，如图 5-12 所示。

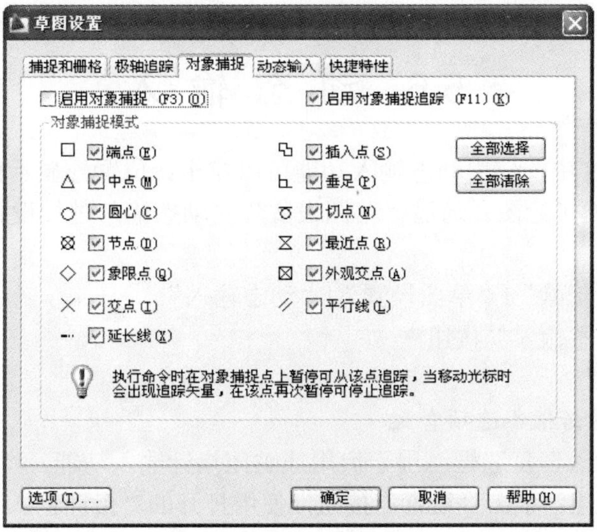

图 5-12 对象捕捉设置

该选项卡中，“启用对象捕捉”复选框用于打开或关闭自动捕捉功能。用户可以通过“对象捕捉模式”选项组中的各复选框确定所需的自动捕捉的特殊点。

5.5 对象捕捉追踪

对象捕捉追踪可以使用户按与对象的某种特定的关系来绘图。打开对象追踪功能，在执行绘图命令时，屏幕上将显示一条临时的辅助线（虚线），用户利用辅助线在指定的角度和位置上精确绘出图形。

1. 命令执行方式

（1）下拉菜单：“工具”|“草图设置”|“对象捕捉”|“启用对象捕捉追踪”

（2）状态栏：“对象捕捉追踪”按钮

（3）键盘：F11 键

2. 使用对象捕捉追踪

下面以图 5-13 为例说明对象捕捉追踪的使用方法。设已启用极轴追踪、自动对象捕捉及对象捕捉追踪，并通过“对象捕捉”选项卡（参见图 5-12）将自动对象捕捉模式设为捕捉端点或圆心等。用直线命令绘制矩形。

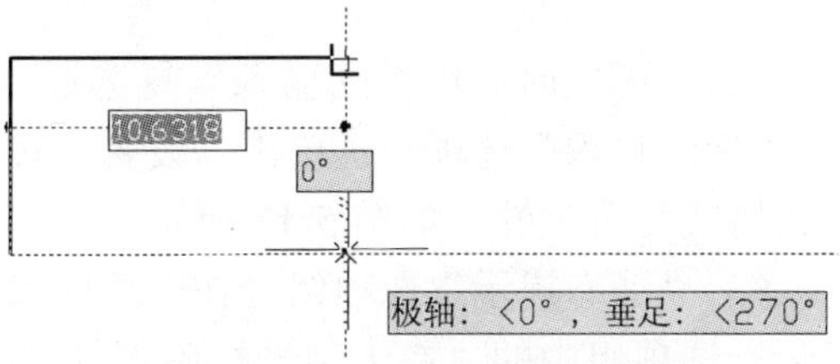

图 5-13 对象捕捉追踪应用

执行 LINE 命令，命令行提示：

指定第一点：

在该提示下，绘制竖直线和水平直线，当绘制第二条竖直线时需要与第一点对齐，将光标放在第一点上，AutoCAD 自动捕捉到直线端点（这样的点称为追踪点），浮出标记有“端点”的小标签，并在该点处标记一小十字，说明该点已成为追踪点；然后移动光标，随光标移动方向出现追踪线（虚线），高度对齐，单击确定，然后连接第一点，完成矩形的绘制。

5.6 动 态 输 入

在 AutoCAD 2009 中，使用动态输入功能可以在指针位置处显示标注输入和命令提示等信息，从而极大地方便了绘图。通过“草图设置”对动态输入进行设置，如图 5-14 所示。

1. 命令执行方式

（1）下拉菜单：“工具”|“草图设置”|“动态输入”

（2）状态栏：“动态输入”按钮

（3）键盘：F12 键

2. “动态输入”对话框各选项含义

（1）“启用指针输入”复选框：用于启用或关闭指针输入功能。

“指针输入”选项组：单击“设置”按钮，使用打开的“指针输入设置”对话框设置指针的格式和可见性，如图 5-14 所示。

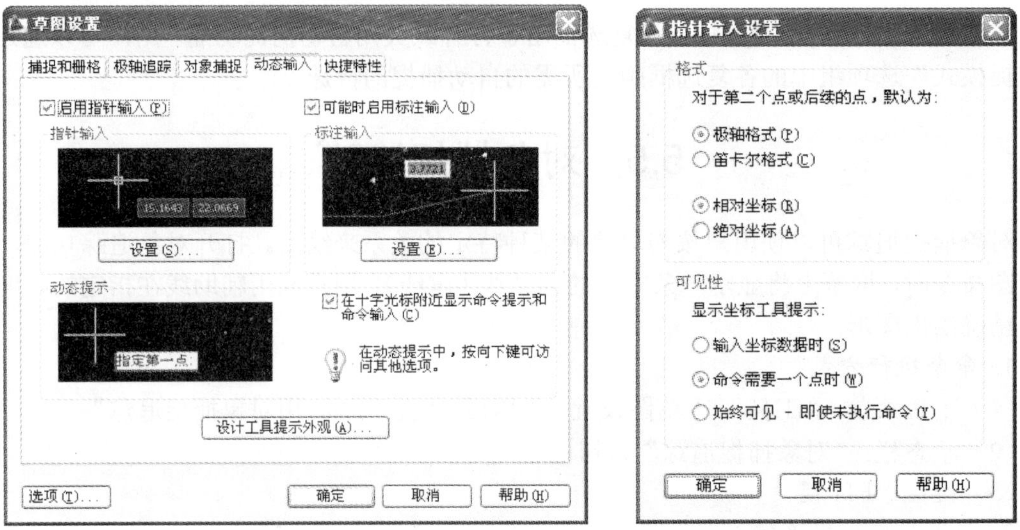

图 5-14 “动态输入”选项卡和“指针输入设置”对话框

（2）“可能时启用标注输入”复选框：用于启用或关闭标注输入功能。

“标注输入”选项组：单击“设置”按钮，使用打开的“标注输入的设置”对话框设置标注的格式和可见性，如图 5-15 所示。

（3）“动态提示”选项组：在“草图设置”对话框的“动态输入”选项卡中，选中“动态提示”选项组中的“在十字光标附近显示命令提示和命令输入”复选框，可以在光标附近显示命令提示，如图 5-16 所示。

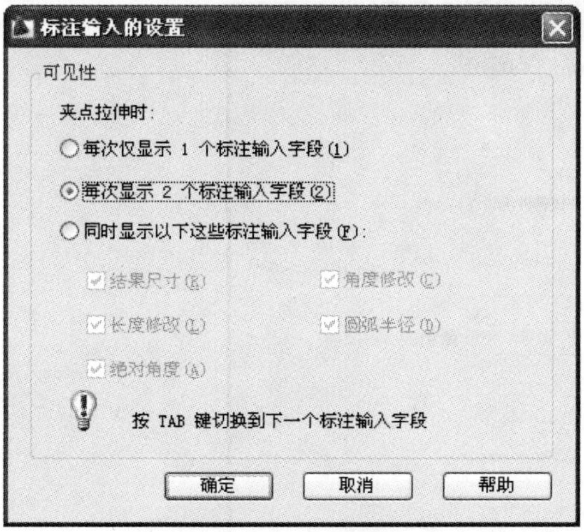

图 5-15　标注输入的设置

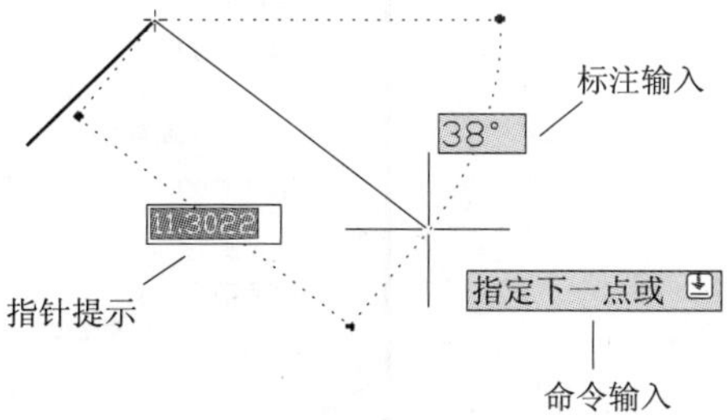

图 5-16　显示动态输入

5.7　快 捷 特 性

在 AutoCAD 2009 中，新增了快捷特性功能，当用户选择对象时，即可显示快捷特性面板，如图 5-17 所示，从而方便修改对象的属性。

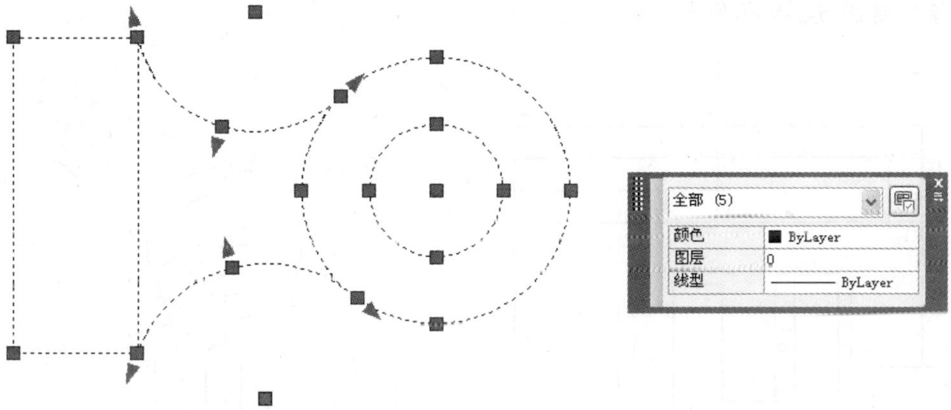

图 5-17　快捷特性

在“草图设置”对话框的“快捷特性”选项卡中，选中“启用快捷特性”复选框可以启用快捷特性功能，如图 5-18 所示，选项卡中其他各选项含义如下。

（1）“按对象类型显示”选项组。用于设置显示所有对象的快捷特性面板或显示已定义过快捷特性的对象的快捷面板。

（2）“位置模式”选项组。用于设置快捷特性面板的位置。

①“光标”单选按钮：面板根据“象限点”和“距离”的设置确定显示位置。

②“浮动”单选按钮：面板显示在上一次关闭的位置。

（3）“大小设置”选项组。用于设置面板是否自动收拢及显示的高度占几行。

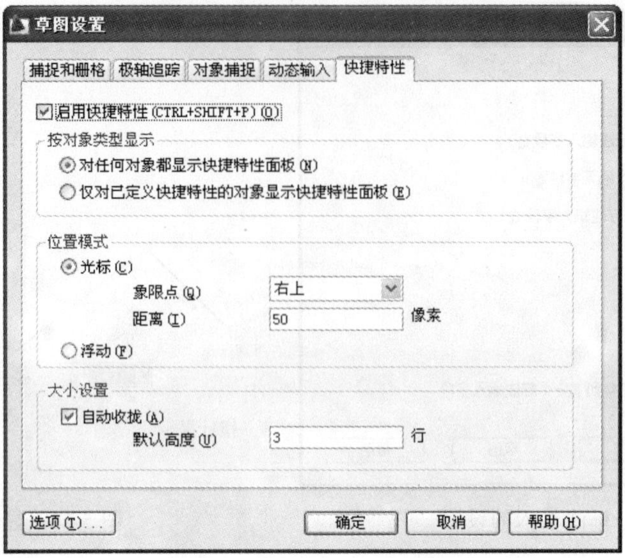

图 5-18 “快捷特性”对话框

实　　训

1. 利用极轴追踪和对象捕捉追踪等功能绘制题图 5-1 所示的图形。
2. 绘制题图 5-2 所示图形。

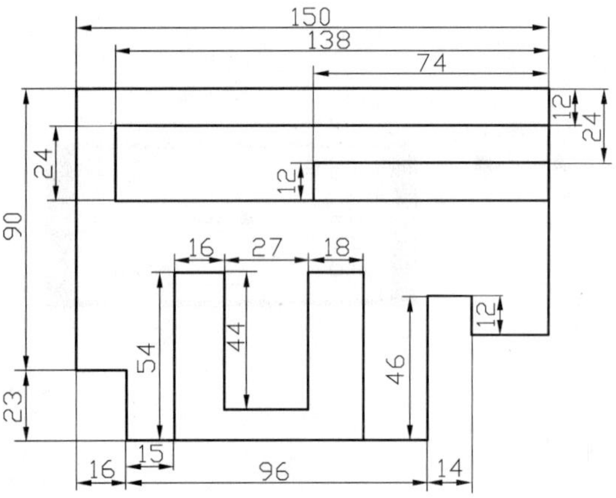

题图 5-1

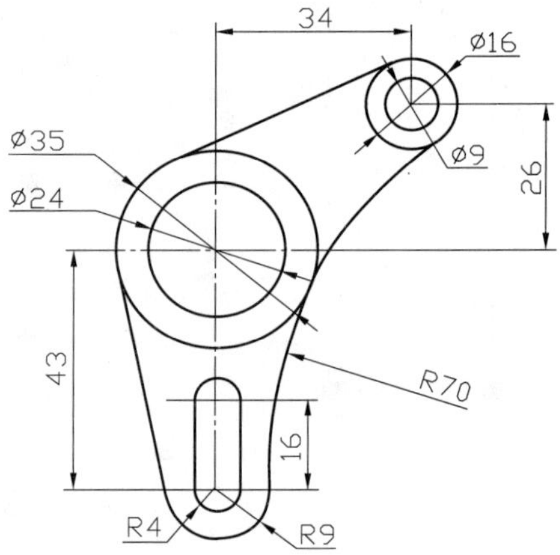

题图 5-2

习　　题

1. 在 AutoCAD 2009 中，打开或关闭“捕捉”和“栅格”功能，共有几种方法？
2. 在 AutoCAD 2009 中，对象捕捉模式包括哪两种？各有什么特点？
3. 极轴捕捉与对象捕捉追踪有何区别？

第 6 章
图　层

图层是对图形、文字与标注等对象的归类，是用户组织和管理图形的强有力工具，图层相当于绘图中使用的透明的重叠图纸，用户可以采用不同的图层、颜色、线型和线宽绘制图形，这样除可以满足绘图时对线型的要求，还可以方便地对图形对象操作，从而可以提高绘图效率。本章主要包括以下内容：

- 图层操作
- 使用“特性”工具栏设置图层

6.1 图 层 操 作

6.1.1 创建图层

图层的创建要在“图层特性管理器”中进行，如图 6-1 所示。

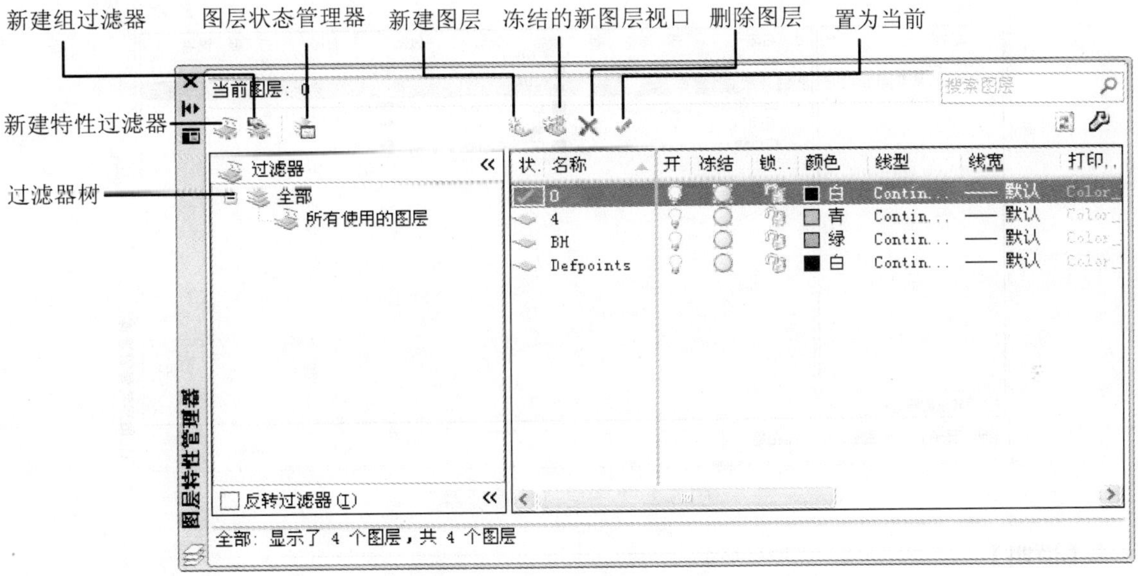

图 6-1 “图层特性管理器”

依照表 6-1 内容建立新图层。

表 6-1 创建新图层条件

图层名	颜色	线型	线宽	说明
0	白色	Continuous	默认	标注文字
粗实线	红色	Continuous	0.5	可见轮廓线
细实线	蓝色	Continuous	0.25	尺寸标注、剖面线辅助线
虚线	青色	DASHED	0.25	不可见轮廓线
中心线	洋红色	CENTER2	0.25	轴线、对称中心线

1. 命令执行方式

（1）下拉菜单："格式"|"图层"

（2）工具栏："图层"工具栏 |"图层"按钮

（3）命令 LAYER↙

2. 操作过程及说明

默认情况下，"图层特性管理器"中只有一个系统自带的"0"图层，用户可根据需要创建图层。

执行上述任一操作后，打开"图层特性管理器"，如图 6-2 所示。单击"新建图层"按钮，出现名称为"图层 1"的新图层，此时将图层名改为粗实线。并用同样的方法建立细实线、虚线及中心线图层。新图层继承上一个图层的特性，如图层状态、颜色、线型及线宽等，如图 6-2 所示。

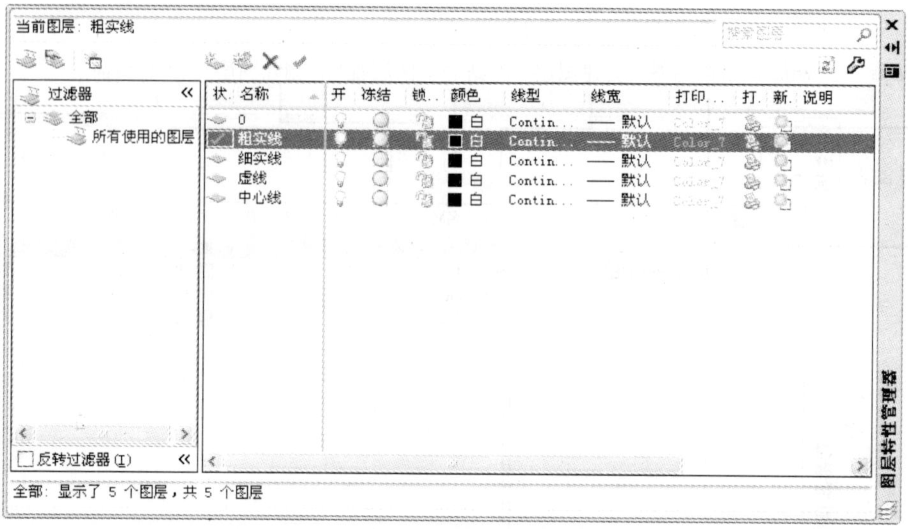

图 6-2 "图层特性管理器"

【说明】

（1）图层名最多可以包括 255 个字符（双字节或字母数字），例如，字母、数字、空格和特殊字符。图层名不能包含以下字符：< >/\ " : ; ? * | = ‘。

（2）用户可以删除所建图层，但不能删除系统自带的"0"图层。删除图层的方法是：在图层列表框内选中要删除的图层，单击按钮✕即可。如果图层上绘有图形对象或引用外部参照的图层不能被删除。

6.1.2　设置图层的颜色、线型与线宽

1. 设置图层的颜色

不同的图层可以设置成不同的颜色，以便区分图形的各个部分。默认情况下，新建图层颜色为白色。现以图 6-2 中粗实线图层为例，设置图层颜色。

操作过程及说明如下。

在“图层特性管理器”对话框中，单击粗实线图层中的颜色块，弹出“选择颜色”对话框，如图 6-3 所示，从中选择红色。其他图层均按此操作设置颜色，执行结果如图 6-4 所示。

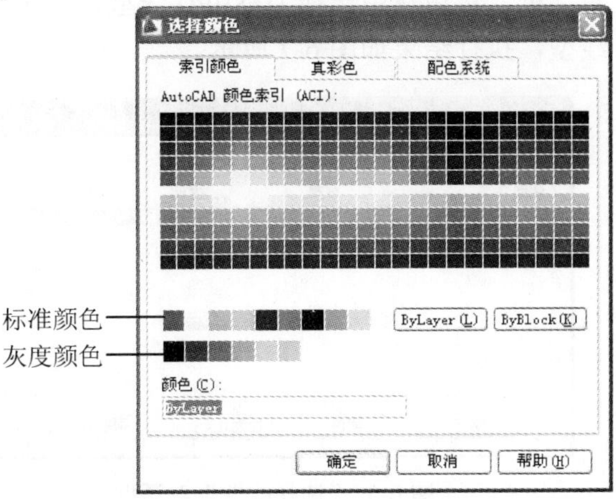

图 6-3　图层颜色选择

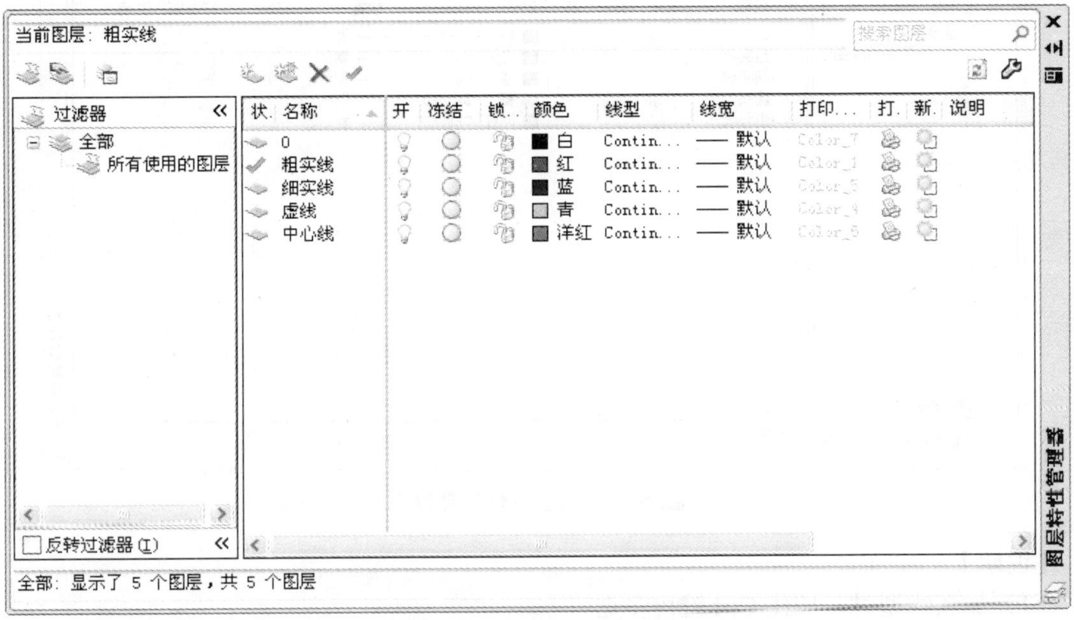

图 6-4 “图层特性管理器”

2. 设置图层的线型

在绘制不同对象时，需要用到不同的线型来表示不同的含义。常用线型有细点画线、粗实线及虚线等。AutoCAD 2009 提供了各种线型，用户可根据需要选择所需线型。默认线型为 Continuous。现以图 6-2 中虚线图层为例，设置图层线型。

操作过程及说明如下。

在图 6-4 所示的“图层特性管理器”对话框中，单击虚线图层行上与“线型”列对应的图标，弹出“选择线型”对话框，如图 6-5 所示；单击“加载”按钮，弹出“加载或重载线型”对话框，如图 6-6 所示，从中选择 DASHED 线型，单击“确定”按钮返回“选择线型”

对话框，然后从中选择 DASHED 线型，单击“确定”按钮即可。中心线图层也按此操作设置线型，执行结果如图 6-7 所示。

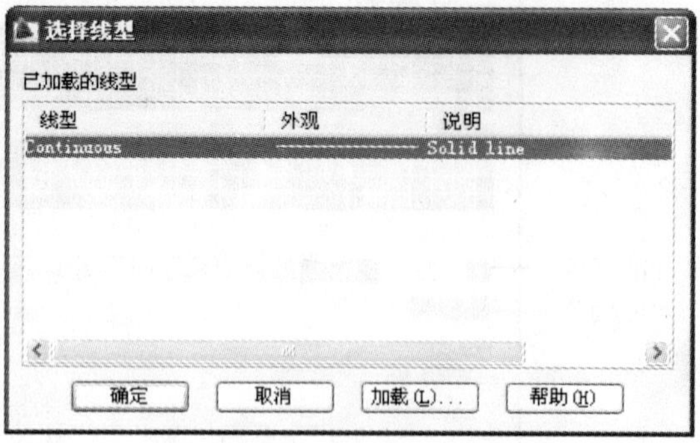

图 6-5 “选择线性”对话框

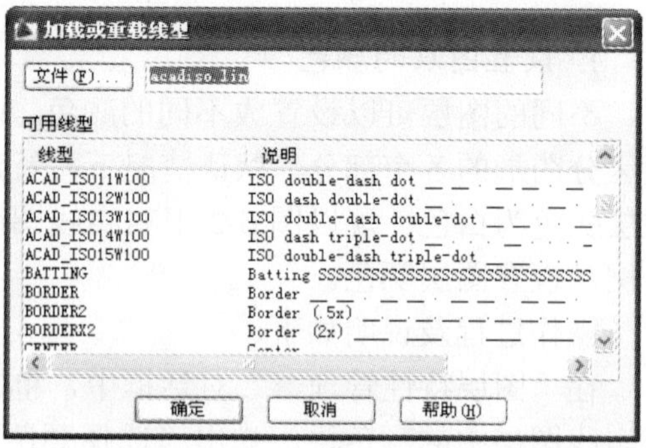

图 6-6 “加载或重载线型”对话框

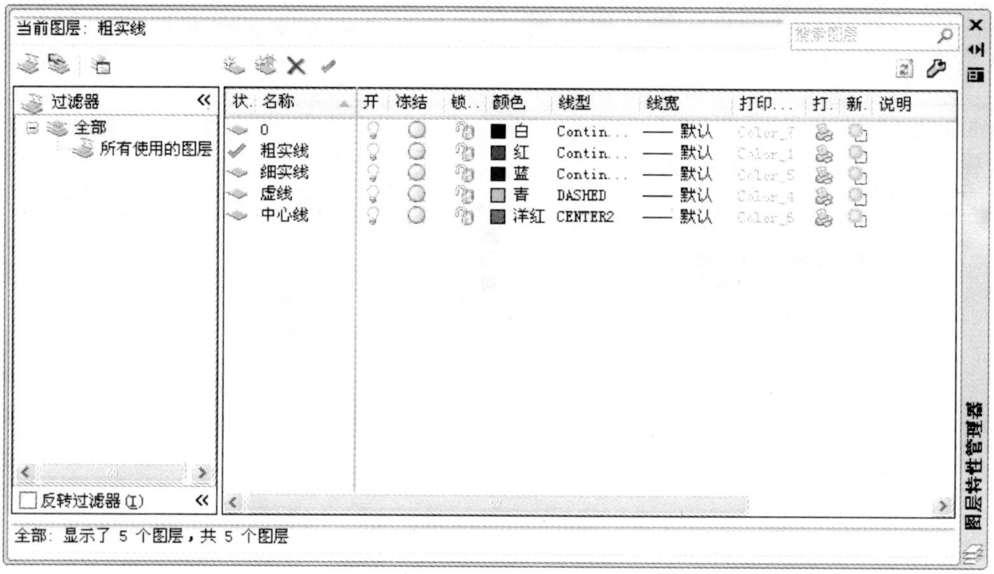

图 6-7 “图层特性管理器”

【说明】

（1）加载线型时，按住 Ctrl 键可多选。

（2）AutoCAD 的部分线型有不同比例的选项。如 CENTER、CENTER2 及 CENTERX2 等。在这 3 种子类中，一般第一种线型是标准形式，第二种线型的比例是第一种线型的一半，第三种线型的比例则是第一种线型的 2 倍。

3. 设置图层的线宽

线宽设置实际上就是改变图形线条的宽度。现以图 6-7 中粗实线图层为例，设置图层线宽。操作过程及说明如下。

在图 6-7 所示的“图层特性管理器”对话框中，单击粗实线图层行上与“线宽”列对应的图标，弹出“线宽”对话框，如图 6-8 所示。在此对话框中选择 0.50 毫米线宽。执行结果如图 6-9 所示。

图 6-8 “线宽”对话框

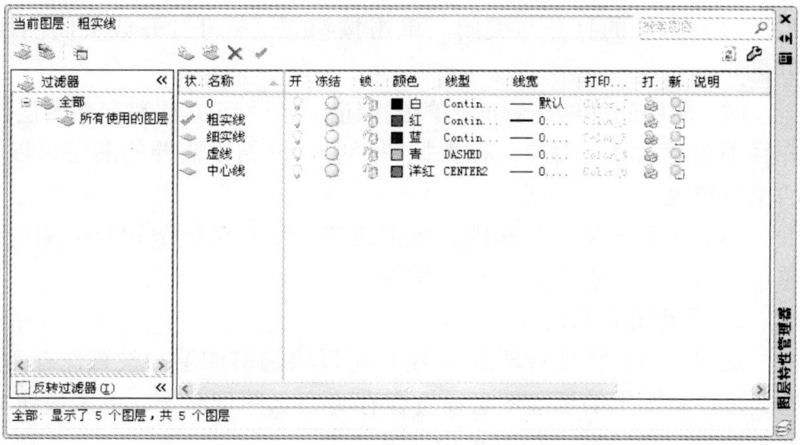

图 6-9 “图层特性管理器”

【说明】

（1）绘图时，单击状态栏上的按钮，可以打开或关闭线宽的显示。

（2）细实线最多采用 0.25mm，粗实线一般采用 0.5mm。粗线约为细线宽度的 2 倍。

（3）绘图时，需在“图层工具栏”里选择所需图层，然后再绘图，如图 6-10 所示，或者将所绘图形对象选中，再选择合适图层，如图 6-11 所示。

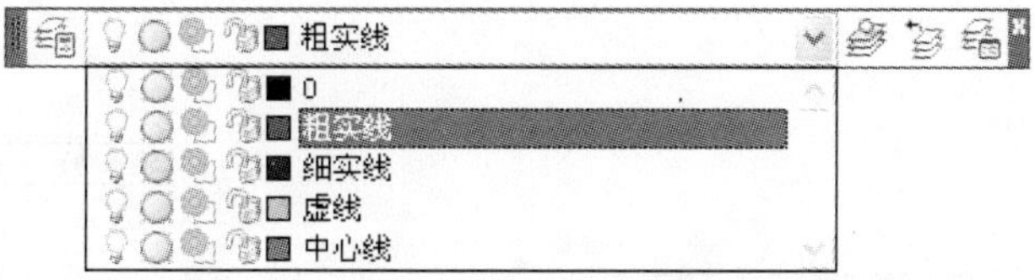

图 6-10　图层工具栏

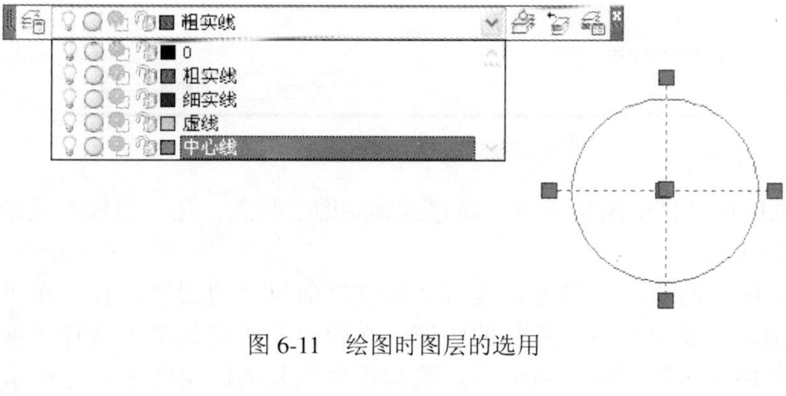

图 6-11　绘图时图层的选用

6.1.3　管理图层

“图层特性管理器”对话框不仅可以创建和设置图层，还可以对图层进行管理。

1. 控制图层可见性

用户可以通过对图层进行打开、关闭、冻结、解冻、锁定与解锁等操作来控制图层的可见性。

（1）图层的打开与关闭。单击按钮 / 可打开或关闭图层。已关闭图层上的对象不可见。

（2）图层的冻结与解冻。单击按钮 / 可冻结和解冻图层。冻结图层上的对象不可见，并且不会遮盖其他对象。在大型图形中，冻结不需要的图层可以加快系统显示和重生成图形的操作速度。

（3）图层的锁定与解锁。单击按钮 / 可锁定和解锁图层。被锁定的图层上的所有对象均不可修改，但可进行对象捕捉。

2. 保存图层状态

通过“图层特性管理器”，用户可以将当前图层的设置保存为图层状态，也可更改图层状态。可以将图形的当前图层设置保存为命名图层状态。单击按钮 ，AutoCAD 弹出“图层状态管理器”对话框，如图 6-12 所示。

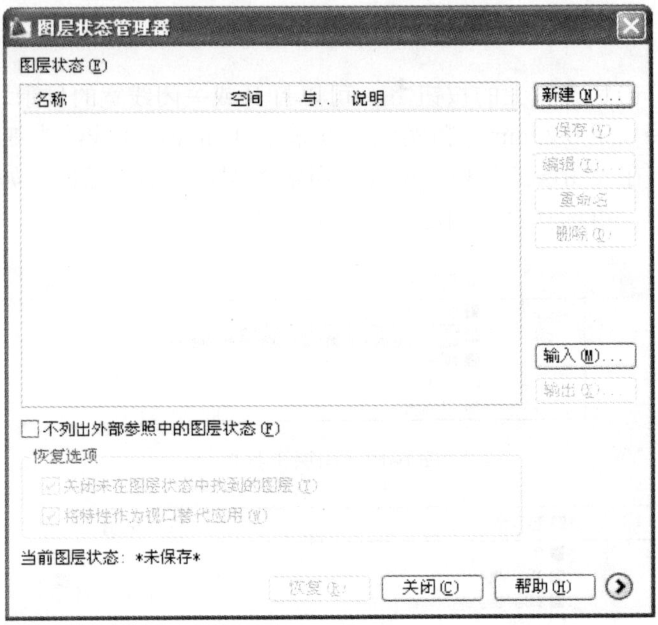

图 6-12 “图层状态管理器”对话框

在此对话框中可以显示图层状态，新建或删除图层状态，还可以输入或输出图层状态。

3. 恢复图层状态

如果改变了图层的显示等状态，还可以恢复以前保存的图层设置。在“图层特性管理器”选项板的图层列表中右击要恢复的图层，在弹出的快捷菜单中选择“恢复图层状态”命令，弹出“图层状态管理器”对话框，选择需要恢复的图层状态后，单击“恢复”按钮即可。

4. 过滤图层

图层过滤器可限制显示的图层名。在复杂图形中，利用图层过滤器，可以仅显示要处理的图层。

（1）新建特性过滤器。在“图层特性管理器”中，单击“新建特性过滤器”按钮 ，弹出“图层过滤器特性”对话框，通过此对话框创建一个图层过滤器，如图 6-13 所示。

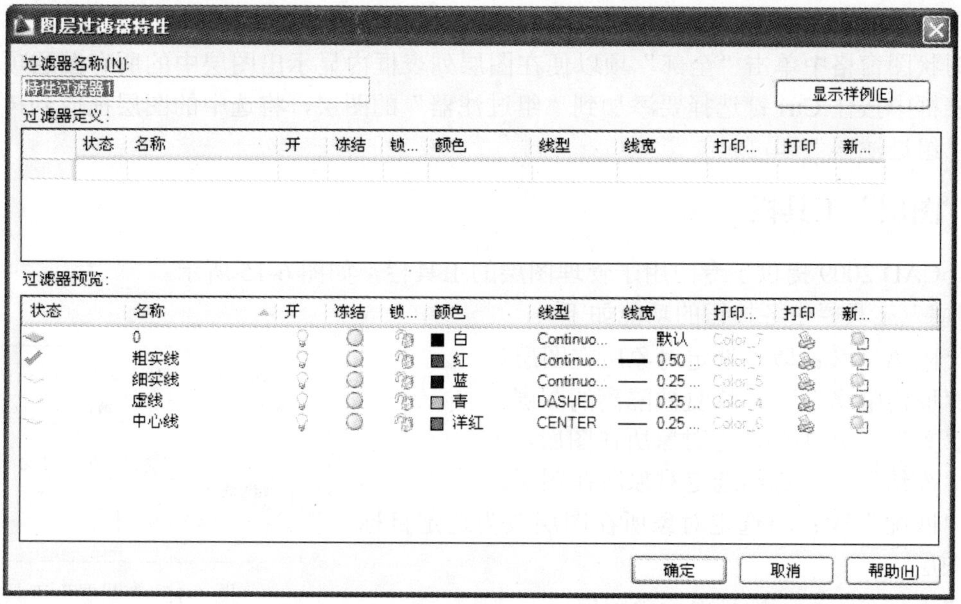

图 6-13　“图层过滤器特性”对话框

在此对话框的“过滤器名称”文本框中可以输入过滤器名称，但过滤器名称中不允许使用<、>、/、\、"、:、;、?、*、|、,、=、` 等字符。在“过滤器定义”列表中，可以设置过滤条件，包括图层名称、状态和颜色等过滤条件。当指定过滤器的图层名称时，可使用标准的?和*等通配符，其中，*用来代替任意多个字符，？用来代替任意一个字符。

（2）新建“组过滤器”。“组过滤器”包括在定义时放入过滤器的图层，而不考虑其名称或特性。通过将选定图层拖到过滤器，可以从图层列表中添加选定的图层。如图 6-14 所示。

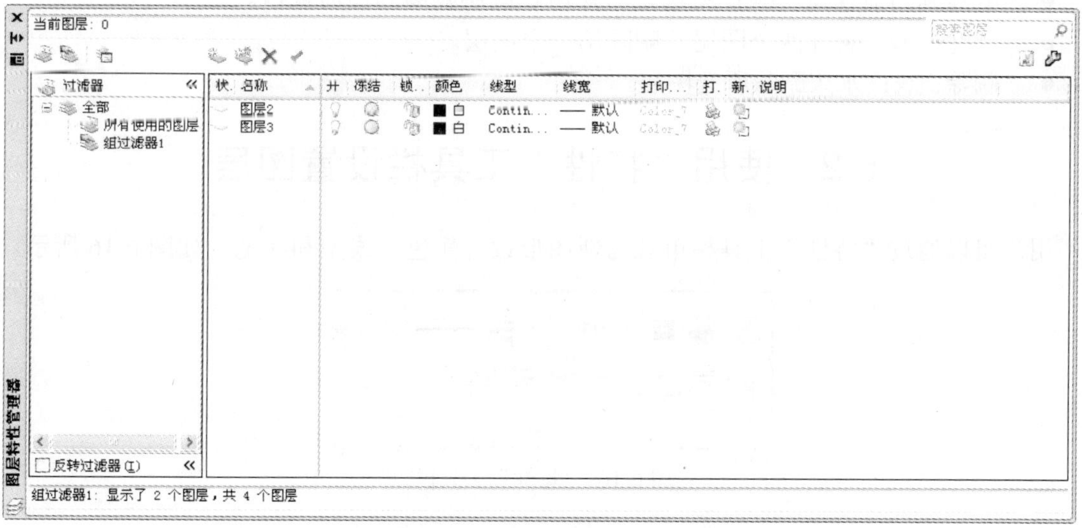

图 6-14　新建“组过滤器”

图层特性管理器中，树状图显示了默认的图层过滤器和已命名的过滤器。图层过滤器旁边的图标表明过滤器的类型。

为“组过滤器”添加图层的方法如下。

在树状图窗格中单击“全部”项以便在图层列表框内显示出图层中的所有图层项，再在图层列表框中按住 Ctrl 键选择要添加到“组过滤器”的图层，将选中的图层拖放到树状图窗格内的“组过滤器”即可。

6.1.4 “图层”工具栏

AutoCAD 2009 提供了专门用于管理图层的工具栏，如图 6-15 所示。

图 6-15 “图层”工具栏

“图层”工具栏中各按钮的功能如下。

- “隔离”：隔离选定对象所在图层。
- “取消隔离”：恢复被隔离的图层。
- “关”：关闭选定对象所在图层。
- “冻结”：冻结选定对象所在图层。
- “匹配”：将选定对象所在图层改为选定目标对象的图层。
- “上一个”：恢复上一个图层。
- “锁定”：锁定选定对象所在图层。
- “解锁”：恢复被锁定的图层。
- “打开所有图层”：打开图形中所有图层。
- “解冻所有图层”：恢复被冻结的所有图层。
- “更名为当前图层”：将选定对象所在图层设为当前图层。
- “将对象复制到新图层”：将图形复制到不同图层。
- “图层漫游”：隔离每个图层。
- “隔离到当前视口”：将选定对象所在图层隔离到当前视口。
- “合并”：合并两个图层并删除第一个图层。
- “删除”：永久删除所选图层。

6.2 使用“特性”工具栏设置图层

用户可以通过“特性”工具栏单独为新图形设置颜色、线型和线宽，如图 6-16 所示。

图 6-16 “特性”工具栏

6.2.1 设置图形对象的颜色

选择要改变颜色的图形对象并单击“特性”工具栏颜色下拉列表，如图 6-17 所示。如需更多颜色，单击列表中“选择颜色”，弹出“选择颜色”对话框。

【说明】

（1）调色板中包含了 240 种颜色。有 7 种是标准颜色，编号为 1～7。BYLAYER（随层）和 BYBLOCK（随块）两个选项，是为确定颜色为随层方式或随块方式。

（2）通过以上方法设置颜色，应用于此后所绘制的图形对象，与图层的颜色设置无关。

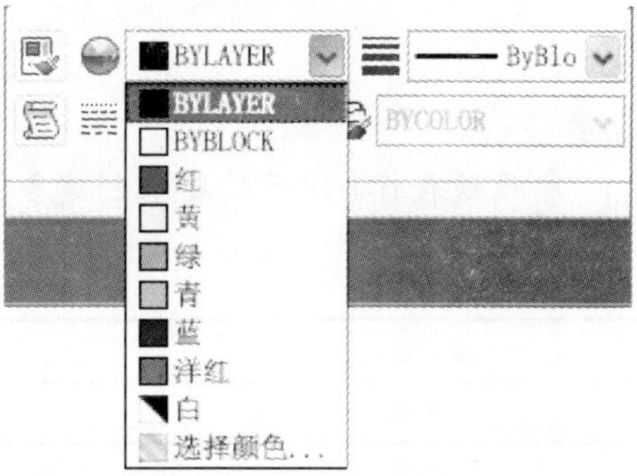

图 6-17　使用“特性”工具栏改变颜色

6.2.2　设置图形对象的线型

选中要改变线型的图形对象并在“特性”工具栏的线型下拉列表中选择线型类型。如需更多则单击列表中“其他”选项，打开“线型管理器”，加载所需线型。如图 6-18 所示。

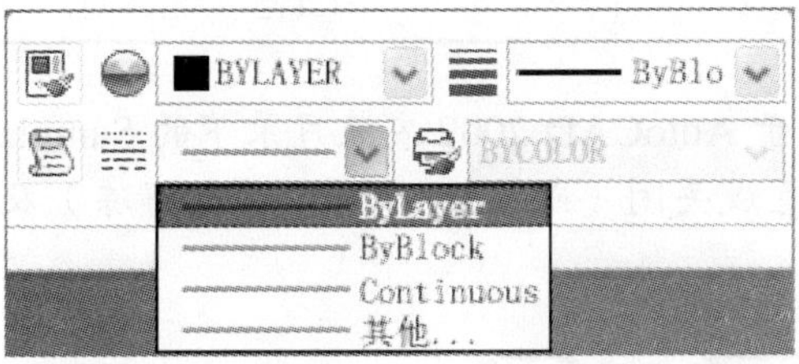

图 6-18　使用“特性”工具栏改变线型

【说明】

如果通过“线型管理器”对话框设置了某一具体线型，那么在此之后所绘图形对象的线型总为该直线，与图层的线型设置没有任何关系。

6.2.3　设置图形对象的线宽

选中要改变线宽的图形对象并在“特性”工具栏中线宽下拉列表中选择合适线宽。列表中有 ByLayer（随层）和 ByBlock（随块）两个选项，如图 6-19 所示。

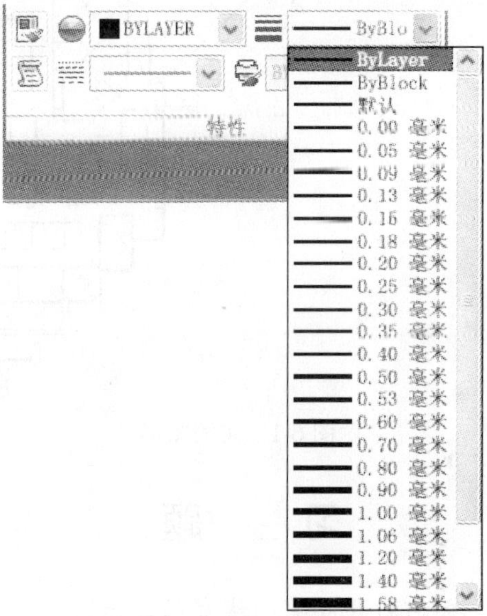

图 6-19　使用“特性”工具栏改变线宽

【说明】

通过以上方法设置线宽，应用于此后所绘制的图形对象，与图层的线宽设置无关。

实 训

1. 参照题表 6-1 所示的要求创建各图层。

题表 6-1

图层名	线型	颜色
粗实线	Continuous	白色
中心线	CENTER	红色
虚线	DASHED	黄色
细实线	Continuous	洋红色

2. AutoCAD 2009 提供了一些实例图形文件（位于 AutoCAD 2009 安装目录下的 Sample 子目录），打开如题图 6-1 所示的图形，将各图层设置成关闭（或打开）、冻结（或解冻）及锁定（或解锁），观看设置效果。

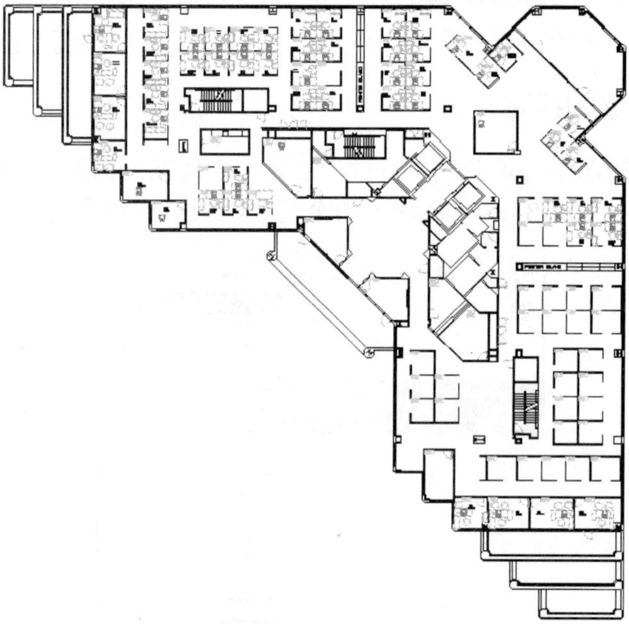

题图 6-1　实例图形

习 题

1. 在 AutoCAD 2009 中，如何打开或关闭线宽的显示？

2. 在 AutoCAD 2009 中，如何使用“图层过滤器特性”对话框过滤图层？

3. 在绘制图形时，当发现绘制的图形没有绘制在指定的层上时，如何将其放置在指定层上？

第 7 章 文字与表格

文字在工程图中是不可缺少的对象，经常需要用文字来说明零件的加工要求和填写标题栏及注释说明等，另外，在工程图中还要绘制一些表格，如标题栏及明细表等。AutoCAD 2009 具有很好的文字处理功能，并且根据需要可创建多种文字样式，它可使图中的文字符合各种制图标准，并且提高了创建和编辑表格的功能，可以自动生成各类数据表格。本章将介绍在机械图样中输入文字与绘制表格的方法，主要包括以下内容：

- 创建文字样式
- 输入文字
- 输入特殊字符
- 编辑文字
- 使用外部文字
- 创建表格样式和表格

7.1 创建文字样式

设置文字样式是进行文字注写和尺寸标注的首要任务。文字样式用于控制图形中所使用文字的字体、字号、倾斜角度、方向及其他文字特征。当输入文字对象时，必须将使用的文字样式置为当前。在一幅图形中可定义多种文字样式以适应不同对象的需要。

1. 案例 1

创建样式名为“文字 1”文字样式，字体采用长仿宋体，字高为 5。

（1）命令执行方式。

① 下拉菜单：“格式”|“文字样式”

② 工具栏：“文字”工具栏 |“文字样式”按钮 A

③ 命令：STYLE↙

（2）操作过程及说明。

① 执行上述任一方式后，系统打开“文字样式”对话框，如图 7-1 所示。

② 单击“文字样式”对话框中“新建”按钮，弹出“新建文字样式”对话框，如图 7-2 所示。在“样式名”文本框中输入“文字 1”，单击“确定”按钮，返回“文字样式”对话框。

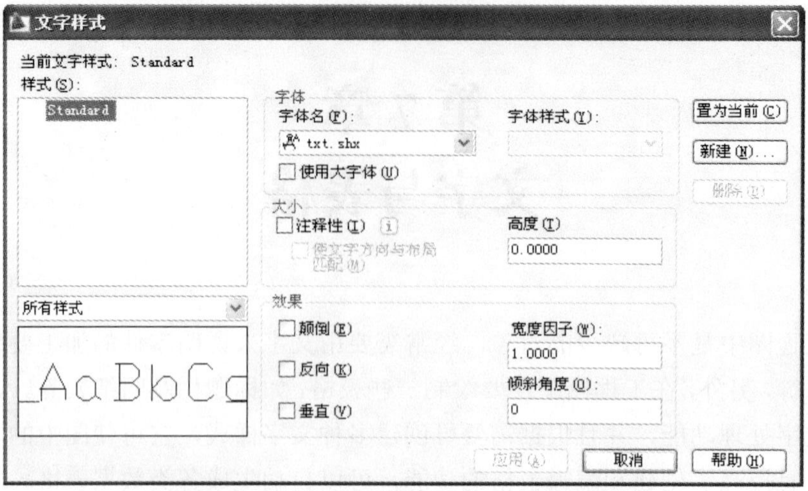

图 7-1 “文字样式”对话框

图 7-2 “新建文字样式”对话框

③ 在“字体名”下拉列表中选择“仿宋_GB2312”，在“高度”文本框中输入“5.0000”，并在“宽度因子”文本框中输入“0.7”，单击“应用”按钮，再单击“关闭”按钮即创建“文字 1”文字样式，如图 7-3 所示。

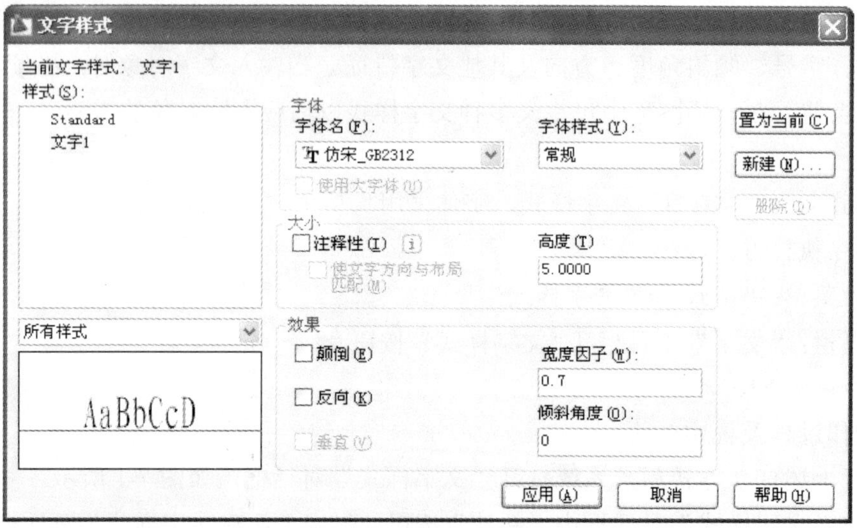

图 7-3 “文字样式”对话框

2. 案例 2

创建“尺寸标注文字 1”文字样式，字体采用斜体，字高为 3.5。

按照上述任一方式操作，打开“文字样式”对话框，单击“新建”按钮，弹出“新建文字样式”对话框，在文本框中将样式名更改为“尺寸标注文字 1”，单击“确定”按钮。进入图 7-4 所示的“文字样式”对话框。在“字体”下拉列表中选择字体“gbeitc.shx”，高度更改为“3.5”，其余为默认设置即可。

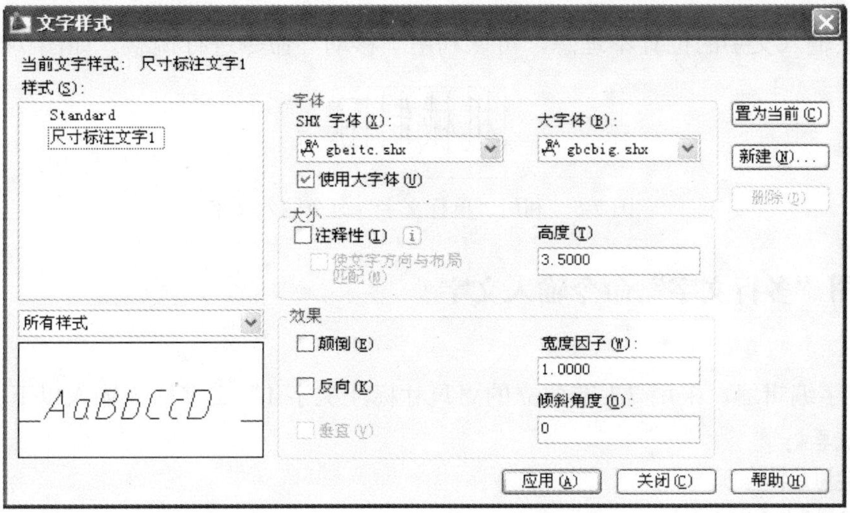

图 7-4　“文字样式”对话框

7.2　输 入 文 字

在进行完“文字样式”的创建后，需要将文字输入到图形中。文字输入命令包括“单行文字”命令和“多行文字”命令。“单行文字”命令也可以一次输入多行文字，但每一行是一个文字对象，即各行是独立的。而“多行文字”命令输入的多行文字是一个对象，这是两种文字输入命令的区别。

7.2.1　利用“单行文字”命令输入文字

案例

输入单行文字“机械制图”，要求字体为长仿宋体，高度为 5。

（1）命令执行方式。

① 下拉菜单：“绘图”|“文字”|“单行文字”

② 工具栏：“文字”工具栏 |“单行文字”按钮

③ 命令：DTEXT↙

（2）操作过程及说明。

① 将“文字”层设置为当前层，在“样式”下拉列表中将“文字 1”设置为当前文字样式。

执行上述任一命令输入方式后，系统提示：

命令: _dtext

当前文字样式:　[文字 1]　文字高度:　5.0000　注释性:　否

指定文字的起点或［对正（J）/样式（S）］：*取消*

② 在上述提示下指定文字的起点位置，即执行默认项后，系统提示：

指定文字的旋转角度:↙

此时在绘图区出现单行文字输入框“机械制图”，按 Enter 键，再次按 Enter 键结束“单行文字”命令。

③ 如果输入文字的位置不理想，可以利用“移动”命令进行调整。如图 7-5 所示。

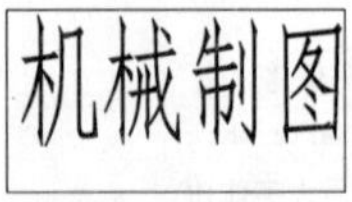

图 7-5　利用“单行文字”命令输入文字

7.2.2　利用“多行文字”命令输入文字

案例

利用文字编辑器，采用 7.1 节建立的“尺寸标注文字 1”文字样式输入以下文字：

技术要求:

1、未注圆角半径R5

2、未注倒角均为2x45°

3、非加工面油漆

（1）命令执行方式。

① 下拉菜单：“绘图”|“文字”|“多行文字”

② 工具栏：“文字”工具栏 |“多行文字”按钮

③ 命令：MTEXT↙

（2）操作过程及说明。

① 执行上述任一方式后，系统提示：

命令: -mtext　当前文字样式: “尺寸标注文字 1”　文字高度:　3.5　注释性: 否

指定第一角点:（在适当位置单击）

指定对角点或［高度（H）/对正（J）/行距（L）/旋转（R）/样式（S）/宽度（W）/栏 C）］：（移出光标，拖动一个矩形线框，该线框确定了多行文字的位置和范围，首行文字与矩形线框的左上角点对齐。）

在适当位置单击后，弹出“多行文字编辑器”窗口。如图 7-6（a）所示。

② 在“文字格式”对话框中用仿宋体输入汉字，用 italic.Shx 字体输入字母和数字，如图 7-6（b）所示。

③ 将光标移动到首行“技术要求”4 个字的起点处，按住鼠标左键后移动光标，将“技术要求”4 个字选中，在字高下拉文本框中输入 7 后，按 Enter 键，将“技术要求”4 个字的高度修改为 7，如图 7-6（c）所示。

④ 再次将光标移到“技术要求”4 个字的起点处，按空格键，调整“技术要求”4 个字的位置，单击“确定”按钮，即完成技术要求的书写。如图 7-6（d）所示。

（a）“文字格式”窗口（多行文字编辑器）

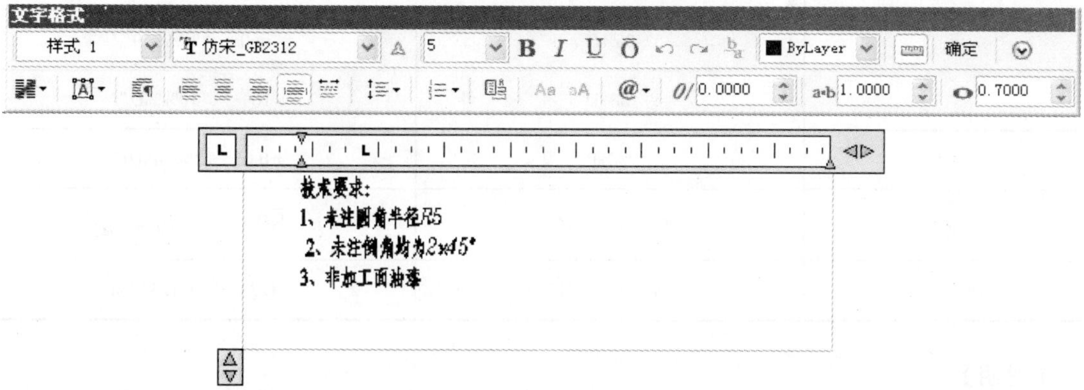

（b）“文字格式”窗口（多行文字编辑器）

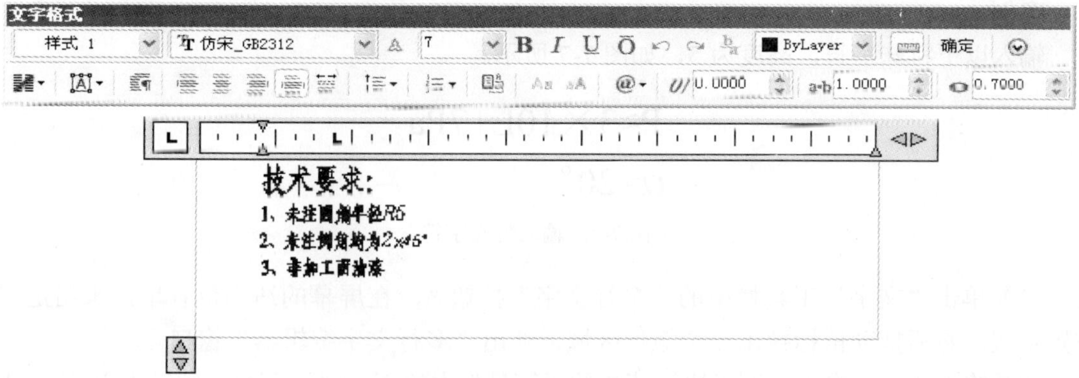

（c）“文字格式”窗口（多行文字编辑器）

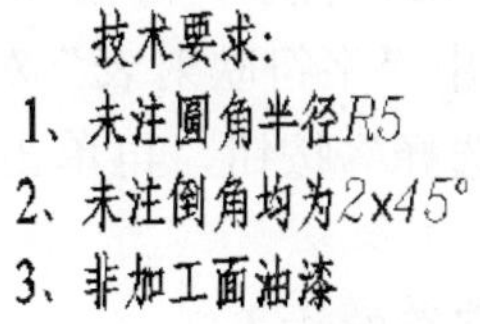

（d）输入多行文字

图 7-6　输入多行文字

7.3 输入特殊字符

在绘图过程中往往需要输入一些特殊符号，如直径“ø”、度数“°”及正负号“±”等，可以在多行文字编辑中右击，出现快捷菜单选择“符号”命令中下一级子菜单中的“直径”、“度数”与“正负号”等选项，如果不是常用的符号，还可以选择“其他”进入“字符映射表”对话框选择所需要的符号。除此之外，还可以为文字加上划线和下划线，或通过在文字字符串中输入包含控制信息来插入特殊字符。 每个控制序列都通过一对百分号（%%）引入。如表 7-1 所示。

表 7-1 常用标注控制符

字符	控制符代码	举 例
ø	%%C	ø60— “%%C60”
°	%%D	10°— “10%%D”
±	%%P	±0.05— “%%P0.05”
上划线	%%O…%%O	$\overline{300}$—%%O300%%O
下划线	%%U…%%U	$\underline{123}$—%%U123%%U

【说明】

在输入代码时，应将字体格式设置为西文字体，否则不能显示为符号。

案例

输入以下特殊字符，高度为 5，如图 7-7 所示。

$$P\approx3\times10E+7Pa$$

$$\alpha=20^{\circ}$$

图 7-7 输入特殊字符

（1）单击“文字”工具栏中的“多行文字”按钮 A，在屏幕的适当位置单击来指定字符放置位置，然后拖动鼠标拉出一个矩形区域，弹出“多行文字编辑器”窗口。

（2）输入 P 后，右击，选择快捷菜单的“符号”中的下一级子菜单“约等于”，输入“约等于”符号，如图 7-8（a）和图 7-8（b）所示。再输入 3 后右击，选择快捷菜单中的“符号”中的下一级子菜单“其他”，然后弹出“字符映射表”对话框，如图 7-8（c）所示。在该对话框中找到乘号后单击，然后单击“选择”按钮，再单击“复制”按钮，返回到“多行文字编辑器”窗口，右击，选择“粘贴”。

（3）用同样的方法，完成其他字符的输入。

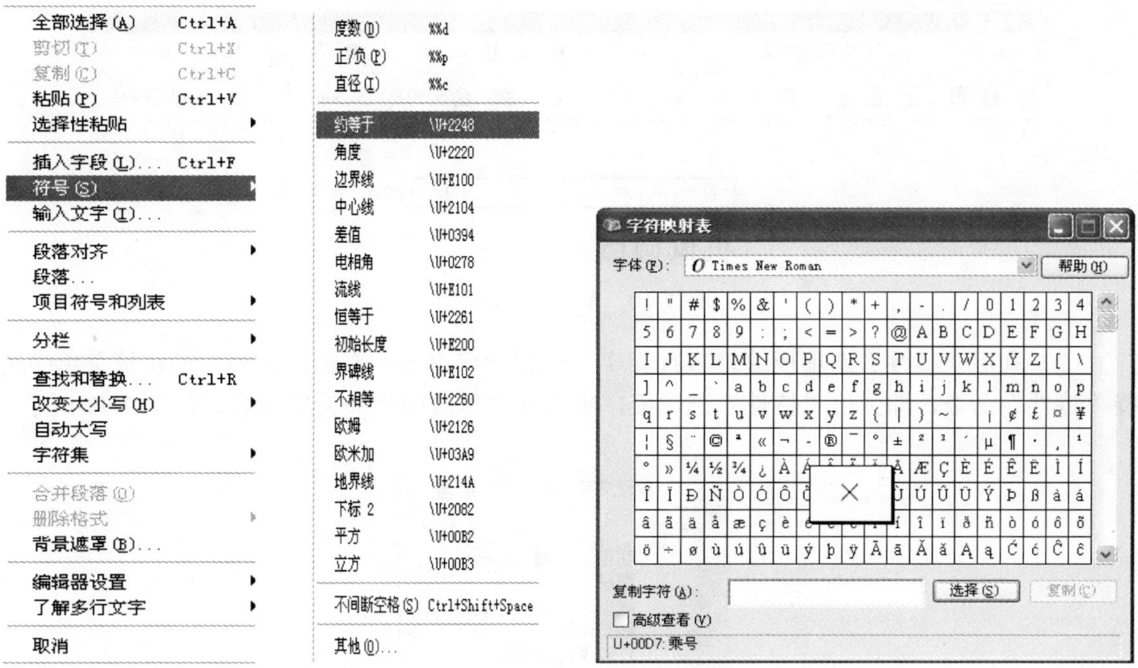

（a）　（b）　（c）

图 7-8　输入特殊字符

7.4　编 辑 文 字

文字输入后，可以通过以下方式对文字的内容、格式及特性等进行修改。

7.4.1　编辑单行文字

（1）命令执行方式。

① 工具栏：“文字”工具栏 |“编辑”按钮

② 命令：DDEDIT↙

③ 选择文字对象，在绘图区域中右击，然后单击“编辑”命令，或直接双击文字对象。

（2）操作过程及说明。执行上述任一方式后，打开“编辑单行文字”对话框，直接进入编辑状态，如图 7-9 所示。

图 7-9　编辑单行文字

7.4.2　编辑多行文字

（1）命令执行方式。

① 命令：MTEDIT↙

② 双击所要编辑的文字对象，可以直接进入“多行文字编辑器”窗口，打开编辑“多行文字编辑器”，如图 7-10 所示，可进行相应编辑修改。

图 7-10　多行文字编辑器

（2）利用“特性”选项板编辑多行文字。选择文字内容，右击，在弹出的快捷菜单中选择“特性”命令，即弹出“特性”选项板，编辑所要修改的相关文字内容，如图 7-11 所示。

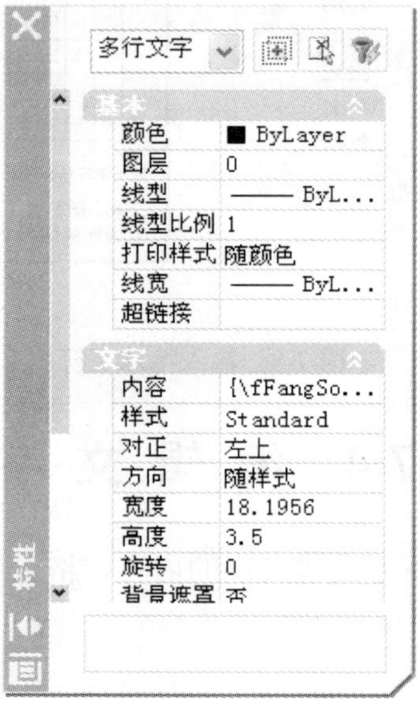

图 7-11　“特性”选项板

7.4.3　查找和替换

可查找现有的字符串并将其进行替换。

命令输入方式。

① 下拉菜单：“编辑”|“查找”

② 工具栏：“文字”工具栏|“查找和替换”按钮

③ 命令：FIND↙

执行上述任一方式后，打开如图 7-12 所示的“查找和替换”对话框，进行相应查找与替换操作。

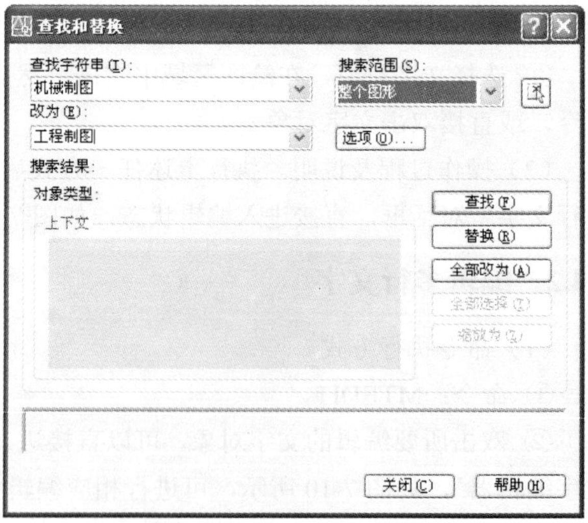

图 7-12　“查找和替换”对话框

7.4.4　缩放文字对象

如果对现有的文字大小不满意，可以对选中的对象按比例进行缩放。

命令执行方式如下。

① 工具栏：“文字”工具栏|“缩放”按钮

② 选中所要编辑的对象，右击，在弹出的快捷菜单中选择“缩放”命令。

7.4.5　修改文字对齐方式

将文字“工程制图”放置到指定图框的中心部位，如图 7-13 所示。

图 7-13　文字对齐

在命令行中输入命令：TEXT 或 DTEXT。

输入命令后，在命令行中显示以下信息：

命令: dtext

当前文字样式: Standard　当前文字高度: 3.5

指定文字的起点或［对正（J）/样式（S）］: j

输入选项

［对齐（A）/布满（F）/居中（C）/中间（M）/右对齐（R）/左上（TL）/中上（TC）/右上（TR）/左中（ML）/正中（MC）/右中（MR）/左下（BL）/中下（BC）/右下（BR）］: mc

指定文字的中间点:

指定高度 <3.5>:3.5

指定文字的旋转角度 <0>: ↙

输入文字:工程制图

输入文字:↙

输入文字:↙

关于文字的对齐方式有以下几种，如图 7-14 所示。

图 7-14　单行文字对齐方式

操作过程中各选项含义如下。

（1）对齐（A）：输入两个端点确定长度。

（2）布满（F）：输入起点与终点。

（3）居中（C）：输入字符串底线的中点。

（4）中间（M）：输入字符串中间位置。

（5）右对齐（R）：输入字符串底线的右端点。

（6）左上（TL）：输入字符串顶线的左端点。

（7）中上（TC）：输入字符串顶线的中点。

（8）右上（TR）：输入字符串顶线右端点。

（9）左中（ML）：输入字符串中线左端点。

（10）正中（MC）：输入字符串中线中点。

（11）右中（MR）：输入字符串中线右端点。

（12）左下（BL）：输入字符串底线左端点。

（13）中下（BC）：输入字符串底线中点。

（14）右下（BR）：输入字符串底线右端点。

7.5　使用外部文字

在编辑文本的过程中，当需要使用外部文字时，可以通过如下方式输入文字。

（1）选择菜单“绘图”|“文字”|“多行文字”命令，进入“多行文字编辑器”对话框。右击，在弹出的快捷菜单中选择“输入文字”命令，在“选择文件”对话框中，双击要输入的文件（最大不能超过 32 KB），或者先选择文件，然后单击“打开”按钮，文字将插入到光标所在的位置，如图 7-15 和图 7-16 所示。

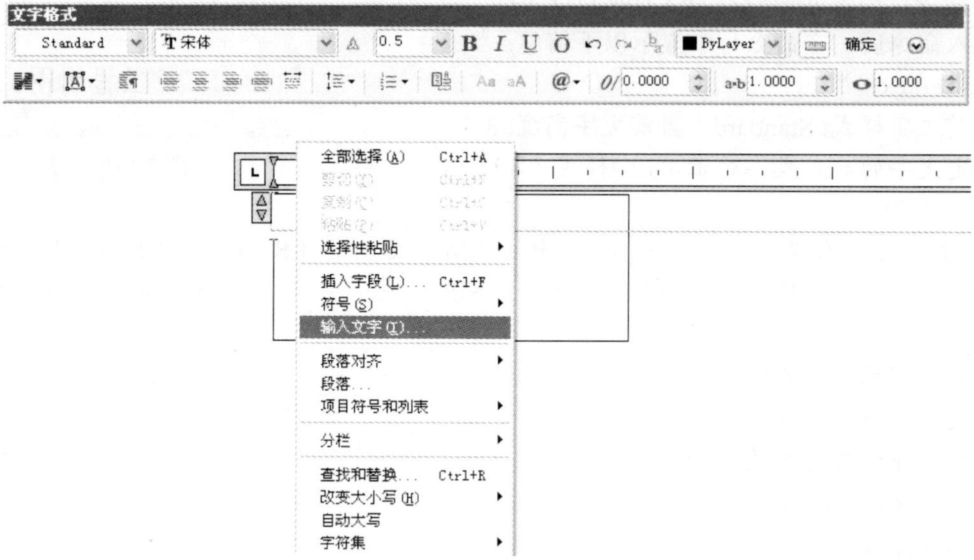

图 7-15　输入外部文字

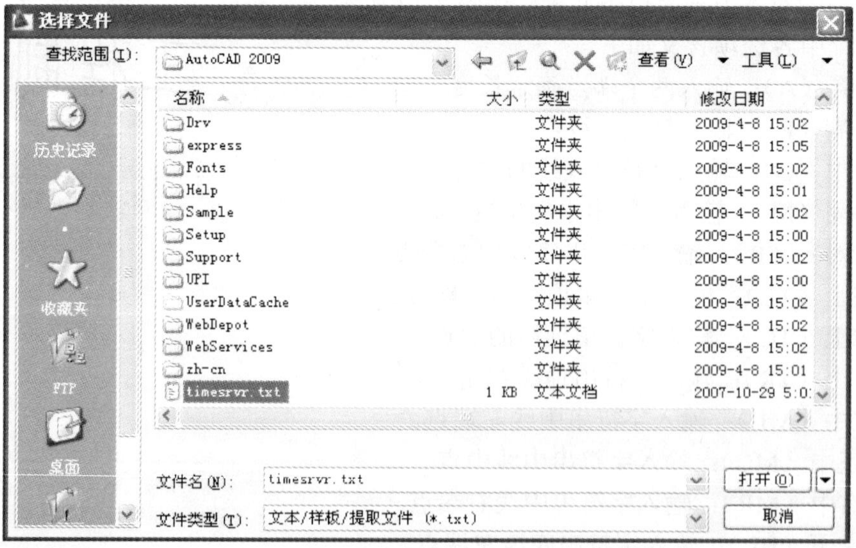

图 7-16　选择输入的文件

（2）按上述同样的方式进入到“多行文字编辑器”，将目标文件打开，复制所需文字，“粘贴”在“多行文字编辑器”中光标所在的位置。

7.6　创建表格样式和表格

7.6.1　创建表格样式

创建名称为“表格”的表格样式。

（1）命令执行方式。

① 下拉菜单：“格式”|“表格样式”

②“样式”工具栏 |“表格样式”按钮

③ 命令：TABLESTYLE↙

（2）操作过程。

① 执行上述任一方式后，可打开“表格样式”对话框，如图 7-17 所示。

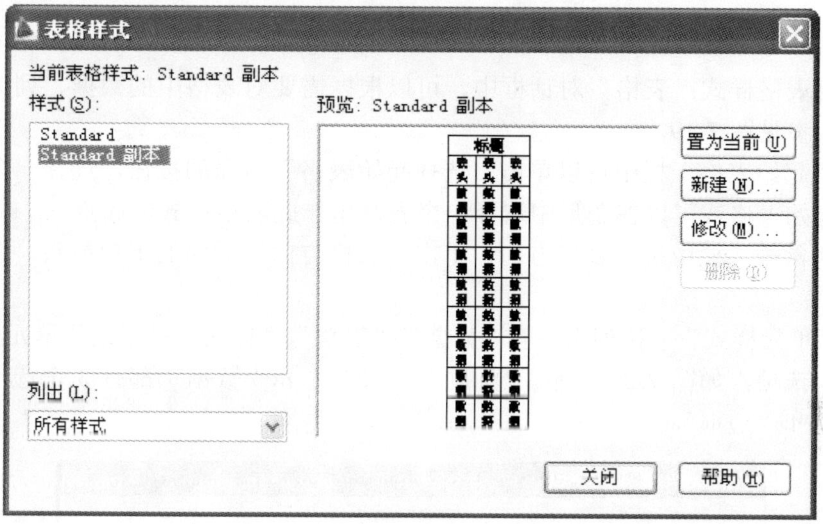

图 7-17　“表格样式”对话框

② 单击“表格样式”对话框中的“新建”按钮，弹出“创建新的表格样式”对话框，如图 7-18 所示。在“新样式名”文本框中输入“表格”，单击“继续”按钮，进入“新建表格样式：表格”对话框，如图 7-19 所示。

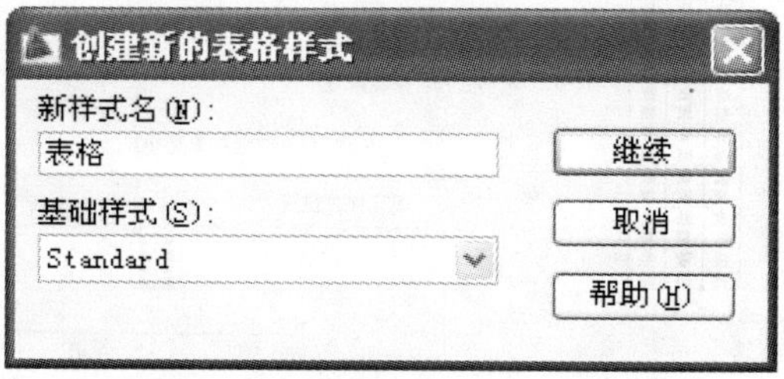

图 7-18　“创建新的表格样式”对话框

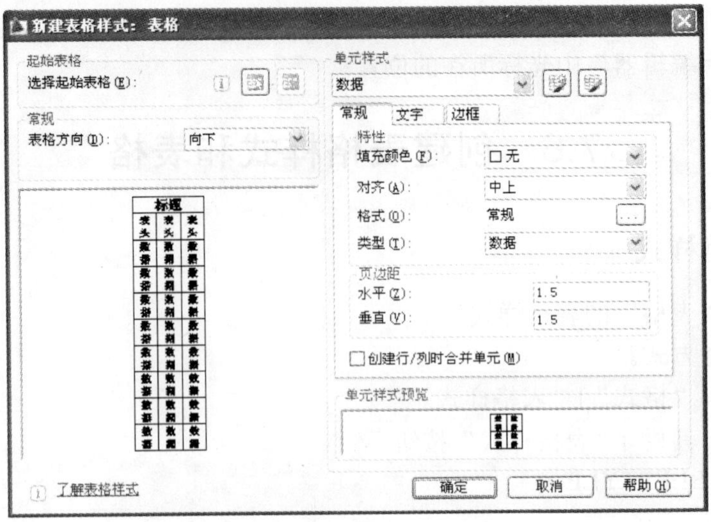

图 7-19 “新建表格样式：表格”对话框

7.6.2 设置表格数据、列标题和标题样式

在“新建表格样式：表格”对话框中，可以根据需要对表格中的数据、列标题和标题样式进行设置，参见图 7-19。

（1）在“起始表格”栏中可以单击“选择起始表格”后面的按钮，选择一个表格用作此表格样式的起始表格或可以在图形中选择一个表格用作此表格样式的起点。

（2）在“常规”栏中选择表格方向，单击“表格方向”后面的下拉箭头，选择“向上”或“向下”。

（3）在“单元样式”下拉列表中有“数据”、“表头”、“标题”、“创建新单元样式”和“管理单元样式”选项，如图 7-20 所示。“标题”、“表头”和“数据”都有 3 个选项卡，即“常规”、“文字”和“边框”。

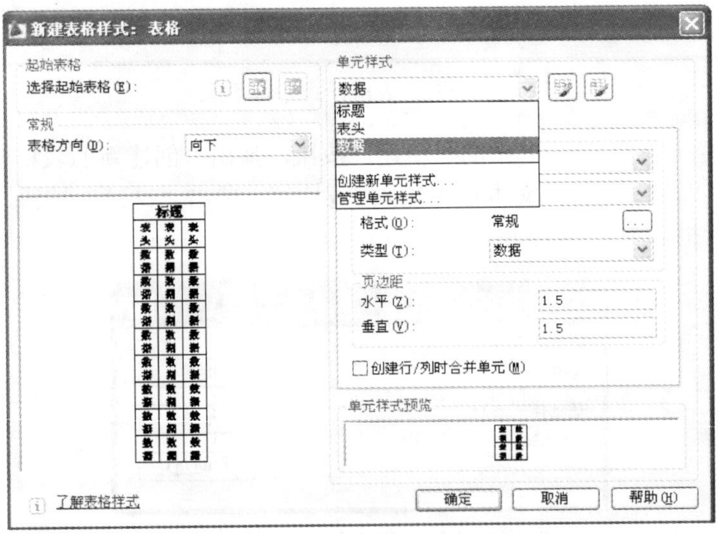

图 7-20 “新建表格样式：表格”对话框

在“常规”选项卡中，可以设置指定单元格中的背景颜色、对齐方式及单元格格式，还可以单击“格式”后面的[...]，弹出“表格单元格式”对话框，可以进行相应设置，如图 7-21 所示。

在“文字”选项卡中，可以对文字的样式、高度、颜色及角度进行设置，如图 7-22 所示。

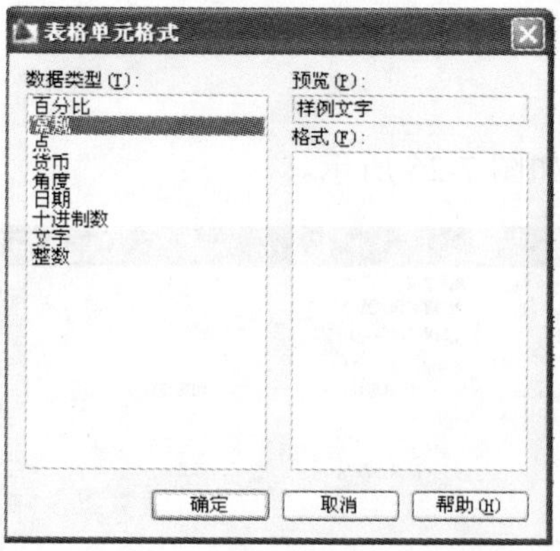

图 7-21　“表格单元格式”对话框

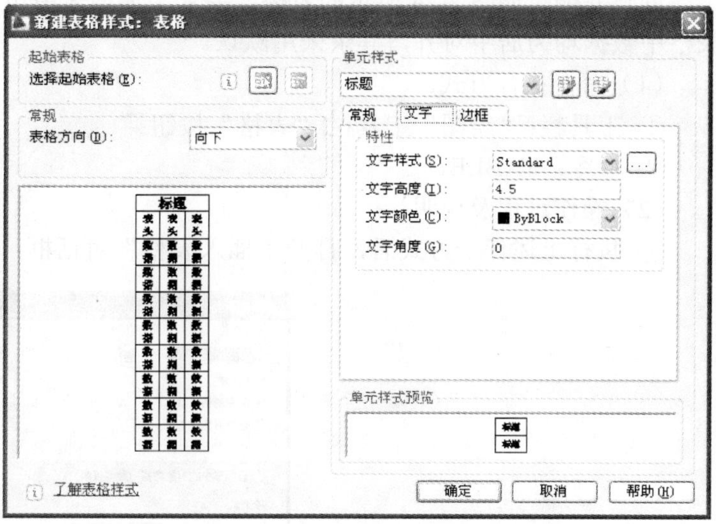

图 7-22　“文字”选项卡

在“边框”选项卡中，可以设置表格边框格式、线宽、线型、颜色和双线间距等，如图 7-23 所示。

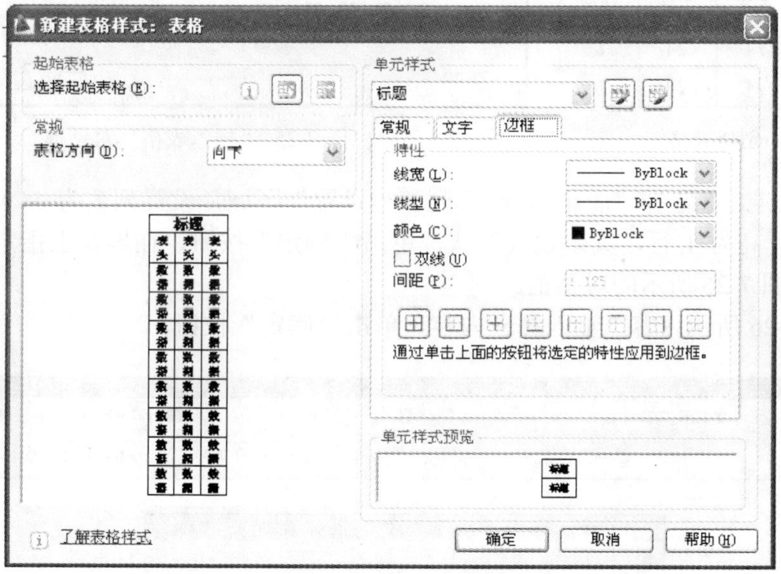

图 7-23　“边框”选项卡

机械图样中的表格一般不带表头和标题，所以可以将“表头”和“标题”样式设置成与“数据”样式相同。

在“新建表格样式：表格”对话框中，进行相应设置，设置结束后，直接单击“确定”按钮，即可退出该样式的设置。

7.6.3 创建和编辑表格

创建并编辑如图 7-24 所示的表格，要求字体均采用仿宋体，标题字高为 5，其余为 3.5，表格中数据均为居中对齐，其余采用默认。

（1）命令执行方式。

① 工具栏：“绘图”工具栏|“表格”按钮

② 命令：TABLE↙

（2）操作过程及说明。

① 执行上述任一方式后，打开“插入表格”对话框，如图 7-25 所示。

直齿圆柱齿轮参数表(mm)				
	模数	齿宽	孔径	键宽
齿轮1	4	24	24	6
齿轮2	4	24	20	6

图 7-24　创建表格

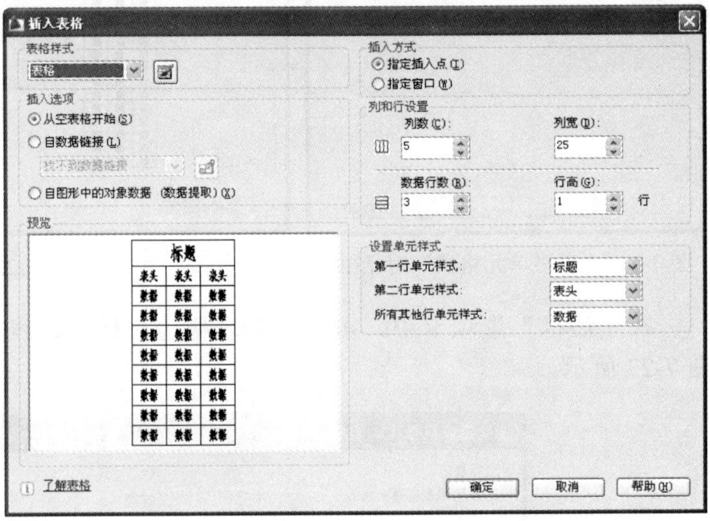

图 7-25　“插入表格”对话框

② “表格样式”选择“表格”，在“列和行设置”区域，设置列数为 5，列宽为 25，数据行数为 3，行高为 1 行，其余设置默认，单击“确定”按钮，在屏幕上指定一点确定放置位置，打开如图 7-26 所示的对话框。

③ 按图 7-26 所示内容，输入相应内容，单击“确定”按钮。

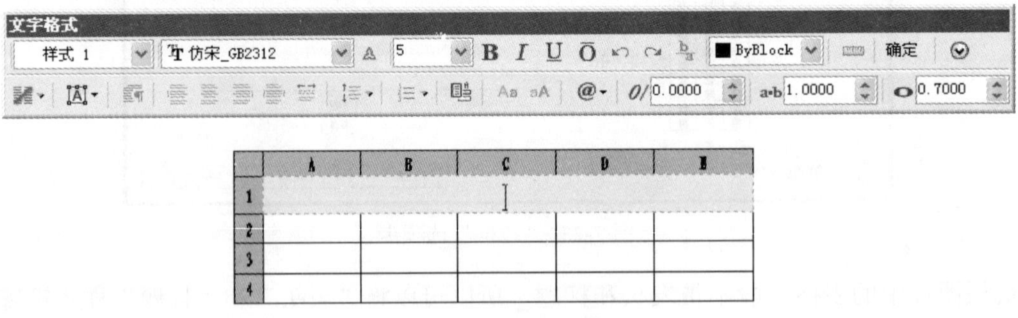

图 7-26　编辑表格

④ 单击某一单元格，弹出“表格”工具栏，选择对齐方式“正中”，其余进行同样的操作，完成对表格的编辑。

实　训

1. 创建文字样式为“文字 1”并输入题图 7-1 所示的技术要求。

技术要求

1. 人工时效处理。
2. 铸件不得有砂眼、气孔、缩松等缺陷。
3. 未注倒角$1\times45^\circ$。
4. 轴与孔配合$\phi 13\frac{H7}{k6}$。

题图 7-1　技术要求

2. 绘制题图 7-2 所示的标题栏。

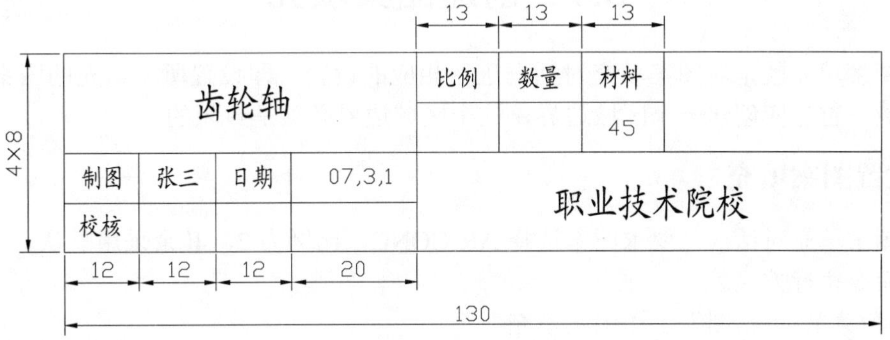

题图 7-2　标题栏

习　题

1. 如何创建多行文字？
2. 如何创建文字样式“文字 1”（长仿宋体，5 号字）？
3. 如何编辑表格？
4. 编辑单行文字和编辑多行文字有什么不同？

第 8 章
图 案 填 充

绘制工程图常常需要将某种图案填充到指定区域，例如，机械图形中的剖面线，建筑图形中的建筑材料。AutoCAD 2009 不仅提供了图案填充功能，而且还提供了丰富的图案，用户利用这些图案可以进行快速填充。此外，用户还可以定义自己的图案以满足各种特殊需要。本章将介绍图案填充的创建和编辑，主要包括以下内容：

- 创建图案填充
- 编辑图案填充

8.1 创建图案填充

创建图案填充就是对图案填充对话框进行相应的设置，即设置所要填充的图案、样式与比例等参数。首先应创建一个区域边界，这个区域边界必须是封闭的。

8.1.1 设置图案填充

设置图案填充对话框，要求图案选择 AR-CONC，比例为 2，其余采用默认。

（1）命令执行方式。

① 下拉菜单："绘图" | "图案填充"

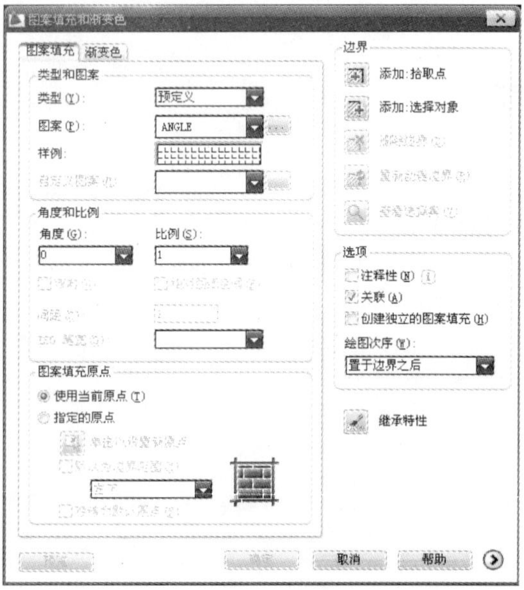

图 8-1 "图案填充和渐变色"对话框

② 工具栏："绘图"工具栏 | "图案填充"按钮

③ 命令：BHATCH↙

（2）操作过程及说明。

① 执行上述任一方式后，打开"图案填充和渐变色"对话框，如图 8-1 所示。

② 对话框选项说明。该对话框有"图案填充"和"渐变色"两个选项卡。

"图案填充"选项卡用于进行与填充图案相关的设置，各选项含义如下。

① "类型和图案"选项组。

- "类型"下拉列表框：用于确定填充图案的类型。用户可以通过下拉列表在"预定义"、"用户定义"和"自定义"之间选择。其中"预定义"选项用于指定系统提供的填充图案；“用户定义”将选择用户定义的图案进行填充；“自定义”选项用于选择用户临时定义的填充图案。

- “图案”下拉列表框：用于确定系统提供的填充图案，也可以单击右侧的按钮，打开“填充图案选项板”对话框，如图8-2所示。其中有“ANSI”、“ISO”、“其他预定义”和“自定义”选项卡，选择AR-CONC后，单击“确定”按钮，返回“图案填充和渐变色”对话框。

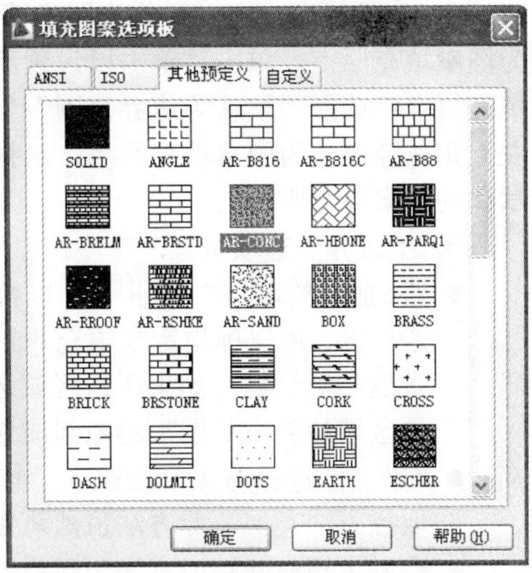

图8-2 “填充图案选项板”对话框

- “样例”框：用于显示当前填充图案的图案示例。
- “自定义图案”下拉列表框：当填充类型选择为“自定义”时，此列表框可以使用，或单击右侧的按钮，打开的对话框与图8-2类似。

② “角度和比例”选项组。

- “角度”下拉列表框：用于指定填充图案的填充角度。角度的默认值为“0”，图8-3为金属剖面线的“角度”设置示例。
- “比例”下拉列表框：用于指定填充图案时的比例值。比例默认值为“1”，图8-4为金属剖面线的“比例”设置示例。
- “双向”和“间距”复选框：当选择用户定义时，双向和间距等选项也可使用。“双向”用于确定填充线是一组平行线还是相互垂直的两组平行线。“间距”用于指定用户定义图案中的线条间距，图8-5为用户定义的间距设置示例。
- “相对图纸空间”复选框：用于在布局中打开“边界图案填充”对话框时选择该项，进行比例设置。
- “ISO笔宽”下拉列表框：用于设置“ISO”预定义图案时笔的宽度。

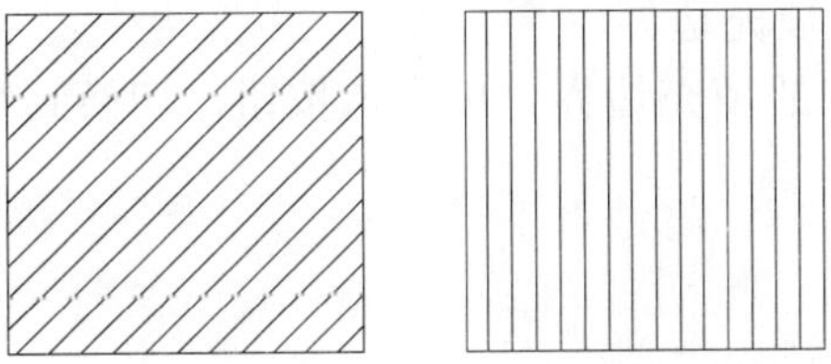

(a) 角度为0°时　(b) 角度为45°时

图8-3 填充“角度”

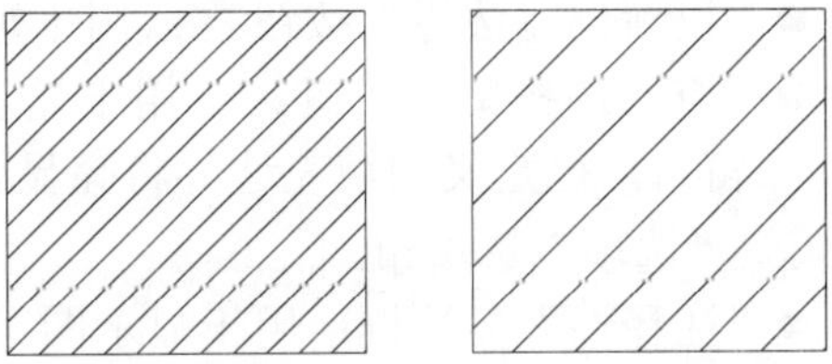

(a) 比例为1时　(b) 比例为2时

图8-4 填充“比例”

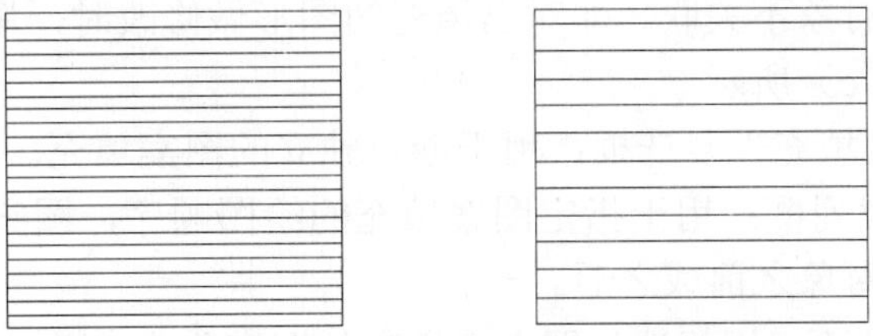

(a) 间距为2时　(b) 间距为4时

图8-5 填充“间距”

③ “图案填充原点”选项组。在“图案填充原点”选项组中，可以设置图案填充原点的位置，因为许多图案填充需要对齐填充边界上的某一个点。“使用当前原点”单选按钮，用于当前 UCS 的原点（0，0）作为图案填充原点。“指定的原点”单选按钮：用于通过指定点作为图案填充原点。单击“单击以设置新原点”按钮，可以从绘图窗口中选择某一点作为图案填充原点；选择“默认为边界范围”复选框，可以以填充边界的左下角、右下角、右上角、左上角或圆心作为图案填充原点；选择“存储为默认原点”复选框，可以将指定的点存储为默认的图案填充原点。

④ “边界”选项组。

- “添加：拾取点”按钮：以拾取点的方式确定填充区域的边界。单击按钮，切换到绘图区，用鼠标指定要填充的封闭区域内部点，则被选封闭区域为虚线显示，按 Enter 键返回对话框。如果所选区域边界不封闭时，系统提示信息，如图 8-6 所示。所以所选区域边界应是图形对象组成包围该点的封闭区域。
- “添加：选择对象”按钮：以选取对象方式确定填充区域的边界。其操作方法与拾取点方法类似，此方法虽然可以用于所选对象组成不封闭的区域边界，但在不封闭处会发生填充断裂或不均匀现象，如图 8-7 所示。

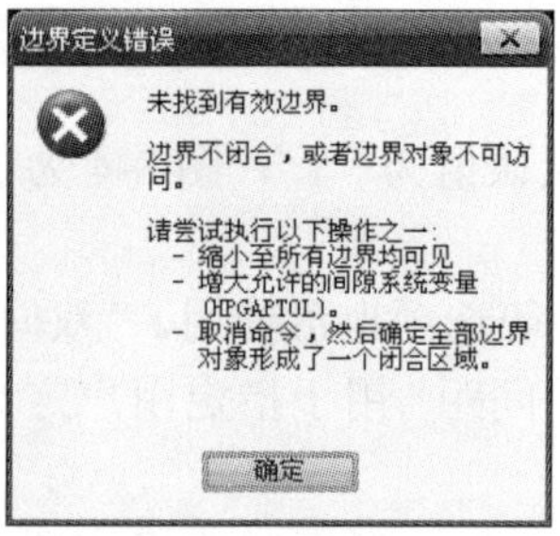

图 8-6 “边界定义错误”对话框

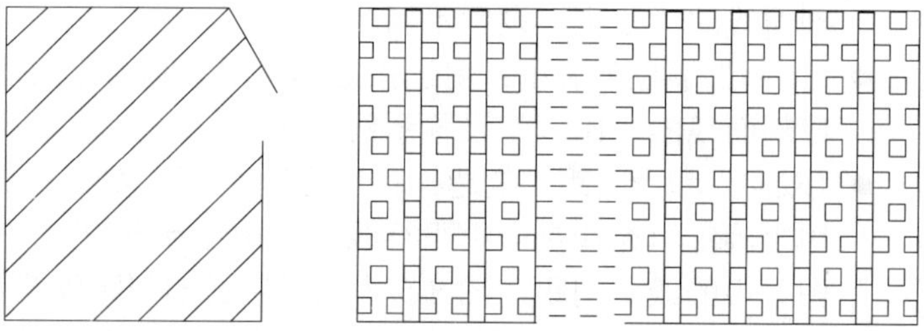

图 8-7 边界不封闭时填充结果

- “删除边界”按钮：用于取消系统自动计算或用户指定边界。
- “重新创建边界”按钮：用于重新创建图案填充边界。
- “查看选择集”按钮：用于显示当前所定义的填充边界。单击该按钮，切换到绘图窗口，已定义的填充边界将亮显。

⑤ “选项”选项组。

- “注释性”复选框：用于显示图案填充的信息。
- “关联”复选框：选中该复选框，图案填充对象与填充边界对象关联，对已填充的图形做修改时，填充图案随边界的变化而自动填充，如图 8-8（b）所示。否则图案填充对象和填充边界对象不关联。即对已填充的图形做修改时，填充图案不随边界修改而变化，如图 8-8（c）所示。
- “创建独立的图案填充”复选框：用于创建独立的图案填充。
- “绘图次序”下拉列框：用于指定图案填充的绘图顺序，图案填充可以放在图案填充边界及所有其他对象之前或之后。
- “继续特性”按钮：用于选择图上已填充的图案作为当前填充图案。

设置好图案填充后，可右击选择“确定”，返回“图案填充和渐变色”对话框，单击“确定”按钮结束对图案填充的设置。

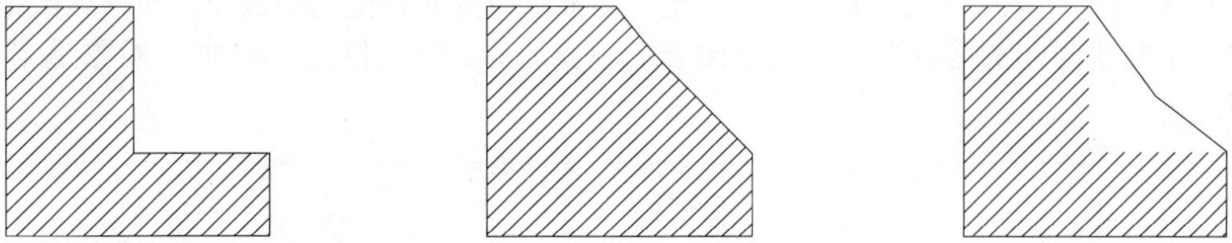

（a）拉伸前　（b）选中“关联”的拉伸结果　（c）未选“关联”的拉伸结果

图 8-8 “关联”示例

8.1.2　设置孤岛和边界

孤岛指的是填充区域内部的封闭边界。单击“图案填充和渐变色”对话框右下角的按钮，将显示“孤岛”及“边界保留”和“边界集”等选项，在这里可以对孤岛和边界进行设置，如图 8-9 所示。

图 8-9　设置孤岛和边界“图案填充和渐变色”对话框

各选项功能如下。

（1）“孤岛”选项组：包括“孤岛检测”复选框和“孤岛显示样式”单选按钮。

“孤岛检测”复选框：用于指定在最外层边界内填充对象的方法，包括以下 3 种样式。

- “普通”样式：将从最外层边界开始，交替填充第一、三、五等奇数层区域，如图 8-10（a）所示。
- “外部”样式：将只填充最外层的区域，如图 8-10（b）所示。
- “忽略”样式：将忽略所有孤岛，填充整个区域，如图 8-10（c）所示。

（2）“边界保留”复选框：用于确定是否保留边界对象。

（3）“对象类型”下拉列表框：用于指定新建边界对象的类型，包括面域和多段线两种。

（4）“边界集”按钮：用于选择创建边界集的对象，也可以选择“新建”选择新边界集。

（5）“允许的间隙”选项组：通过“公差”文本框设置允许的间隙大小。在该参数范围内，可以将一个几乎封闭的区域看作是一个闭合的填充边界。默认值为“0”时，对象是完全封闭的区域。

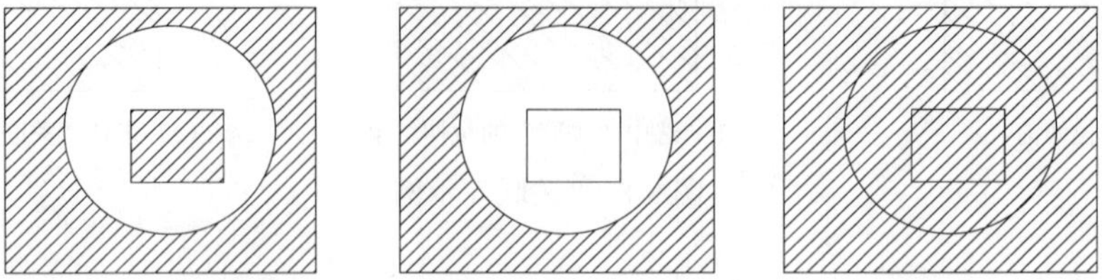

（a）“普通”样式　　（b）“外部”样式　　（c）“忽略”样式

图 8-10 “孤岛显示样式”示例

（6）“继承选项”选项组：用于确定在使用继承属性创建图案填充时，图案填充原点的位置可以是当前原点或源图案填充的原点。

8.1.3 设置渐变色

使用“图案填充和渐变色”对话框的“渐变色”选项卡，可以创建单色或双色渐变色进行图案填充，如图 8-11 所示。

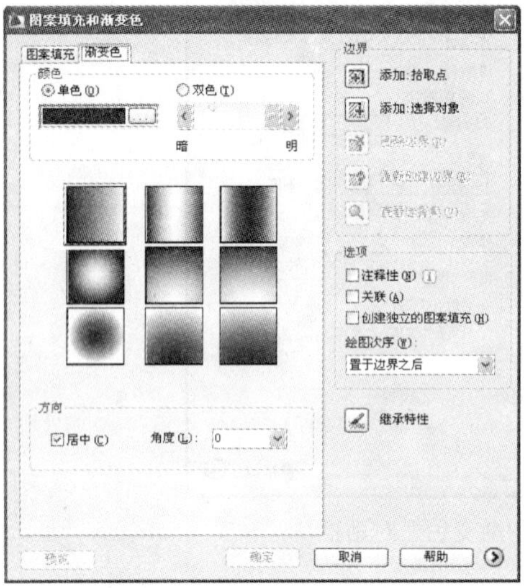

图 8-11 “渐变色”选项卡

各选项功能如下。

① “颜色”选项组。

- “单色”单选按钮：用于确定一种颜色填充。
- “双色”单选按钮：用于确定两种颜色填充。

单击右侧按钮，打开“选择颜色”对话框，用来选择填充颜色。当以一种颜色填充时，利用“双色”单选按钮右边的滑块，可以调整所填充颜色的浓淡。当以两种颜色填充时，“双色”单选按钮下边的滑块改变用于调整另一种颜色。

- “渐变图案”预览窗口：显示当前设置的渐变色效果，9 个图像按钮显示 9 种效果。

② “方向”选项组。

- “居中”复选框：用于确定颜色于中心渐变，否则颜色呈不对称渐变。
- “角度”下拉列表框：用于确定以渐变色方式填充颜色时的旋转角度。

8.2 编辑图案填充

对已有的填充图案，可以通过“图案填充编辑”对话框，重新编辑填充的图案、样式及比例等参数。

将图 8-8（a）修改为图 8-12，图案修改为 CROSS，角度为 30°，比例为 4，其余采用默认设置。

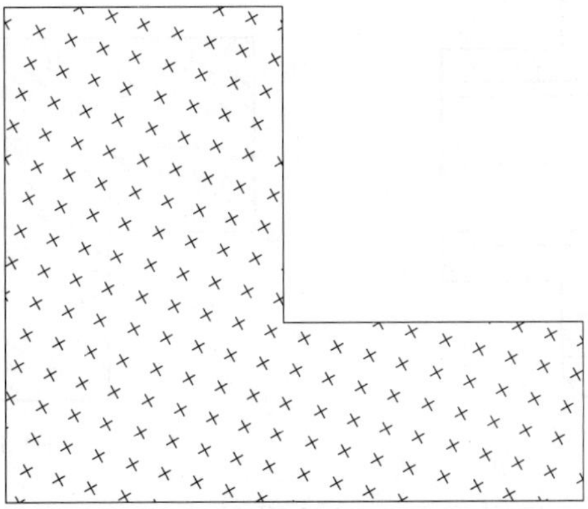

图 8-12 “图案填充编辑”示例

（1）双击要修改的图案或右击选择快捷菜单中“图案填充编辑”命令，打开图 8-13 所示对话框。

（2）在“图案”下拉列表中选择 CROSS，角度选择 30°，比例选择 4，如图 8-14 所示。

（3）单击“确定”按钮，完成图案的编辑。

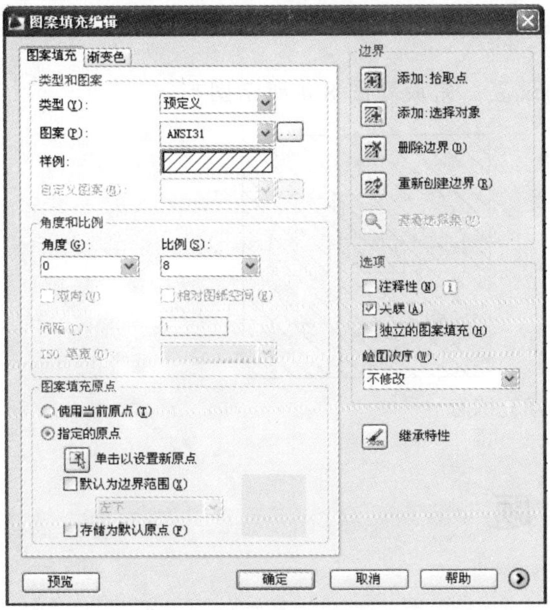

图 8-13 “图案填充编辑”对话框

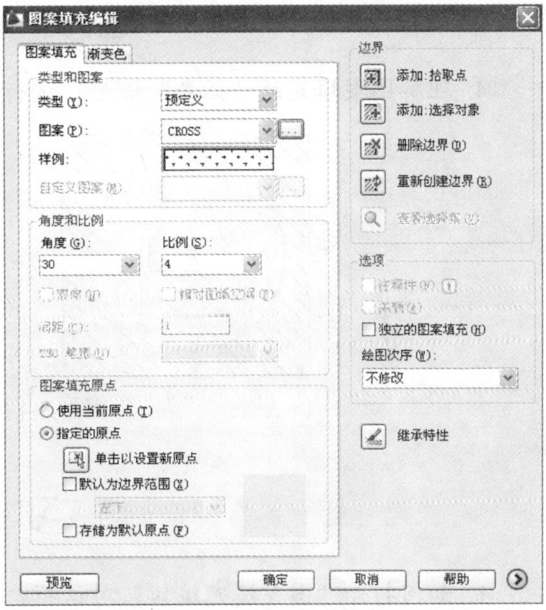

图 8-14 图案的编辑

实　训

1. 绘制齿轮图形中的剖面线，如题图 8-1 所示。
2. 填充断面图，如题图 8-2 所示。

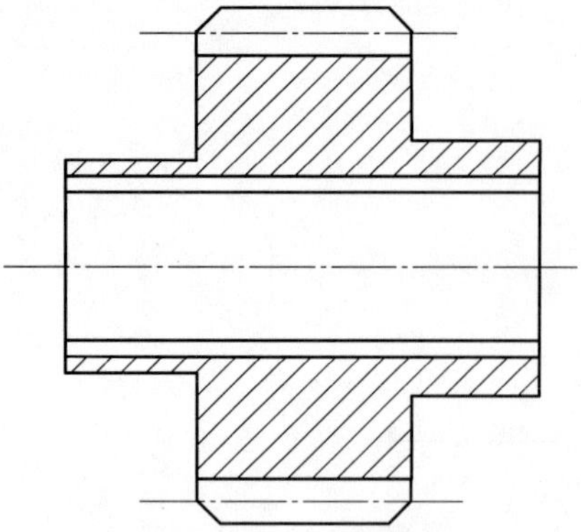

题图 8-1　绘剖面线

题图 8-2　填充断面

3. 联系图案填充设置，根据题图 8-3 所示图形进行图案选择、方向、比例、双向及关联等设置练习。

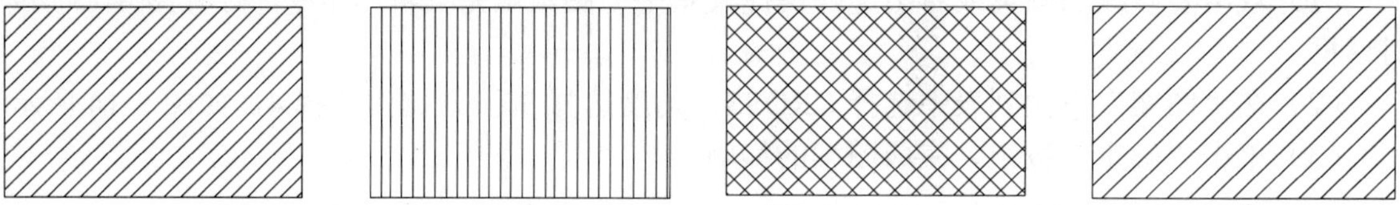

题图 8-3　图案填充设置练习

4. 理解图案填充的“孤岛”概念，进行孤岛设置，完成题图 8-4 所示图形。

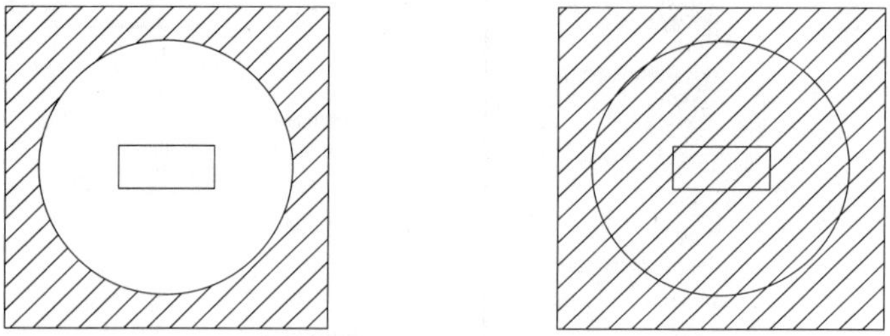

题图 8-4　孤岛填充练习

习　　题

1. 如何打开“图案填充编辑”对话框？
2. 用户如何自定义图案？
3. 如何编辑图案填充？
4. 如果图形不封闭而进行填充，能否填充成功？

第 9 章
块、属性与外部参照

利用 AutoCAD 绘图时，某个图形可能频繁地被使用，如果每次都重新绘制就比较麻烦。如螺钉、螺母、垫圈、齿轮、轴承和弹簧等。这时就可以把上述图形创建成块，需要时直接插入它们即可，从而能够提高绘图效率。利用属性功能，还可以为块添加文字信息。

用户还可以使用外部参照功能，将已经存在的图形插入到当前图形中。通过外部参照方式将图形插入到图形文件后，被插入图形的信息并不加入到主图形文件中，主图形文件中只是存储参照图形文件的路径。当打开外部参照的图形文件时，系统会自动将各外部参照图形文件重新调入内存并在当前图形文件中显示出来。对外部参照文件的改变，将会使所有引用该图形文件的图形文件自动更新。与块相比，使用外部参照可以节省存储空间。本章主要包括以下内容：

- 块的创建、插入及外部块的创建
- 块的属性定义、修改及显示控制
- 块的外部参照

9.1 块的创建、插入及外部块的创建

块是由一个或多个对象组成的整体，常用于绘制复杂或重复的图形。它可以执行移动、复制与删除等编辑操作。创建块可以节省重复绘制同一对象所浪费的时间，用户只需要在创建块时，存储一次图形对象的特性即可，从而提高了绘图效率。每个块都包括块名、一个或多个对象、用于插入块的基点坐标值和相关的属性数据等。

9.1.1 块的创建

将图 9-1（a）所示的表面粗糙度符号创建成块，其中块名为 CCD；块的插入基点为图中所示最下面的端点（其中图 9-1（a）所示为无属性块，图 9-1（b）所示为带属性块，将在 9.2.1 节介绍）。

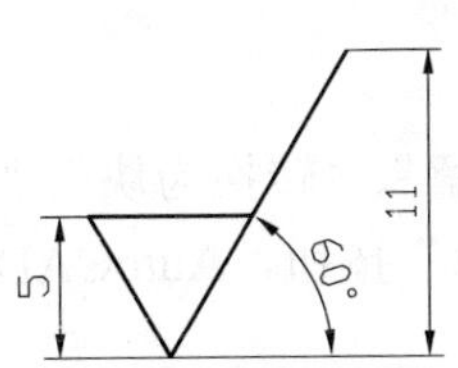

（a）无属性块

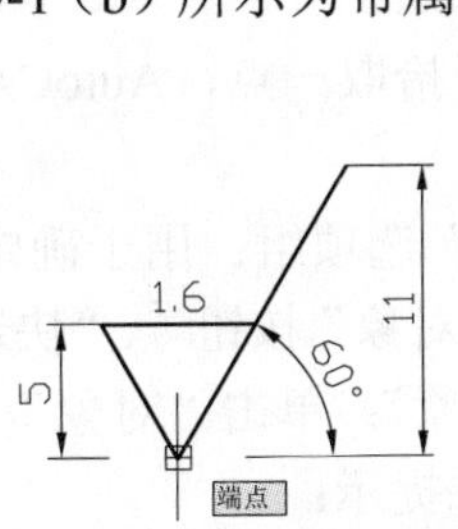

（b）带属性块

图 9-1　表面粗糙度符号

（1）命令执行方式。

① 下拉菜单：“绘图” | “块” | “创建”

② 工具栏：“绘图”工具栏 | “创建块”按钮

③ 命令：BLOCK↙

（2）操作过程及说明。

① 首先绘制出要创建成块的粗糙度符号。

② 执行上述任一方式后，弹出如图 9-2 所示的“块定义”对话框。

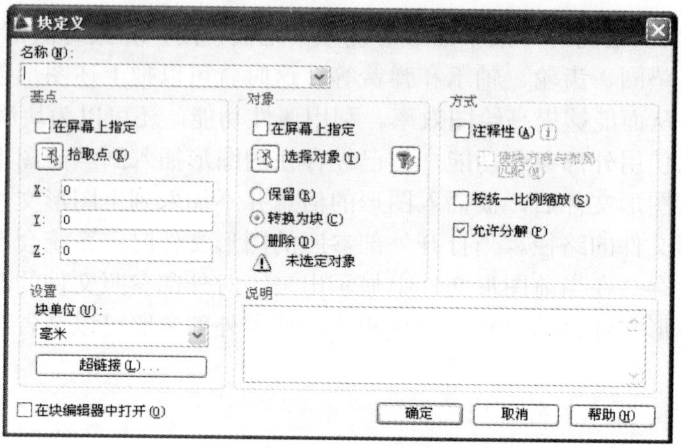

图 9-2 “块定义”对话框

③ 在“名称”中输入 CCD；单击“拾取点”按钮，进入绘图窗口，选中图 9-1 中所示最下面的端点为拾取点。

④ 单击“选取对象”按钮，选中整个粗糙度符号，按 Enter 键返回“块定义”对话框。

⑤ 单击对话框中的“确定”按钮，完成块的定义。

对话框中各选项功能如下。

① “名称”下拉列表框：用于输入要创建块的名称（名称最多不超过 255 个字符）。

② “基点”选项组：用于定义块的插入基点位置。

可以使用以下两种方法：一是直接在对话框中输入 X、Y 及 Z 的坐标值，二是通过单击“拾取点”按钮 ，拾取一点作为基点。如果采用第二种方法，AutoCAD 会切换到绘图窗口，并提示：

指定插入基点：

在此提示下拾取一点，AutoCAD 将该点作为块的插入基点。按 Enter 键后返回到“块定义”对话框。

③ “对象”选项组：用于确定组成块的对象。

包括“选择对象”按钮、“快速选择”按钮和“保留”、“转换为块”、“删除”单选按钮。

- “选择对象”：单击“对象”选项组中的“选择对象”按钮，AutoCAD 临时切换到绘图窗口，并提示：

选择对象：

在此提示下选择组成块的各对象后按 Enter 键，AutoCAD 返回“块定义”对话框。

● “快速选择”：如果单击“快速选择”按钮，可打开如图 9-3 所示的“快速选择”对话框，从中可以对选择对象设置过滤条件。

利用“快速选择”对话框可以制定筛选条件及对象范围，AutoCAD 可以在当前图形中选出满足筛选条件的图形。很显然，“快速选择”对话框非常适合选择大量有相同特征的对象。

● 保留：对象被创建成块后，是否在绘图屏幕上保留组成块的各对象。
● 转换成块：对象被创建成块后，在绘图窗口上是否将组成块的各对象保留并把它们转换成块。
● 删除：对象被创建成块后，是否在绘图窗口上删除组成块的源对象。

④“方式”选项组。

● “注释性”：确定块是否为注释性对象。
● “按同一比例缩放”：确定插入块时是否按相同比例进行缩放。
● “允许分解”：插入块后是否将块分解为组成块的基本对象。（要分解块也可以用 EXPLODE 命令或下拉菜单“修改”｜“分解”分解块。）

⑤“设置”选项组。

● 块单位：用于设定块插入时的插入单位。
● 超链接：单击该按钮即打开图 9-4 所示“插入超链接”对话框。在该对话框中可以插入超链接文件。

⑥“说明”文本框：用于输入块的文字说明。

⑦“在块编辑器中打开”复选框：确定当创建出块后，是否立即在块编辑器中打开当前的块定义。

通过“块定义”对话框完成对应的设置后，单击“确定”按钮，即可完成块的创建。

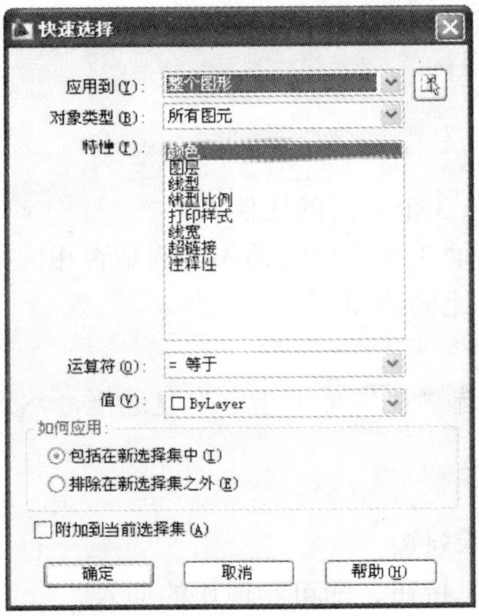

图 9-3 “快速选择”对话框

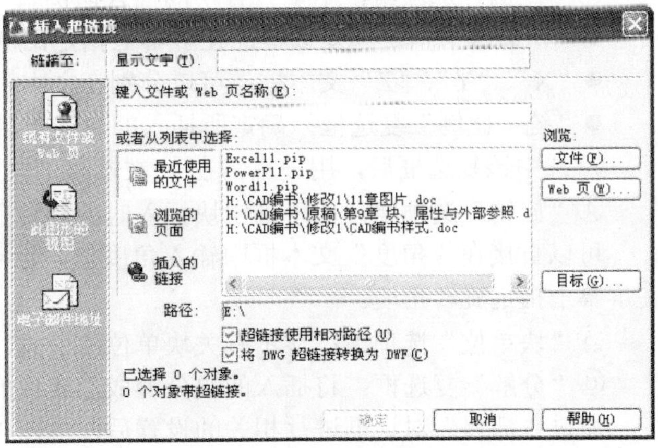

图 9-4 “插入超链接”对话框

9.1.2　插入块

创建了块以后，再使用的时候就可以直接插入块。

将上面创建的 CCD 块插入到当前文件中。

（1）命令执行方式。

① 下拉菜单："插入" | "块"

② 工具栏："绘图" 工具栏 | "插入块" 按钮

③ 命令：INSERT↙

（2）操作过程及说明。执行上述任一方式后，弹出如图 9-5 所示的"插入"对话框。

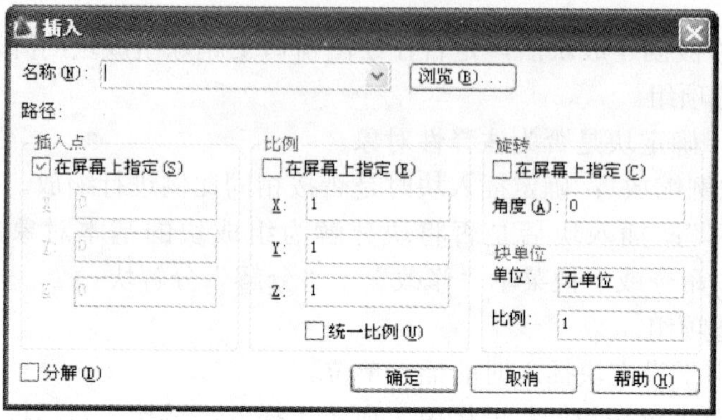

图 9-5 "插入"对话框

对话框中各选项功能如下。

①"名称"下拉列表框：选择要插入块的名称。也可以单击"浏览"按钮，弹出"选择图形文件"对话框，可通过此对话框选择要插入的图形文件。

②"插入点"选项组：用于确定块在屏幕上的插入位置。

- "在屏幕上指定"复选框：在屏幕上指定插入点。
- "X"、"Y"、"Z" 而可以分别在文本框中输入点的坐标。

③"比例"选项组：用于设置块的插入比例。

- "在屏幕上指定"复选框：在屏幕上指定比例。
- "X"、"Y"、"Z" 文本框：可以分别在文本框中输入 3 个方向的比例。
- "统一比例"复选框：确定所插入的块在 X、Y、Z 轴 3 个方向的插入比例是否相同。选中该复选框后，用户只需在 X 文本框中输入一个比例值即可。

④"旋转"选项组：用于确定块插入时的旋转角度。

可以直接在"角度"文本框中输入角度值，也可以勾选"在屏幕上指定"复选框，然后在屏幕上指定旋转角度。

⑤"块单位"选项组：显示有关块单位的信息。

⑥"分解"复选框：将插入的块分解成组成块的各基本对象。

通过"插入"对话框进行相关的设置后，单击"确定"按钮，即可实现块的插入。

9.1.3 创建外部块

用 BLOCK 命令创建的块是内部块，它从属于定义块时所在的图形。AutoCAD 2009 还提供了定义外部块的功能，它将块以单独的文件保存。

(1) 命令执行方式。

命令：WBLOCK↙

(2) 操作过程及说明。执行 WBLOCK 命令后，弹出如图 9-6 所示的“写块”对话框。

图 9-6 “写块”对话框

对话框中各选项功能如下。

①“源”选项组：确定组成块的对象来源。

- “块”表示要将用 BLOCK 命令创建的块保存到文件。
- “整个图形”表示要将全部图形作为块保存到文件。
- “对象”表示要将指定的对象作为块保存到文件。

②“基点”选项组：用于确定块的插入基点。

③“对象”选项组：用于确定组成块的对象。

只有在“源”选项组中选中“对象”后，“基点”和“对象”两个选项组才有效。

④“目标”选项组：确定块文件的名称和保存位置。

用 WBLOCK 命令将块保存后，该块以.dwg 格式保存，即以 AutoCAD 图形文件格式保存。

9.2　块的属性定义、修改及显示控制

属性是附着在块上的非图形信息，是特定的可包含在块定义中的文字对象，是块的组成部分。属性由属性标记和属性值两部分组成，如果一个块有属性，那么在创建块之前，应先定义块中的各个属性。定义属性后，该属性就会以其标记显示在图形中，并保存相关信息。插入块后，可以改变属性的显示可见性，可以对属性作修改，也可以将属性单独提取出来写入文件，供统计及制表使用。

9.2.1　定义块的属性

块的属性由属性标记和属性值两部分组成。

定义表面粗糙度符号属性并创建成带属性块。其中，表面粗糙度的标记为 C；属性系统提示为“请输入表面粗糙度值”；属性默认值为 1.6。

1. 命令执行方式

(1) 下拉菜单：“绘图” | “块” | “属性定义”

(2) 命令：ATTDEF↙

2. 操作过程及说明

(1) 参照图 9-1 (b) 中尺寸，绘制表面粗糙度符号。

(2) 定义属性。执行 ATTDEF 命令，AutoCAD 弹出“属性定义”对话框，在对话框中进行对应的属性设置，如图 9-7 所示。

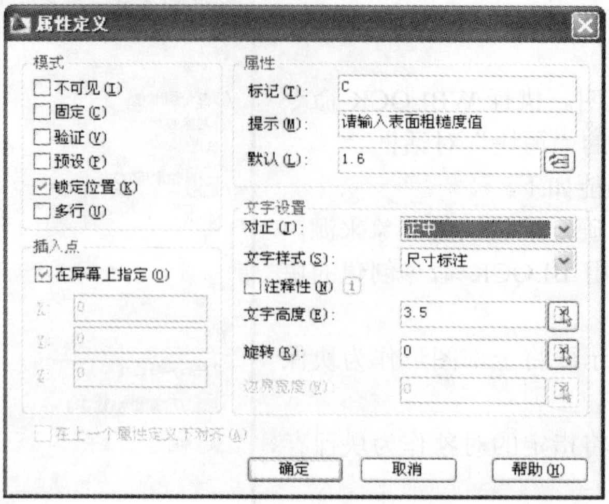

图 9-7 “属性定义”对话框

从图中可以看出，已将属性标记为 C，将属性提示设为“请输入表面粗糙度值”；将基准符号的默认值设为 1.6；通过“文字设置”将文字的对正方式选择为“正中”；选择默认文字样式为“尺寸标注”；文字高度设为 3.5。单击对话框的“确定”按钮，系统提示如下：

指定起点：

在此提示下捕捉表面粗糙度符号横线上方正中位置，即可定义块的属性。

“属性定义”对话框中各选项主要功能如下。

① “模式”选项组：设置属性的模式。

- “不可见”下拉列表框：确定插入块后是否显示其属性值。选中该复选框后，属性不可见。
- “固定”下拉列表框：确定属性是否为固定值。选中该复选框表示属性为定值。如果将属性不设为固定值，插入块时可以输入任意值。
- “验证”下拉列表框：确定插入块时是否对属性进行验证。
- “预设”下拉列表框：确定定义属性时，是否将属性值预设为默认值。
- “锁定位置”下拉列表框：确定是否锁定属性在块中的位置。如果不锁定位置，插入块后，可利用夹点功能改变属性的位置。
- “多行”下拉列表框：设置属性值是否可以标注多行文字。如果选中该复选框，可通过“文字设置”选项组中的“边界宽度”文本框指定边界宽度。

② “属性”选项组：设置属性的内容。

- “标记”文本框：输入属性标记。
- “提示”文本框：在插入块时，显示系统的提示信息。
- “默认”文本框：输入默认的属性值。

③ “插入点”选项组：确定属性值的插入点，即属性文字的排列对正参考点。

- “在屏幕上指定”复选框：在屏幕上指定插入点。
- “X”、“Y”、“Z”文本框：在文本框中输入点的坐标，指定插入点。

确定该插入点后，AutoCAD 将以该点为参考点，按照在“文字设置”选项组中的“对正”

下拉列表确定的文字排列方式放置属性值。

④ “文字设置”选项组：确定属性文字的格式。

- “对正”下拉列表框：用于设置属性文字相对于参照点的排列方式，通过下拉列表选择。
- “文字样式”下拉列表框：用于设置属性的文字样式，从下拉列表中选择。
- “文字高度”下拉列表框：用于设置属性文字的高度。用户可以单击“高度”按钮，在图形屏幕上指定或者直接在按钮后面的文本框中输入高度值。
- “旋转”下拉列表框：用于设置属性文字行的旋转角度。可以单击“旋转”按钮，在图形屏幕上指定。也可以直接在按钮后面的文本框中输入角度值。
- “边界宽度”下拉列表框：用于当属性值采用多行文字时，指定多行文字属性的最大长度。可直接在对应的文本框中输入宽度值，也可以单击对应的按钮，在绘图窗口上指定。0 值表示没有限制。

⑤ “在上一个属性定义下对齐”复选框：为当前属性采用上一个属性的文字样式、高度及旋转角度，并另起一行按上一个属性的对正方式排列。

通过“属性定义”对话框确定属性的各项内容后，单击“确定”按钮，AutoCAD 完成一次属性定义。

（3）创建带属性块。执行 BLOCK 命令，AutoCAD 弹出“块定义”对话框，如图 9-8 所示，在该对话框中已经进行相应的设置。

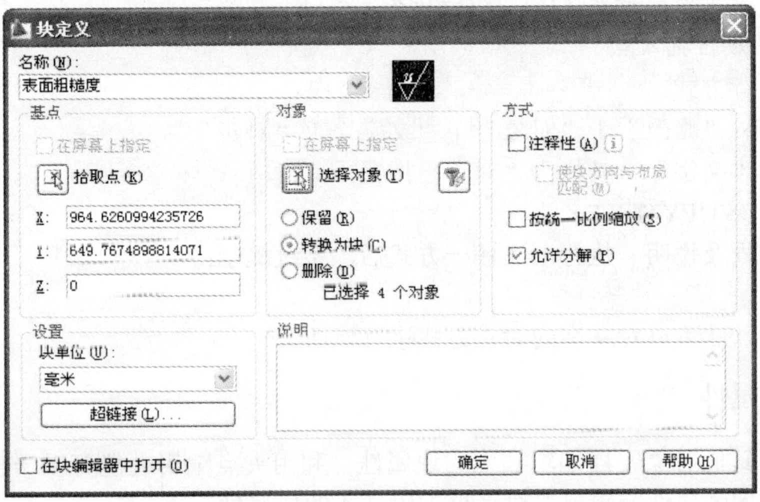

图 9-8 “块定义”对话框

根据图 9-8 的对话框进行相应的设置，通过“拾取点”按钮将图 9-8 最下面的点设置为块基点；选中了“保留”单选按钮；通过“选择对象”按钮，选择图 9-8 中表示基准符号的全部图形及属性标记 C 作为创建块的对象（不要漏选了属性标记 C）。单击对话框中的“确定”按钮，完成块的创建。

9.2.2　修改块的属性

在定义块之前，可以修改属性定义中的属性标记、提示和默认值，也可以修改块属性的比例或重新定义块属性的插入点。

1. 修改块的属性

（1）命令执行方式。

① 下拉菜单："修改" | "对象" | "文字" | "编辑"

② 工具栏："文字"工具栏 | "编辑文字"按钮

③ 命令：DDEDIT↙

（2）操作过程及说明。执行上述任一方式后，系统提示：

选择注释对象或 [放弃（U）]:

选择了对象后，就可以对文字进行编辑。

2. 修改块属性的比例

（1）命令执行方式。

① 下拉菜单："修改" | "对象" | "文字" | "比例"

② 工具栏："文字"工具栏 | "缩放文字"按钮

③ 命令：SCALETEXT↙

（2）操作过程及说明。执行上述任一方式后，系统提示：

选择对象:

选择了对象后，就可以对文字比例进行调整了，用户可以设置各字符串缩放时的基点，然后在下面的提示下制定缩放比例。

指定新高度或 [匹配对象（M）/缩放比例（S）]:

3. 重新定义属性插入点

（1）命令执行方式。

① 下拉菜单："修改" | "对象" | "文字" | "对正"

② 工具栏："文字"工具栏 | "对正"按钮

③ 命令：JUSTIFYTEXT↙

（2）操作过程及说明。执行上述任一方式后，系统提示：

选择对象:

选择对象后，就可以对文字的对正方式进行修改。

9.2.3 编辑块属性

可以像编辑其他对象一样编辑插入的块属性。利用夹点编辑功能可以调整属性位置。另外也可以使用"增强属性编辑器"对话框编辑插入的块属性。

利用"增强属性编辑器"编辑表面粗糙度符号块属性。

（1）命令执行方式。

① 下拉菜单："修改" | "对象" | "属性" | "单个"

② 工具栏："修改Ⅱ"工具栏 | "编辑属性"按钮

③ 命令：EATTEDIT↙

（2）操作过程及说明。执行上述任一方式后，系统提示：

选择块:

在此提示下选择粗糙度符号块后，AutoCAD 弹出"增强属性编辑器"对话框，如图 9-9

所示。

对话框中包含了 3 个选项卡，下面介绍各选项卡的功能。

①“属性”：“属性”选项卡的列表框中显示了块中每一个属性的标记、提示和值。在该列表框中选中某一属性，AutoCAD 会在“值”文本框中显示该属性对应的属性值，用户可以通过它来修改属性值。

②“文字选项”：用于修改属性文字样式、字体大小及对齐方式等，对话框如图 9-10 所示。

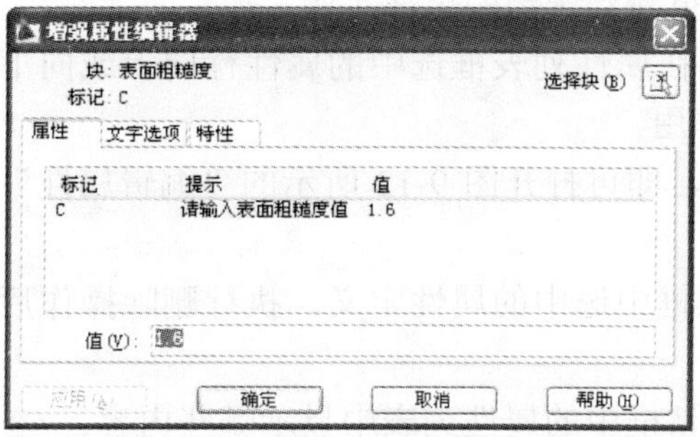

图 9-9 “增强属性编辑器”对话框

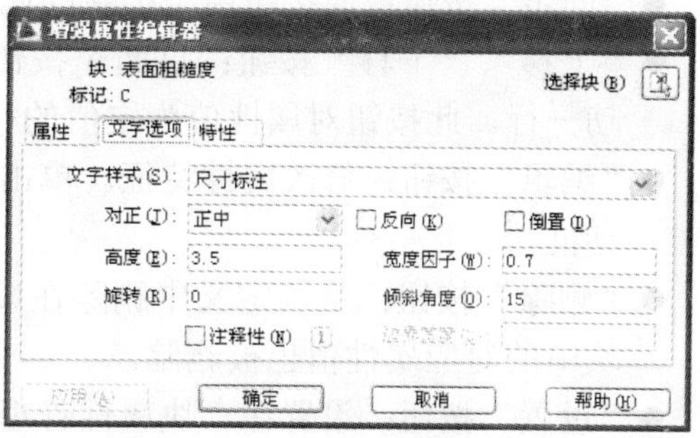

图 9-10 “增强属性编辑器”对话框

用户在“文字样式”下拉列表中设置文字的样式；在“对正”下拉列表中设置文字对齐方式；在“高度”文本框中设置文字高度；在“旋转”文本框中设置文字的旋转角度；还可以设置文字行是否反向显示、是否上下颠倒显示、字宽度比例及字的倾斜角度等。

③“特性”：用于修改属性文字的图层、线型、颜色、线宽及打印样式等，可在相应的下拉列表进行选择或设置。

9.2.4 块属性管理器

如果想编辑块本身的属性，可以使用“块属性管理器”对话框进行修改。

（1）命令执行方式。

① 下拉菜单：“修改”｜“对象”｜“属性”｜“块属性管理器”

② 工具栏：“修改 II”工具栏｜“块属性管理器”按钮

③ 命令：BATTMAN↙

（2）操作过程及说明。执行上述任一方式后，弹出“块属性管理器”对话框，如图 9-11 所示。

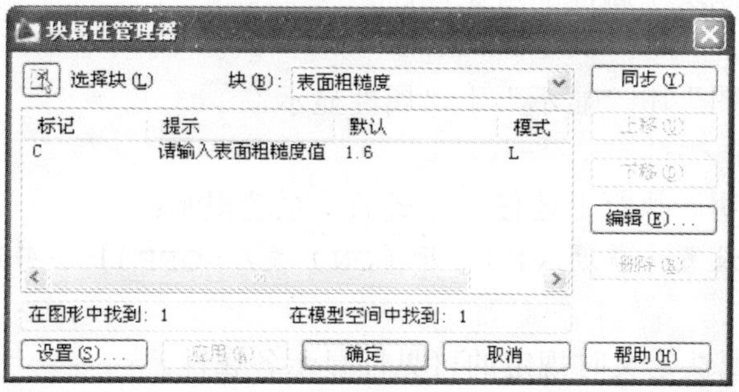

图 9-11 “块属性管理器”对话框

对话框中各选项功能如下。

- “选择块”按钮：选择要操作的块。

单击该按钮，切换到绘图窗口，在绘图窗口选择需要操作的块。

- “块”下拉列表框：该下拉列表中列出了当前图形中包含有属性的所有块的名称，用户也可以通过此列表选择要操作的块。
- “属性”窗口：该列表中列出了当前所选择块的全部属性，其中包括标记、提示、默认及模式等。
- “同步”按钮：此按钮用于把新的属性特征更新到选定的全部实例。
- “上移”、“下移”按钮：这两个按钮分别将在属性列表框选中的属性行向上或向下移动一行。此按钮对属性值为定值的行不起作用。
- “编辑”按钮：修改属性特征。单击该按钮，即可打开图 9-12 所示的“编辑属性”对话框。
- “删除”按钮：从块定义中删除在属性列表框中选中的属性定义。执行删除操作后，块中的对应属性值也被删除。
- “设置”按钮：设置在“块属性管理器”对话框中的属性列表中显示哪些内容。

单击“设置”按钮，即可打开“块属性设置”对话框，如图 9-13 所示。利用此对话框可确定要显示哪些选项。

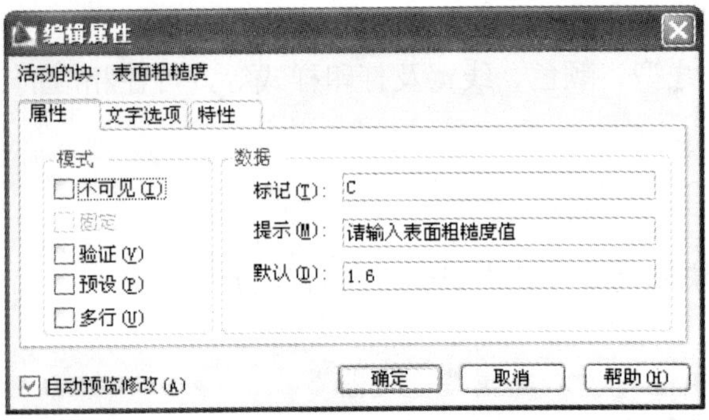

图 9-12 “编辑属性”对话框

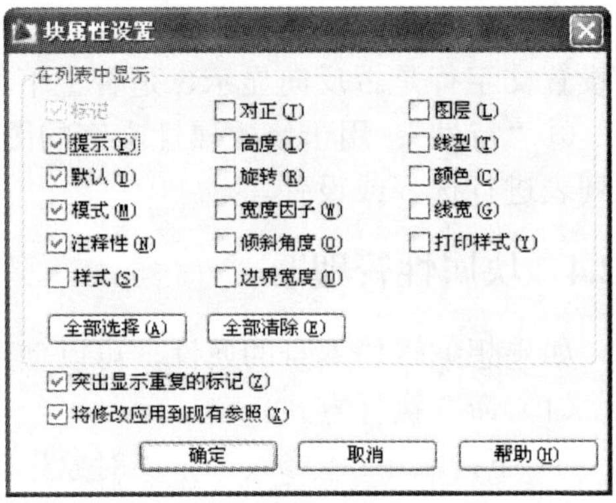

图 9-13 “块属性设置”对话框

9.2.5 属性显示控制

用户也可以单独控制块中属性的可见性。

(1) 命令执行方式。

① 下拉菜单：“视图”｜“显示”｜“属性显示”

② 命令：ATTDISP↙

(2) 操作过程及说明。执行上述任一方式后，系统提示：

输入属性的可见性设置 [普通（N）/开（ON）关/（OFF）] <普通>:

各选项的含义如下。

① 普通（N）。按属性定义时规定的可见性显示各属性。

② 开（ON）。显示所有属性，与属性定义时规定的属性可见性无关。

③ 关（OFF）。不显示所有属性，与属性定义时规定的属性可见性无关。

9.3　块的外部参照

所谓外部参照，就是将整个图形作为外部参照附着到当前图形中，参照图形的修改将反映到当前图形中。外部参照与插入块不同。一旦在当前图形中插入某块，此块就永久地插入到当前图形中，而以外部参照方式将某一图形插入到另一图形文件后（此文件称为主图形文件），插入的外部图形文件（此文件称为外部参照图形文件）的信息并不直接加入到主图形文件中，在主图形文件中只是记录参照关系，对主图形的各种操作不会改变外部参照图形文件的内容。当打开有外部参照的图形文件时，系统会自动把各外部图形文件重新调入内存并在当前图形中显示出来。

当作为外部参照的子图形发生变化时，重新打开主图形文件后，主图形内的子图形也会发生相应的变化。另外，外部参照可以嵌套，即当前图形可以参照已参照其他图形的图形文件。

9.3.1　附着外部参照

附着外部参照是指将图形文件以外部参照的形式附着到当前图形。

（1）命令执行方式。

① 下拉菜单："插入" | "DWG 参照"

② 工具栏："参照" 工具栏 | "附着外部参照" 按钮

③ 命令：XATTACH↙

（2）操作过程及说明。执行上述任一方式后，弹出图 9-14 所示的"选择参照文件"对话框，在该对话框中选择要附着的参照文件后，单击"打开"按钮，即可打开图 9-15 所示的"外部参照"对话框，该对话框的使用方法与插入块的方法相同，但是多了几个特殊选项。

对话框中各选项功能如下。

● "名称"下拉列表框：显示出外部参照文件的名称。也可以单击"浏览"按钮，在弹

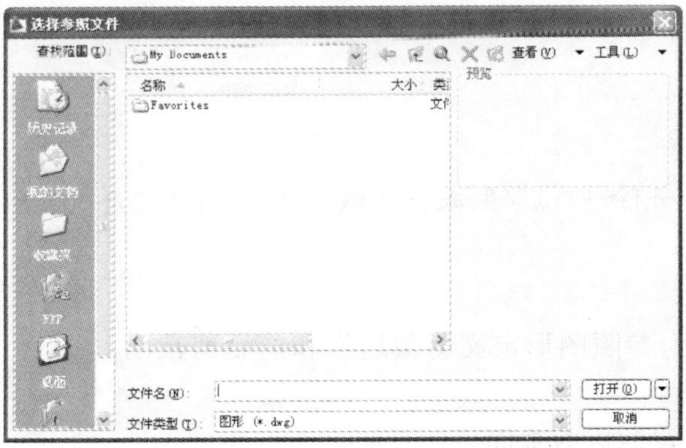

图 9-14 "选择参照文件"对话框

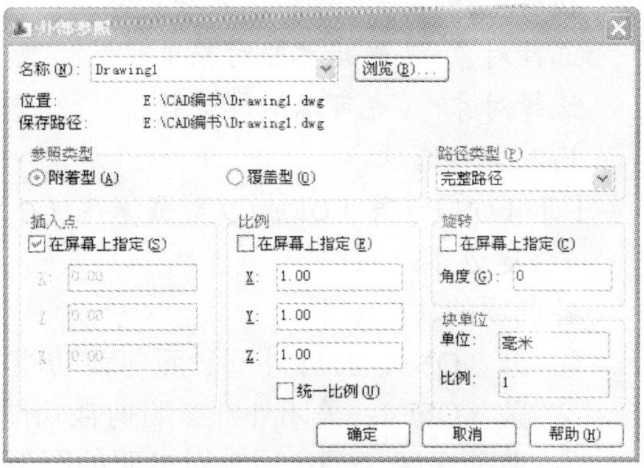

图 9-15 "外部参照"对话框

出的对话框中重新选择参照文件。

- “参照类型”选项组：用于确定外部参照的类型，包括附加型和覆盖型两种类型。

附加型：表示将显示出嵌套参照中的嵌套内容。

覆盖型：不显示嵌套参照中的嵌套内容。

- “路径类型”下拉列表框：用于显示保存外部参照的路径类型。
- “插入点”选项组：确定参照图形的插入点。

可以通过两种方式指定插入点，一种方式是直接在“X”、“Y”、“Z”文本框中输入插入点的坐标值，第二种方式是选中“在屏幕上指定”复选框，在屏幕上指定插入点。

- “比例”选项组：确定要插入参照图形的比例。

可以通过两种方式指定，一种方式是直接在“X”、“Y”、“Z”文本框中输入块在 3 个方向的插入比例，第二种方式选中“在屏幕上指定”复选框，在屏幕上指定。

- “旋转”选项组：确定参照图形插入时的旋转角度。

可以通过两种方式指定，一种方式是直接在“角度”文本框输入角度值，第二种方式为选中“在屏幕上指定”复选框，在屏幕上指定。

进行了相关的设置后，单击对话框中的“确定”按钮，即可将选择的图形按照指定操作附着到当前图形中。

9.3.2 剪裁外部参照

利用剪裁外部参照功能，可以定义外部参照（或块）的剪裁边界并设置前后剪裁面。剪裁只对外部参照的引用起作用，而不会反映到参照本身。定义剪裁边界后，外部参照几何图形本身并没有改变，只是限制了它的显示范围。

经过剪裁的外部参照，可像未剪裁过一样进行编辑。在编辑时，边界和参照一起移动。如果外部参照包含嵌套的剪裁外部参照，它们将在图形中显示剪裁效果。如果上级外部参照是经过剪裁的，嵌套外部参照也同样被剪裁。

命令执行方式如下。

① 下拉菜单：“修改” | “剪裁” | “外部参照”

② 工具栏：“参照”工具栏 | “外部参照剪裁”按钮

③ 命令：XCLIP↙

执行上述任一方式后，系统提示：

选择对象：(选择参照对象)

选择对象：(也可以继续选择)

输入剪裁选项

[开（ON）/关（OFF）/剪裁深度（C）/删除（D）/生成多段线（P）/新建边界（N）]<新建边界>:

各选项的功能如下。

① 开（ON）：打开外部参照剪裁功能，为参照图形定义剪裁边界和前后剪裁面。

② 关（OFF）：关闭外部参照剪裁功能。

③ 剪裁深度（C）：用于对参照的图形设置前后剪裁面。

执行该选项，AutoCAD 依次提示：

指定前剪裁点或 [距离（D）/删除（R)]:

指定后剪裁点或 [距离（D）/删除（R)]:

用户依次响应即可。

④ 删除（D）：删除指定外部参照的剪裁边界。

⑤ 生成多段线（P）：自动生成一条与剪裁边界相一致的多段线。

⑥ 新建边界（N）：设置新剪裁边界。

执行该选项，系统提示：

指定剪裁边界或选择反向选项:

[选择多段线（S）/多边形（P）/矩形（R）/反向剪裁（I）] <矩形>:

此时可以通过“选择多段线（S）”选项选择已有封闭多段线作为剪裁边界；也可以通过“多边形（P）”选项定义封闭的多段线作为剪裁边界；或通过“矩形（R）”选项通过指定矩形作为剪裁边界。“反向剪裁（I）”选项用于反转剪裁边界的模式，即隐藏边界外（默认）或边界内的对象。

【说明】

本节介绍的剪裁功能也适用于对块对象的剪裁。

9.3.3　外部参照绑定

绑定指从外部参照中选择的一组依赖符永久加入到主图形中，成为主图形中不可分割的一部分。

命令执行方式如下。

① 下拉菜单：“修改” | “对象” | “外部参照” | “绑定”

② 工具栏：“参照”工具栏 | “外部参照绑定”按钮

③ 命令：XBIND↙

执行 XBIND 命令，弹出“外部参照绑定”对话框，如图 9-16 所示。

在该对话框中，用户可以把块、尺寸标注样式、图层、线性及文字样式中的依赖符加到主图形中。绑定依赖符后，它们会永久地加入到主图形中，原依赖符中的“/”符号要转换成“O”符号。

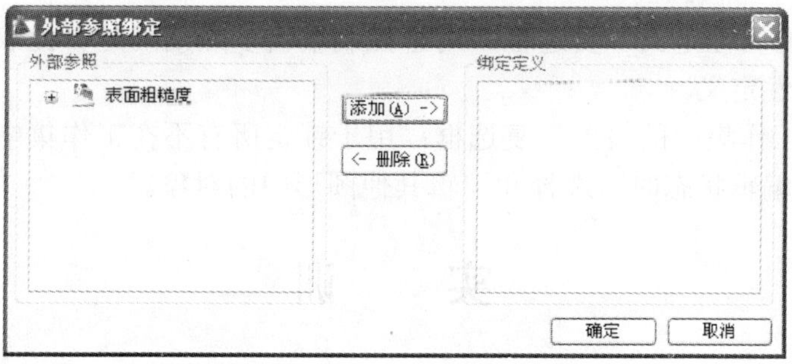

图 9-16 “外部参照绑定”对话框

9.3.4　在位编辑外部参照

选择菜单“工具” | “外部参照和块在位编辑” | “在位编辑参照”命令或通过参照工

具栏“在位编辑参照”按钮，再选择外部参照后可打开“参照编辑”对话框，如图 9-17 所示。

可以在该对话框中指定编辑的参照，加入选择的对象是一个或多个嵌套参照的一部分，则此嵌套将会显示在该对话框中。它包含两个选项卡，即“标识参照”和“设置”。

“标识参照”选项卡各选项功能如下。

- “自动选择所有嵌套的对象”单选按钮：用于控制嵌套对象是否自动包含在参照编辑任务中。
- “提示选择嵌套的对象”单选按钮：用于控制是否逐个选择包含在参照编辑任务中的嵌套对象。

假如选择该选项，则在关闭“参照编辑”对话框并进行参照编辑状态后，系统将会显示“选择嵌套的对象”提示信息，要求用户在要编辑的参照中选择特定的对象。

“设置”选项卡为编辑参照提供选项，如图 9-18 所示。

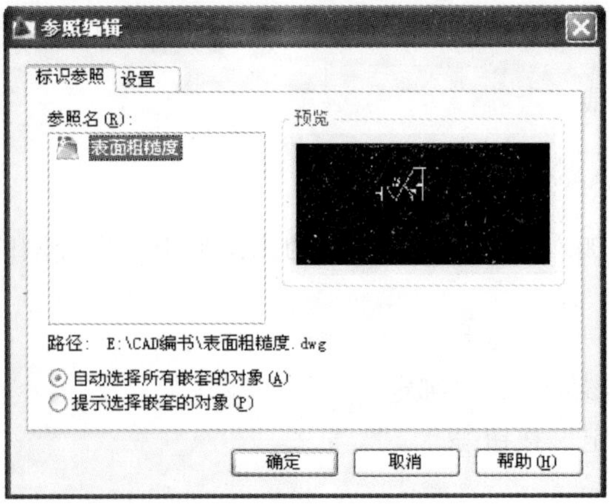

图 9-17 “参照编辑”对话框

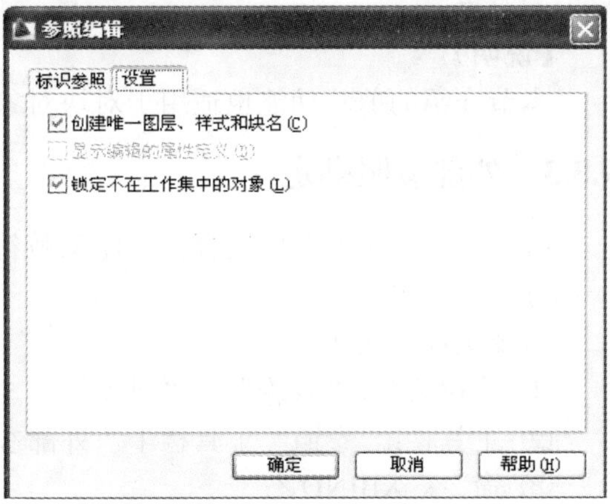

图 9-18 “设置”选项卡

“设置”选项卡各选项功能如下。

- “创建唯一图层、样式和块名”复选框：用于控制从参照中提取的图层和其他命名对象是否为唯一可修改的。
- “显示编辑的属性定义”复选框：用于控制编辑参照期间是否提取和显示块参照中所有可变的属性定义。
- “锁定不在工作集中的对象”复选框：用于锁定所有不在工作集中的对象，从而避免用户在参照编辑状态时，选择和编辑其他图形中的对象。

实　训

1. 创建如题图 9-1 所示的基准符号，尺寸如图中所示，属性标记为 J，属性系统提示为“请输入基准符号”，属性默认值为 A，字高为 1.5，采用默认文字样式。

2. 创建如题图 9-2 所示的螺栓，将其定义成外部块，块名为 NUT，定义 A 点为插入基点。

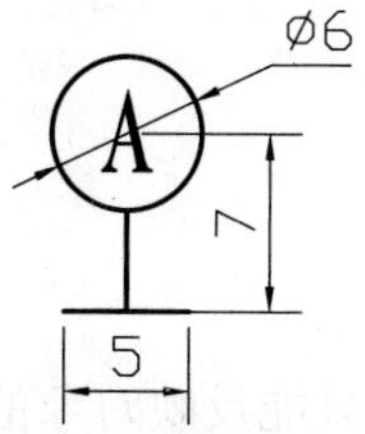

题图 9-1　基准符号

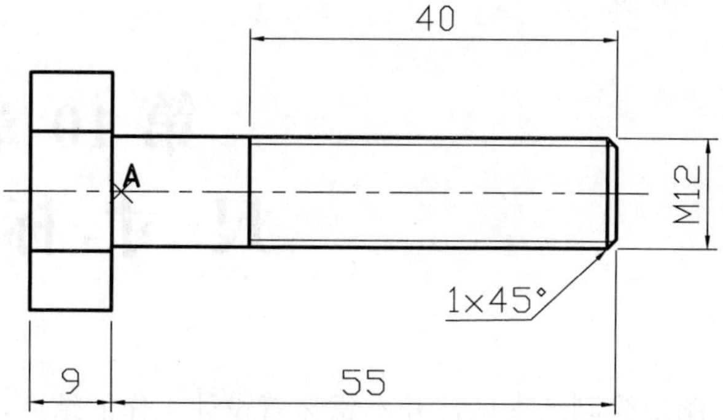

题图 9-2　螺栓

习　　题

1. 创建块的一般步骤有哪些？
2. 如何进行块的属性定义？
3. 如何进行块的插入？
4. 插入块和附着外部参照有哪些异同点？

第 10 章
尺寸标注

图形绘制结束后，并不意味着设计工作的结束，因为所绘图形本身只能反映对象的形状和结构，却不能反映其大小和相互位置关系。AutoCAD 2009 提供了一套完整的尺寸标注和编辑命令，使用户可以轻松完成图纸中要求的标注。本章将介绍标注样式的建立、各种尺寸标注的创建及编辑标注等操作。主要包括以下内容：

- 尺寸标注的概念
- 标注样式
- 标注尺寸
- 多重引线标注
- 标注尺寸公差和形位公差
- 编辑标注

10.1 尺寸标注的概念

在进行尺寸标注之前，应首先了解尺寸标注的组成、类型及有关尺寸标注的说明。

10.1.1 尺寸标注的组成

在工程图形中，一个完整的尺寸一般由延伸线、尺寸线、箭头和尺寸数字 4 部分组成，如图 10-1 所示。

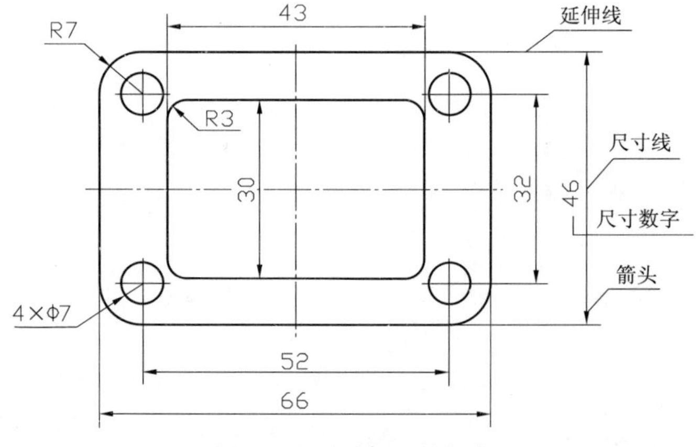

图 10-1 尺寸标注的组成

（1）尺寸线。尺寸线用于表示尺寸标注的范围和方向，通常是一条两端带有箭头的线段，角度标注的尺寸线为圆弧。

（2）延伸线。延伸线是限定尺寸标注范围的直线，通常用延伸线将标注的尺寸引出被标注对象之外，也可用图形的轮廓线、对称线或中心线等代替延伸线。

（3）箭头。箭头是尺寸线上的终端模式，位于尺寸线的两端，用于标记标注的起始与终止位置。在实际应用中，根据行业需要，可以采用不同的终端模式，如有的建筑图形中用斜线。

（4）尺寸数字。尺寸数字表示被测对象的实际测量值，它可以包括数值、字母、文字及特殊符号等。标注尺寸是以 mm 为单位，标注时不需注出。采用其他单位需标明相应单位符号，如角度（°）。

【说明】

（1）AutoCAD 中一般将构成尺寸的几个要素按一个块处理，因此一个尺寸一般为一个对象。

（2）尺寸标注时应注意以下几点。

① 物体的真实大小应以图形上所注尺寸数值为依据，与图形的比例大小及绘图的准确度无关。

② 图形中所注尺寸，为该图形最终尺寸，否则需另加说明。

③ 机件的每一个尺寸，在图形中一般只标注一次，并应标注在反映该结构最清晰的图形上。

10.1.2　尺寸标注的类型

在 AutoCAD 中，图形对象不同，标注也有相应的类型，如线性标注、对齐标注、弧长标注、坐标标注、半径标注、折弯标注、直径标注、角度标注、基线标注、连续标注、引线标注及圆心标记。这些标注类型都位于菜单浏览器中“标注”菜单中，如图 10-2 所示。也可以通过“标注”工具栏中相应按钮来选择标注类型，如图 10-3 所示。

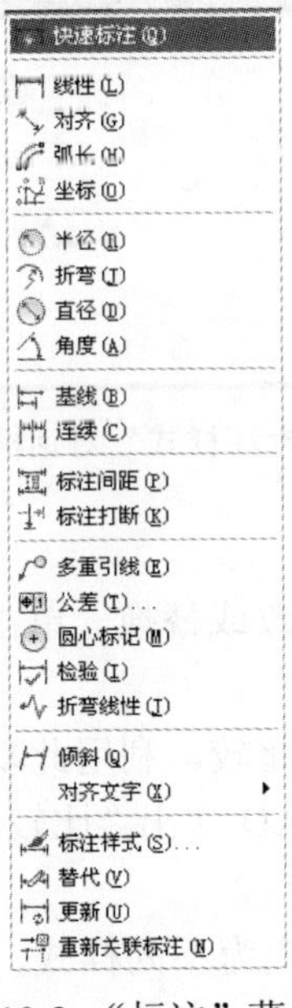

图 10-2 “标注”菜单

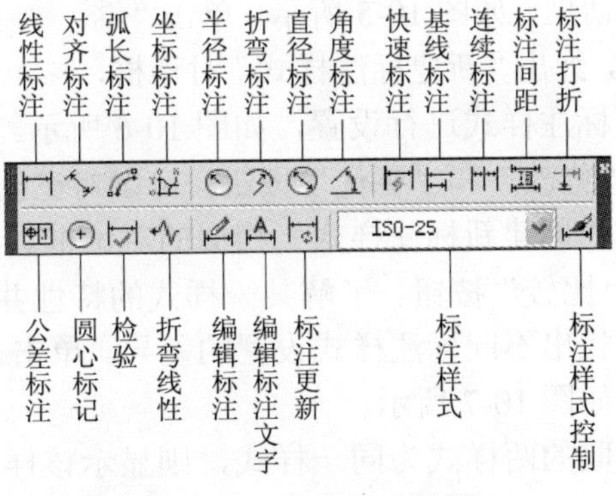

图 10-3 “标注”工具栏

10.2 标注样式

标注过程中会遇到各种问题，如尺寸数字及尺寸箭头的大小，标注角度尺寸时尺寸数字应水平放置，基线标注时尺寸线与尺寸数字干涉等。为了满足标注要求，在标注尺寸之前，需要根据绘图标准或相关要求对标注样式进行设置或创建新标注样式。本节主要介绍使用“标注样式管理器”对话框创建和修改标注样式的步骤。

1. 命令执行方式

（1）下拉菜单：“标注” | “标注样式”

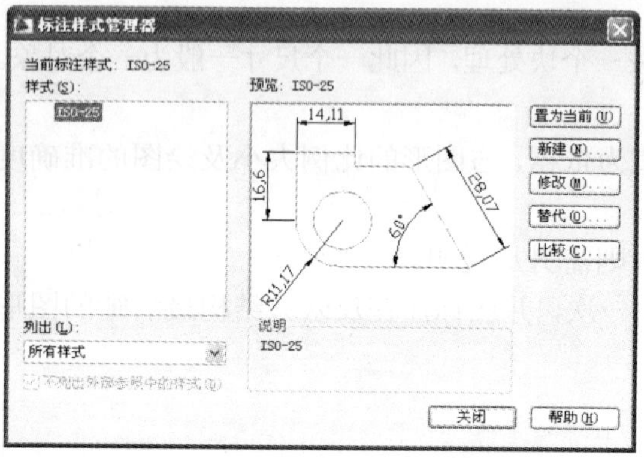

图 10-4 “标注样式管理器”对话框

（2）工具栏：“样式”工具栏 | “标注样式管理器”按钮

（3）命令：DIMSTYLE↙

执行以上任一方式后，打开“标注样式管理器”对话框，如图 10-4 所示。

2. “标注样式管理器”各选项功能

（1）“当前标注样式”。显示当前正在使用的标注样式的名称。图 10-4 中显示出当前标注样式为 ISO-25，这是 AutoCAD 默认的标注样式，此样式只可作修改，不能删除。

（2）“样式”列表框。列表框中列出了已创建的标注样式的名称。根据下方的“列出”下拉列表中的选项而显示不同内容。

（3）“预览”框。显示选中的标注样式示例。

（4）“置为当前”按钮。选中所需样式，单击该按钮，可将该样式置为当前。利用“样式”工具栏的“标注样式控制”下拉列表，可以方便地将某一标注样式置为当前样式。

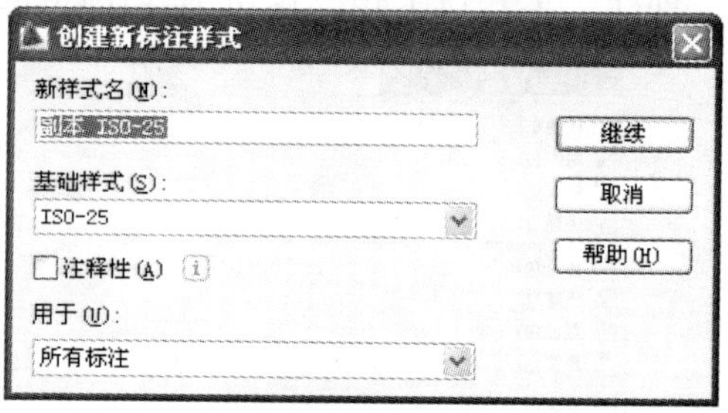

图 10-5 “创建新标注样式”对话框

（5）“新建”按钮。用于创建新的标注样式，单击该按钮，弹出“创建新标注样式”对话框，如图 10-5 所示。单击“继续”按钮，弹出“新建标注样式”对话框，可以对新标注样式进行设置，如图 10-6 所示。

（6）“修改”和“替代”按钮。可以对已创建的标注样式进行修改或替换。单击任一按钮会弹出与“创建新标注样式”相似的对话框。

（7）“比较”按钮。了解某一样式的特性并对两个标注样式进行比较。利用此功能可以使用户快速找出不同标注样式设置的差异。单击“比较”按钮，AutoCAD 弹出“比较标注样式”对话框，如图 10-7 所示。

若选取的两样式为同一样式，则显示该样式全部特征，若两样式为不同样式，则显示两样式的区别。

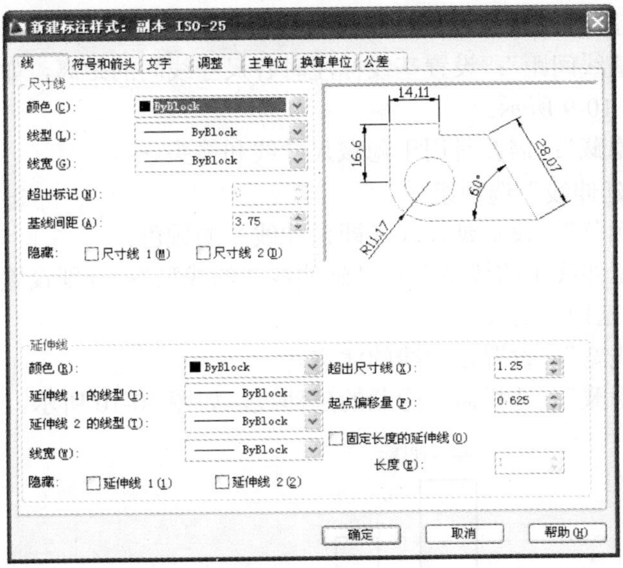

图 10-6 “新建标注样式”对话框

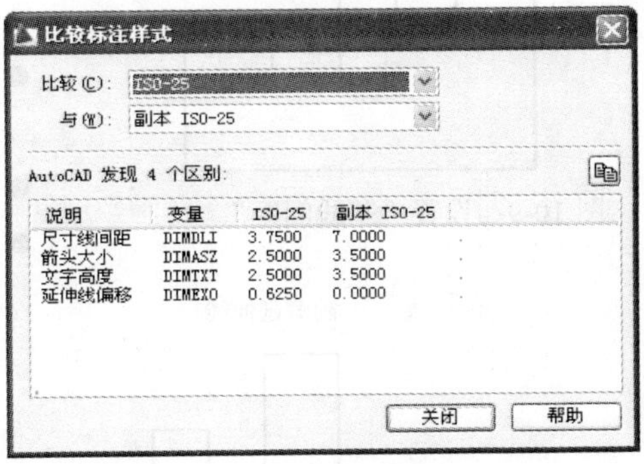

图 10-7 “比较标注样式”对话框

3. “新建标注样式”对话框中各选项卡功能介绍

（1）“线”选项卡：用于设置尺寸线和延伸线的格式和位置。图 10-8 为“线”选项卡对应的对话框。

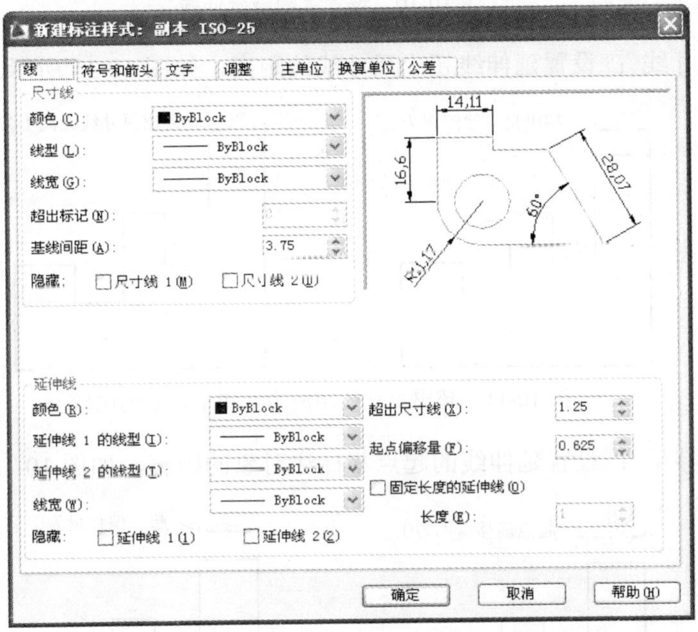

图 10-8 “新建标注样式”对话框之“线”选项卡

①“尺寸线”选项组。

- “颜色”：设置尺寸线的颜色，默认随块。
- “线型”：设置尺寸线的线型，默认随块。
- “线宽”：设置尺寸线的线宽，默认随块。

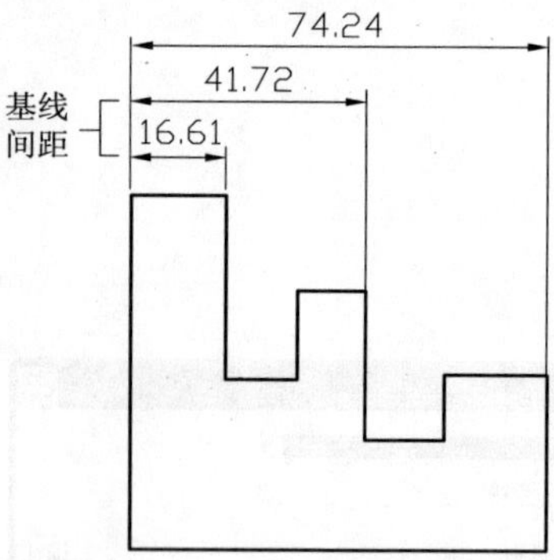

图 10-9　设置“基线间距”

- “超出标记”：设置尺寸线超出延伸线的长度。
- “基线间距”：设置基线标注时各尺寸线间的距离，如图 10-9 所示。
- “隐藏”：需要时用于隐藏尺寸线和箭头。

②“延伸线”选项组。

- “颜色”：设置延伸线（即延伸线）的颜色。
- “延伸线 1 的线型”和“延伸线 2 的线型”：分别设置两延伸线的线型。
- “线宽”：设置延伸线的线宽。
- “隐藏”：选择需要隐藏的延伸线，如图 10-10 所示。

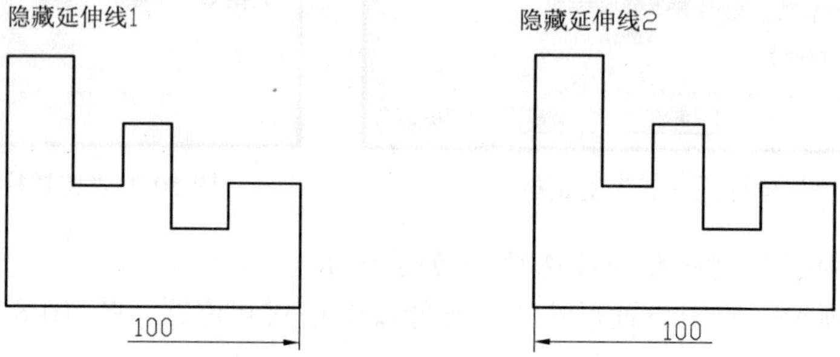

图 10-10　设置“隐藏延伸线”

- “超出尺寸线”：设置延伸线超出尺寸线的距离，如图 10-11 所示。

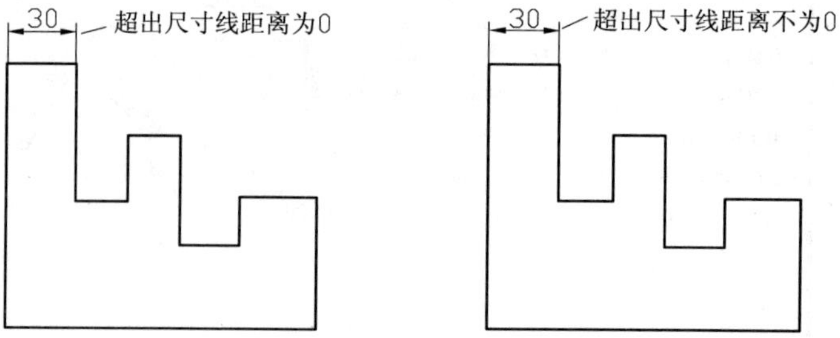

图 10-11　超出尺寸线距离为 0 和不为 0 的比较

- “起点偏移量”：设置延伸线的起点与标注对象的距离，如图 10-12 所示。

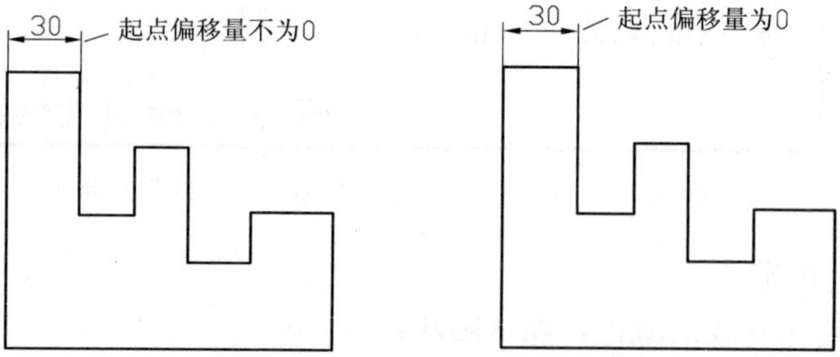

图 10-12　起点偏移量不为 0 和为 0 的比较

●“固定长度的延伸线”：若选中此项，可以使用自设长度的延伸线标注。

（2）“符号和箭头”选项卡：用于设置尺寸箭头、圆心标记、弧长符号和半径折弯标注等的格式，如图10-13所示。

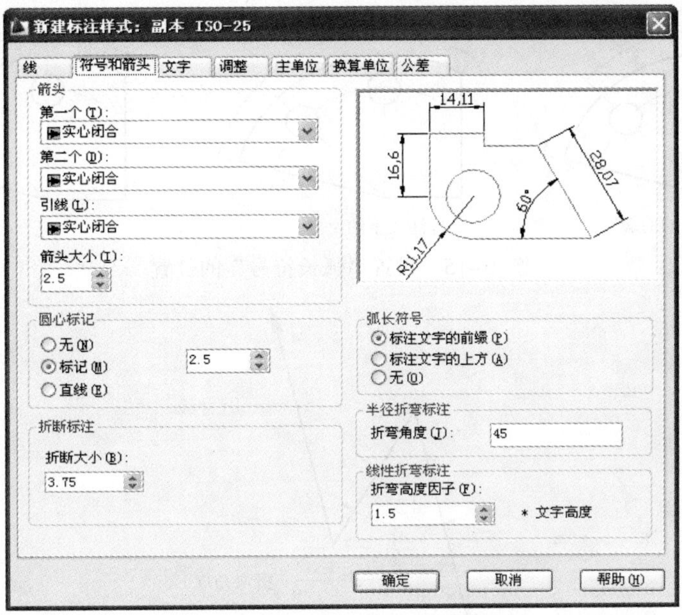

图10-13 “符号和箭头”选项卡

①“箭头”选项组。

●“第一个”和“第二个”下拉列表：用于设置箭头的样式，通常两个箭头应一致。

●“箭头大小”选择框：用于设置尺寸箭头的大小。

②“圆心标记”选项组。用户可在“无”（即无标记）、“标记”（即显示标记）和“直线”（即显示为中心线）之间选择圆心标记的类型，也可设置标记的大小。具体标注效果如图10-14所示。

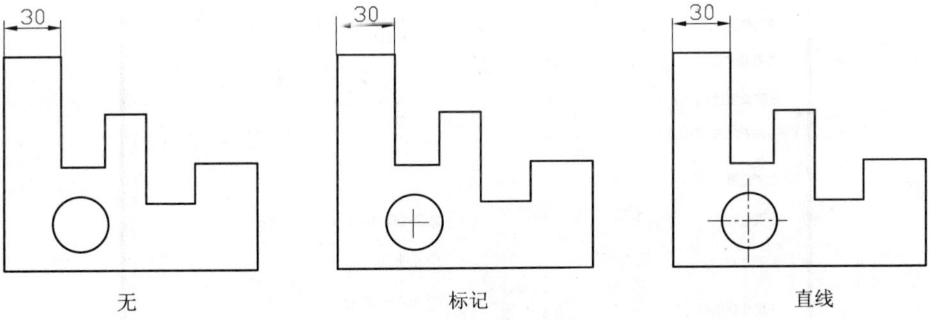

图10-14 圆心标记类型

③“折断标注”选项组。用于设置标注打断时标注线的长度。

④“弧长符号”选项组。用于设置弧长符号显示的位置，有“标注文字的前缀”、“标注文字的上方”和“无”3种方式，如图10-15所示。

⑤“半径折弯标注”选项组。用于设置标注圆弧半径时标注线的折弯角度大小，如图10-16所示。

⑥“线性折弯标注”选项。用于设置折弯标注打断时折弯线的高度大小。

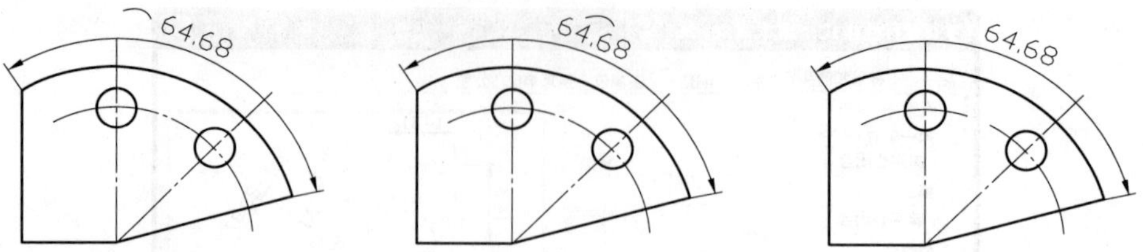

图 10-15 设置“弧长符号”的位置

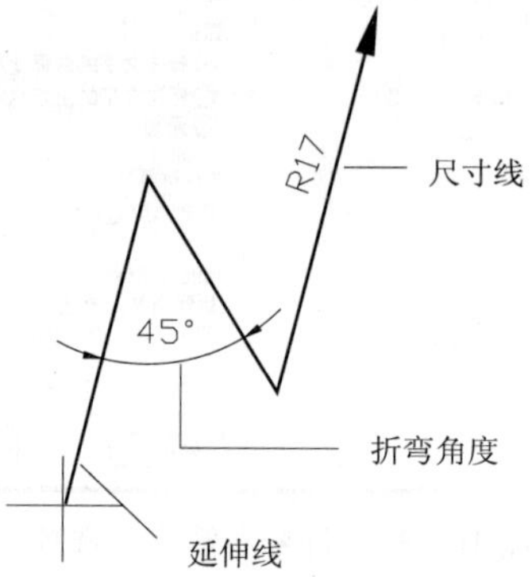

图 10-16 设置“折弯角度”的大小

（3）“文字”选项卡：用于设置尺寸数字的外观、位置及对齐方式等属性，如图 10-17 所示。

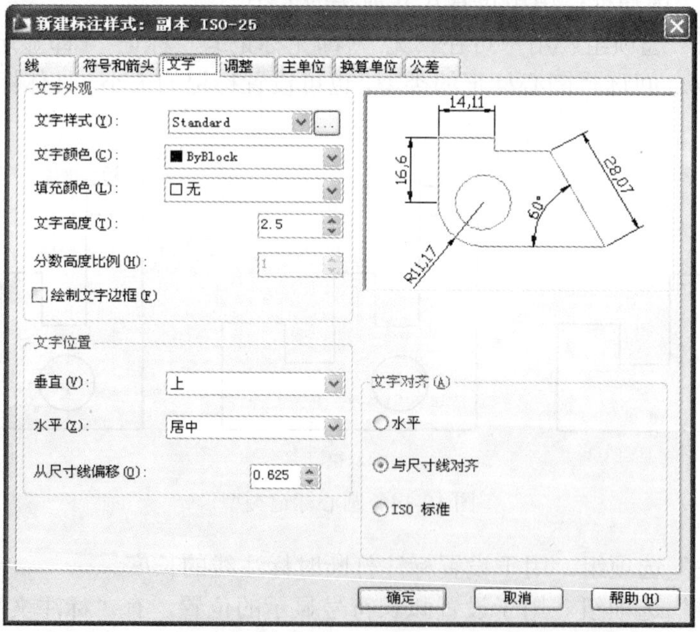

图 10-17 “新建标注样式”对话框之“文字”选项卡

① “文字外观”选项组。

- “文字样式”下拉列表：用于选择标注文字的样式，默认为 Standard。
- “文字颜色”下拉列表：用于设置标注文字的颜色。
- “填充颜色”下拉列表：用于设置标注文字的背景色。
- “文字高度”：用于设置标注文字的高度。
- “分数高度比例”：用于设置标注文字中的分数相对于其他标注文字的比例。
- “绘制文字边框”复选框：用于设置是否给标注文字加边框，如图 10-18 所示。

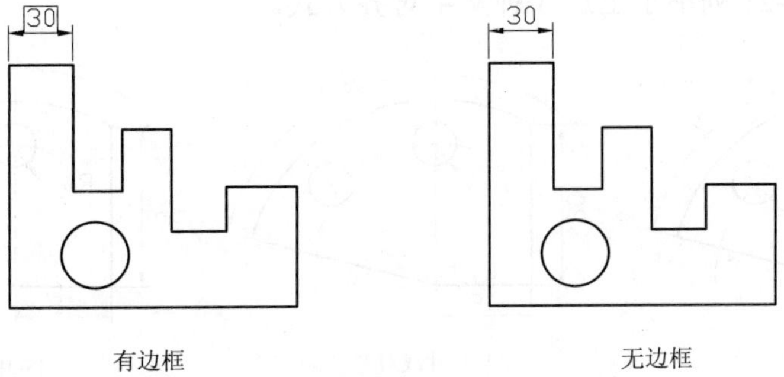

图 10-18　文字有边框与无边框的比较

② “文字位置”选项组。

- “垂直”下拉列表：用于设置尺寸数字相对于尺寸线沿垂直方向的位置。如“居中”、“上”、“外部”和 JIS。图 10-19 列举了这 4 种位置的效果。

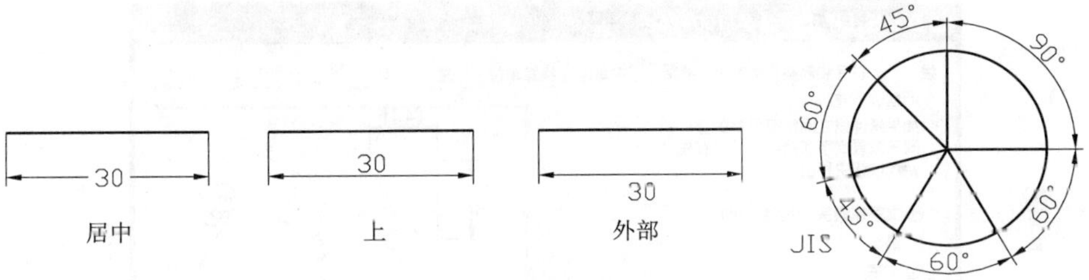

图 10 19　文字垂直位置的效果

- “水平”下拉列表：用于设置标注文字相对于尺寸线和延伸线在水平方向的位置，如“居中”、“第一条延伸线”、“第二条延伸线”、“第一条延伸线上方”和“第二条延伸线上方”。图 10-20 列举了这 5 种位置的效果。

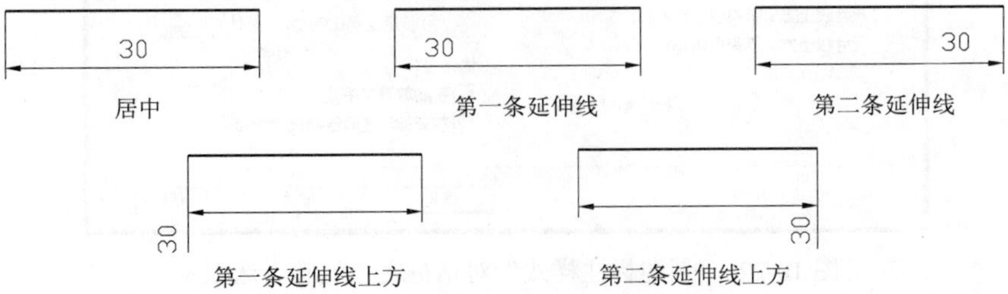

图 10-20　文字水平位置的效果

- “从尺寸线偏移”选择框：用于设置标注文字与尺寸线之间的距离，若标注文字带有边框，则表示边框与其中文字的距离。

③“文字对齐”选项组。

- “水平”单选按钮：用于设置标注文字是否水平放置。
- “与尺寸线对齐”单选按钮：用于设置标注文字方向与尺寸线方向是否一致。
- “ISO 标准”单选按钮：用于设置标注文字是否按 ISO 标准放置，即当标注文字在延伸线之内时它的方向与尺寸线方向一致；当标注文字在延伸线之外时尺寸数字水平放置。图 10-21 列举了上述 3 种文字对齐方式。

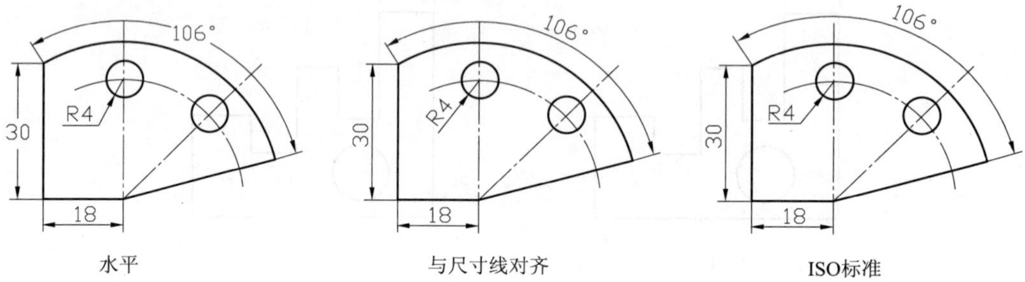

图 10-21　文字对齐方式

（4）“调整”选项卡：用于调整标注文字、尺寸线和尺寸箭头的位置，如图 10-22 所示。

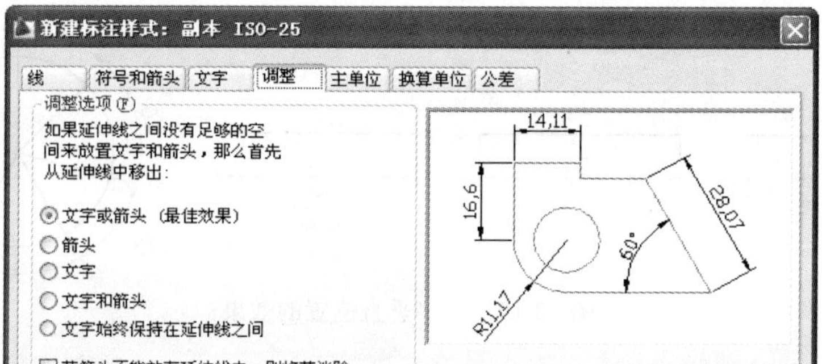

图 10-22　“新建标注样式”对话框之“调整”选项卡

①“调整选项”选项组。当延伸线之间没有足够的空间同时放置标注文字和箭头时，此

选项组用于设置应首先从延伸线之间移出尺寸数字和箭头的那一部分。

②“文字位置”选项组。设置当尺寸数字不在默认位置时，将其放置在何处，各选项样式如图 10-23 所示。

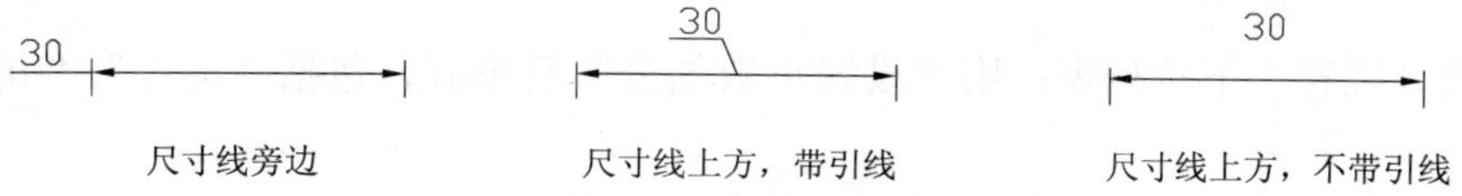

图 10-23　标注文字的位置

③“标注特征比例”选项组。

- “注释性”复选框：用于设置标注样式是否为注释性样式。
- “将标注缩放到布局”单选按钮：根据当前模型空间视口与图纸空间之间的缩放关系设置比例。
- “使用全局比例”单选按钮：此处设置的缩放比例对全部尺寸标注均有效，且不改变尺寸测量值。
- “优化”选项组。
- “手动放置文字”复选框：标注文字可随鼠标放置在指定的位置。
- “在延伸线之间绘制尺寸线”复选框：此选项用于当尺寸箭头放置在尺寸线之外时，在延伸线内绘制尺寸线。

（5）“主单位”选项卡：用于设置主单位的格式、精度及尺寸数字的前缀与后缀等属性。如图 10-24 所示。

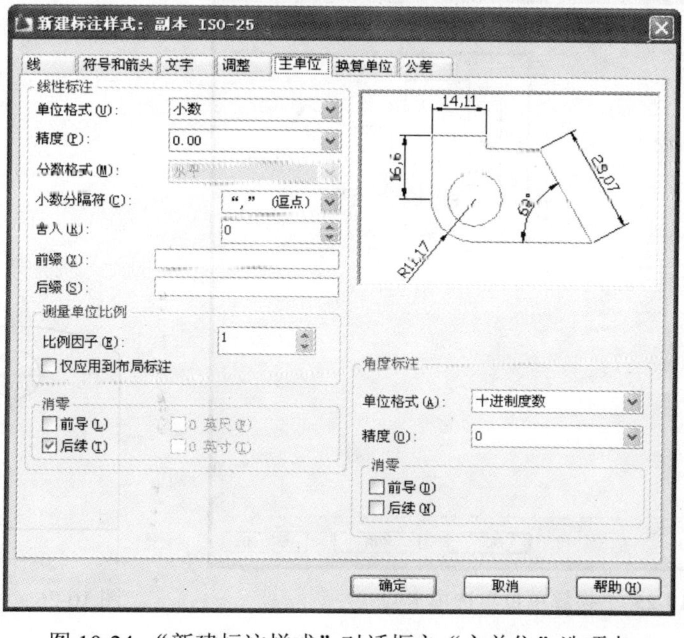

图 10-24　“新建标注样式”对话框之“主单位”选项卡

①“线性标注”选项组。

- “单位格式”下拉列表：用于设置除角度标注外其余各标注类型的尺寸单位，包括“科学、小数、工程、建筑及分数”等。

- “精度”下拉列表：用于设置除角度以外的其他标注的尺寸精度。
- “分数格式”下拉列表：用于设置分数的格式，包括“水平”、“对角”和“非堆叠”3 种。
- “小数分隔符”下拉列表：用于设置小数的分隔符形式，包括“逗点”、“句点”和“空格”。
- “舍入”文本框：用于设置尺寸测量值的舍入值。

②“测量单位比例”选项组。

- “比例因子”下拉列表：用于设置测量尺寸的缩放比例。用户设置比例值后，AutoCAD 的实际标注值是测量值与该比例值的乘积。
- “仅应用到布局标注”复选框：用于设置该比例关系是否适用于布局。

③“消零”选项组。用于设置是否显示尺寸标注中的“前导”或“后续”零。

④“角度标注”选项组。用于设置标注角度时的单位、精度及是否显示尺寸标注中的“前导”或“后续”零。

（6）“换算单位”选项卡。用于设置换算单位的格式，默认为不可用，选中“显示换算单位”复选框后，对话框中各选项才能使用，如图 10-25 所示。

通过换算单位可以使用不同单位制的标注，通常是现实英制标注的等效公制标注或公制标注的等效英制标注，如图 10-26 所示。

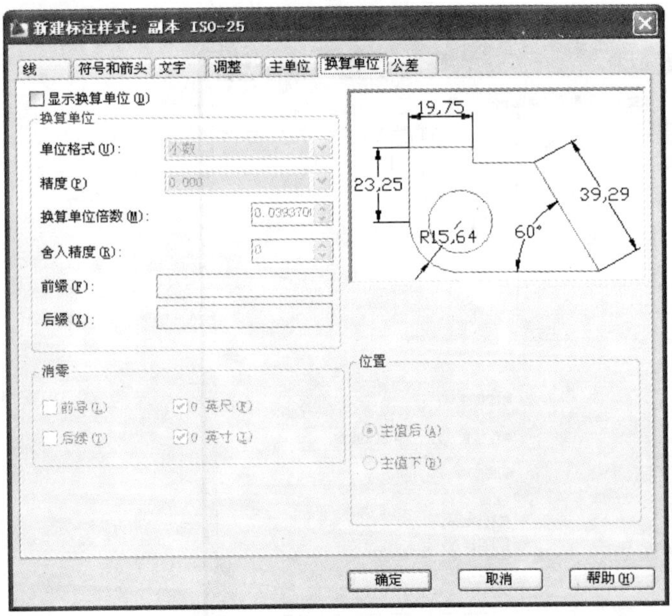

图 10-25 “换算单位”选项卡

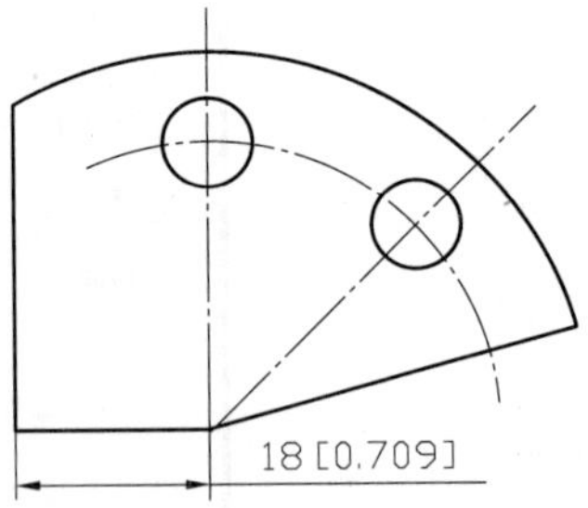

图 10-26 使用换算单位标注

（7）“公差”选项卡：用于设置标注时是否带有公差及如果标注公差，以何种方式进行标注，如图 10-27 所示。

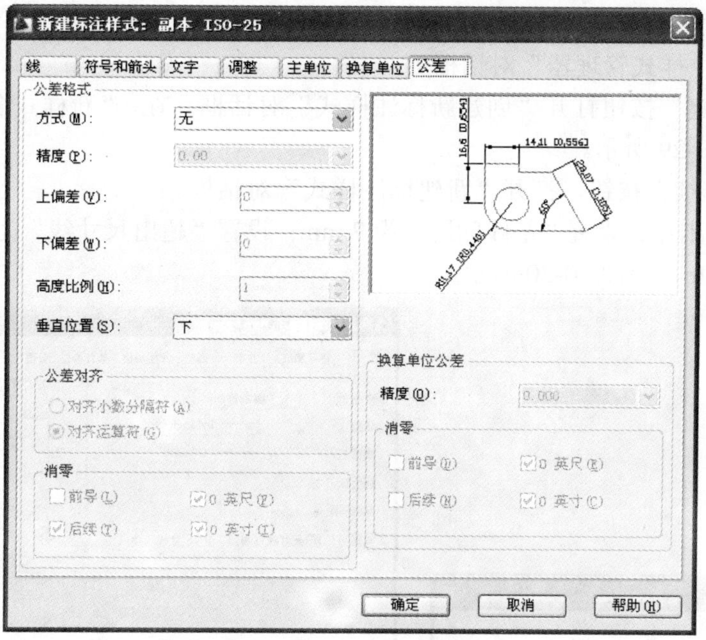

图 10-27 “公差”选项卡

① “公差格式”选项组。用于设置公差标注的格式。

- “方式”下拉列表：用于设置公差标注的方式，包括“无”、“对称”、“极限偏差”、“极限尺寸”和“基本尺寸”5 种，如图 10-28 所示。
- “上偏差”和“下偏差”选择框：用于设置尺寸的上偏差与下偏差，下偏差默认为负值，输入时不需要带负号。
- “高度比例”选择框：用于设置确定公差文字的高度比例。该比例与尺寸数字高度的乘积即是公差文字的高度。
- “垂直位置”下拉列表：用于设置公差文字相对于尺寸数字的位置，包括“上”、“中”及“下”3 种。

图 10-28　公差标注方式

②“换算单位公差”选项组。当标注换算单位时，确定换算单位的精度与是否消零。

案例

按要求创建新标注样式 MyStyle1。要求如下：

① 基线间距为 7 mm；

② 起点偏移量为 0 mm，超出尺寸线距离为 2 mm；

③ 箭头使用“实心闭合”，大小为 2 mm；

④ 标注文字的高度为 3.5 mm，位于尺寸线的中间，文字从尺寸线偏移量为 0.5 mm；

⑤ 标注单位精度为 0.0。

操作步骤及说明如下。

① 打开“标注样式管理器”对话框。

② 单击“新建”按钮打开“创建新标注样式”对话框。在 “新样式名”文本框中输入MyStyle1，如图 10-29 所示。

③ 单击 “继续”按钮，打开“新建标注样式”对话框。

在“线”选项卡中，设置“基线间距”为 7 mm；设置“超出尺寸线”为 2 mm，设置“起点偏移量”为 0 mm，如图 10-30 所示。

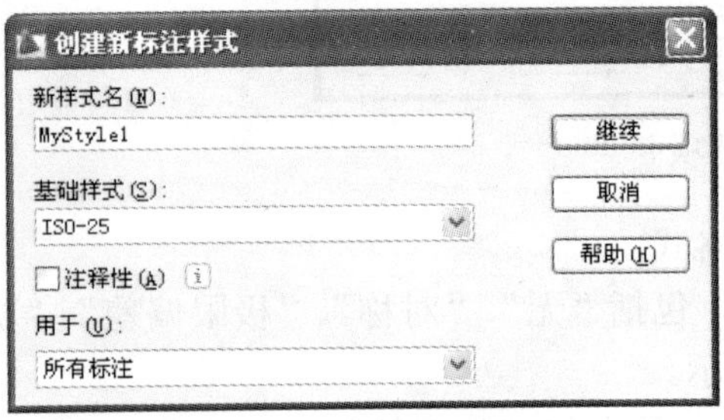

图 10-29 创建新标注样式“MyStyle1”

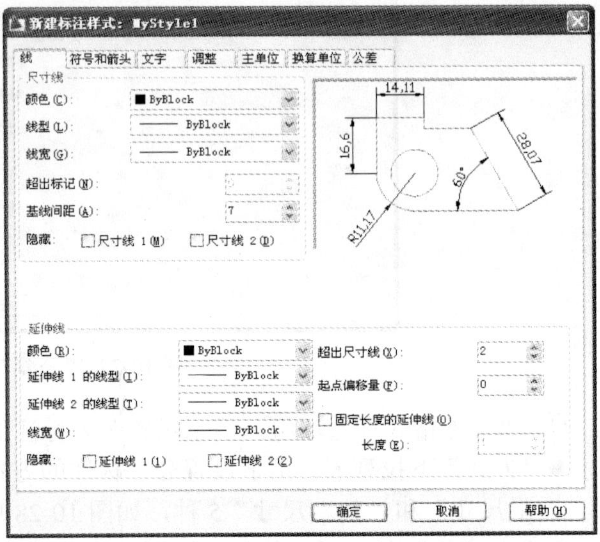

图 10-30 “线”选项卡

④ 在“符号和箭头”选项卡中，设置两个箭头形式均为“实心闭合”，并设置“箭头大小”为 2 mm，如图 10-31 所示。

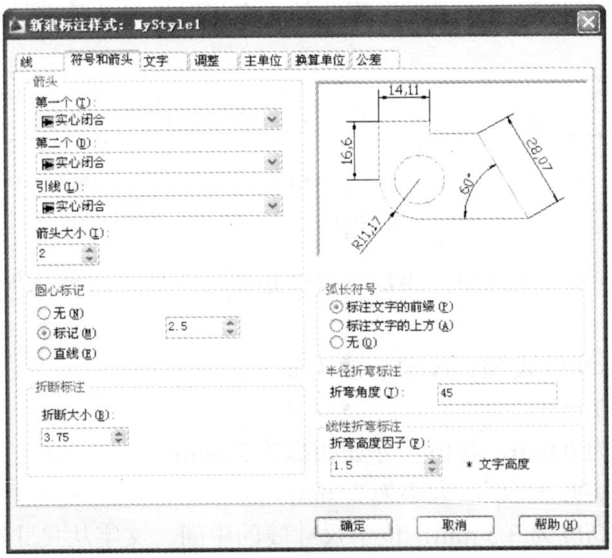

图 10-31 “符号和箭头”选项卡

⑤ 在“文字”选项卡中，设置文字高度为 3.5 mm；设置文字位置“水平”为“居中”，设置“从尺寸线偏移”为 0.5 mm，如图 10-32 所示。

⑥ 在“主单位”选项卡中，设置 “精度”为 0.0，如图 10-33 所示。

⑦ 设置完毕，单击 “确定”按钮，回到“标注样式管理器”对话框。单击“置为当前”按钮，关闭对话框。

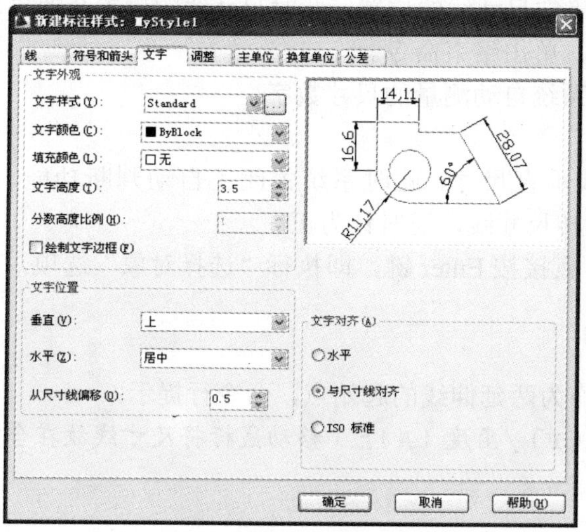

图 10-32 “文字”选项卡

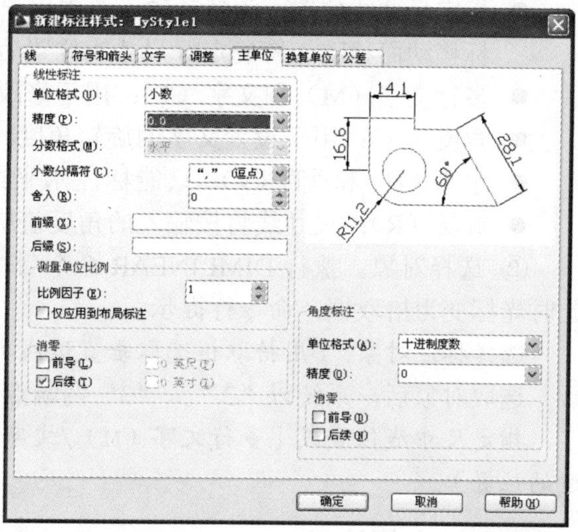

图 10-33 “主单位”选项卡

10.3 标注尺寸

本节主要介绍 AutoCAD 2009 中各种类型的尺寸标注。

10.3.1 线性标注

线性标注主要用来标注水平或垂直的直线长度，也可旋转尺寸线为已知倾斜角度的斜直线标注实长。

标注图 10-34 所示的三角形的垂直和水平两边长度。

（1）命令执行方式。

① 下拉菜单：“标注” | “线性”

② 工具栏：“标注”工具栏 | “线性标注”按钮

③ 命令：DIMLINEAR↙

（2）操作过程及说明。执行上述任一方式后，命令行提示：

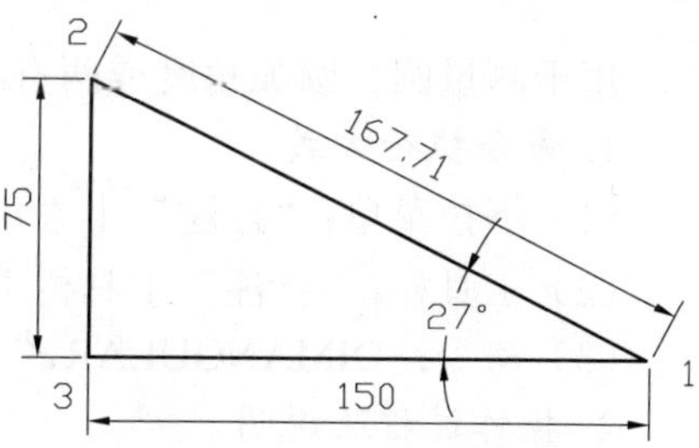

图 10-34 尺寸标注示例

指定第一条延伸线原点或<选择对象>：（见图 10-34，捕捉直线端点“1”作为第一点）

① 指定第一条延伸线原点。这一提示为默认项，要求用户确定尺寸中第一条延伸线的起始点。执行默认项后，命令行提示：

指定第二条延伸线:（指定第二条延伸线的起始点）(如图 10-34 所示，捕捉直线端点“3”作为第二点）

指定尺寸线位置或 [多行文字（M）/文字（T）/角度（A）/水平（H）/垂直（V）/旋转（R）]:

各选项含义如下。

- 指定尺寸线位置：为默认项，要求用户确定尺寸线的位置。此时尺寸线的位置会随鼠标移动而移动。待确定好尺寸线位置后，单击结束命令。
- 多行文字（M）和文字（T）：用于修改系统自动测量的尺寸数字。
- 角度（A）：用于设置文字的旋转角度。
- 水平（H）和垂直（V）：只能标注水平或垂直尺寸，此时系统关闭了自动判断功能。
- 旋转（R）：尺寸线将按输入的角度值旋转尺寸线，逆时针为正。

② 选择对象。执行 DIMLINEAR 命令后，直接按 Enter 键，即执行“选择对象”选项，此时光标变为拾取框，命令行提示：

选择标注对象:（用拾取框选取垂直边线）

选取对象后，系统以“2”、“3”两端点作为两延伸线的起始点，命令行提示：

指定尺寸线位置或 [多行文字（M）/文字（T）/角度（A）]:（移动鼠标将尺寸线放在合适的位置）

10.3.2 对齐标注

对齐标注是线性标注的特殊形式，主要用于标注未知倾斜角度的斜线实际长度。

命令执行方式。

（1）下拉菜单：“标注” | “对齐”

（2）工具栏：“标注”工具栏 | “对齐标注”按钮

（3）命令：DIMALIGNED↙

对齐标注操作步骤与线性标注相同。见图 10-34 所示，三角形斜边尺寸 167.71 为对齐标注。

10.3.3 角度标注

用于测量圆、圆弧角度或两直线间的角度。

1. 命令执行方式

（1）下拉菜单：“标注” | “角度”

（2）工具栏：“标注”工具栏 | “角度标注”按钮

（3）命令：DIMANGULAR↙

2. 操作过程及说明

执行上述任一方式后，命令行提示：

选择圆弧、圆、直线或<指定点>:（选择构成角的一条边，见图 10-34，选择点“1”、“2”间的直线）

选择第二条直线:（选择点“1”、“3”间的直线）

指定标注弧线位置或 [多行文字（M）/文字（T）/角度（A）/象限点（Q）]:（将尺寸线

移动到合适的位置单击）

10.3.4　基线标注

基线标注可以从一个基线处标注多个尺寸。在运用基线标注前，必须有一个标注作为基准。

1. 命令执行方式

（1）下拉菜单：“标注” | “基线”

（2）工具栏：“标注”工具栏 | “基线”按钮

（3）命令：DIMBASELINE↙

2. 操作过程及说明

执行上述任一方式后，（见图 10-35，尺寸 17 作为基准）命令行提示：

指定第二条延伸线原点或 [放弃（U）/选择（S）] <选择>:（单击确定第二条延伸线后，系统将自动标出尺寸或直接按 Enter 键，重新选择作为基准的延伸线）图中尺寸 42、74 为基线标注法获得。

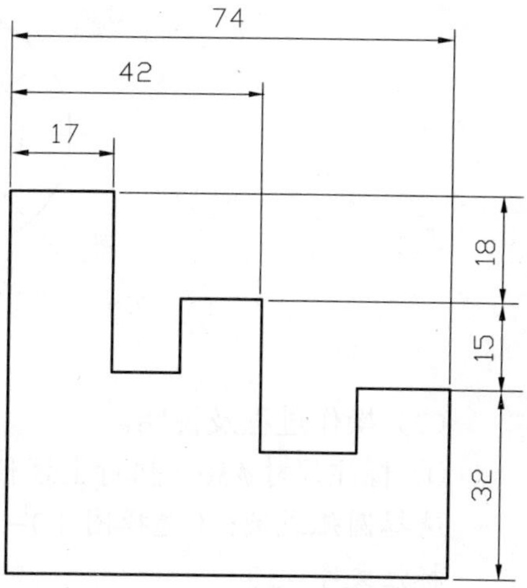

图 10-35　基线标注和连续标注

10.3.5　连续标注

连续标注与基线标注类似，也需在运用连续标注前，在图形上至少有一个标注作为基准。但连续标注的每个尺寸都是以前一个标注的第二个延伸线处开始测量。

命令执行方式如下。

（1）下拉菜单：“标注” | “连续”

（2）工具栏：“标注”工具栏 | “连续”按钮

（3）命令：DIMCONTINUE↙

连续标注的操作方法与基线标注基本相同。参见图 10-35，尺寸 32，15，18 为连续标注法获得。

10.3.6　半径标注

半径标注是用来标注圆或圆弧的半径尺寸。

命令执行方式如下。

① 下拉菜单：“标注” | “半径”

② 工具栏：“标注”工具栏 | “半径”按钮

③ 命令：DIMRADIUS↙

10.3.7　直径标注

直径标注用于标注圆或圆弧的直径。其标注方法与半径标注相同。

标注如图 10-36 中圆和圆弧的径向尺寸。

（1）命令执行方式。

① 下拉菜单：“标注” | “直径”

② 工具栏："标注"工具栏｜"直径"按钮

③ 命令：DIMDIAMETER↙

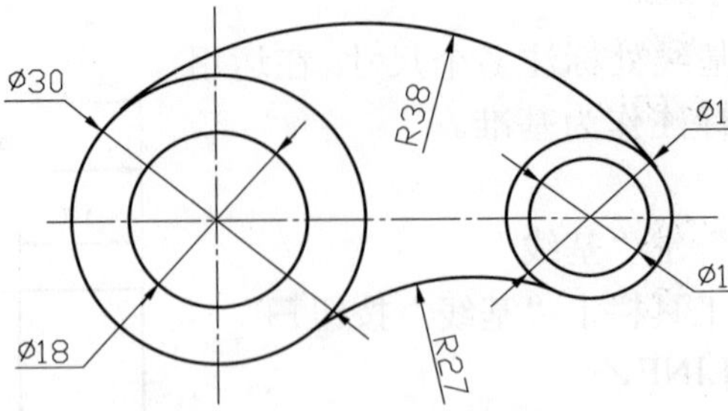

图 10-36 半径与直径标注

（2）操作过程及说明。

① 标注尺寸ϕ30。执行上述任一方式后，命令行提示：

选择圆弧或圆：（选择图 10-36 中位于左侧的大圆）

标注文字=30

指定尺寸线位置或［多行文字（M）/文字（T）/角度（A）]：（拖动鼠标，在适当位置单击）

② 标注直径尺寸ϕ 18（假设圆的实际绘制直径不是 18）。执行上述任一方式后，命令行提示：

选择圆弧或圆：（选择图 10-36 中位于左侧的小圆）

指定尺寸线位置或［多行文字（M）/文字（T）/角度（A）]：T↙

输入标注文字：%%C18↙

指定尺寸线位置或［多行文字（M）/文字（T）/角度（A）]：（拖动鼠标，在适当位置单击）

③ 标注半径尺寸 R38。执行上述任一方式后，命令行提示：

选择圆弧或圆：（选择图 10-36 中位于上侧的大圆弧）

标注文字=38

指定尺寸线位置或［多行文字（M）/文字（T）/角度（A）]：（拖动鼠标，在适当位置单击鼠标左键）

④ 标注半径尺寸 R27（假设圆弧的实际绘制半径不是 27）。执行上述任一方式后，命令行提示：

指定尺寸线位置或［多行文字（M）/文字（T）/角度（A）]：T↙

输入标注文字：R27↙

指定尺寸线位置或［多行文字（M）/文字（T）/角度（A）]：（拖动鼠标，在适当位置单击鼠标左键）

另外两个直径ϕ12、ϕ17 标注方法同上。

【说明】

通过"多行文字（M）"或"文字（T）"选项重新确定尺寸数字时，须在标注文字前加前缀 R 或%%C，才能使标记出的尺寸带有符号 R 或ϕ。

10.3.8 折弯标注

折弯标注是当圆弧或圆的中心位于布局之外且无法在其实际位置显示时使用的标注方法，也称为“缩放的半径标注”。可以在更方便的位置指定标注的原点。如图10-37所示。

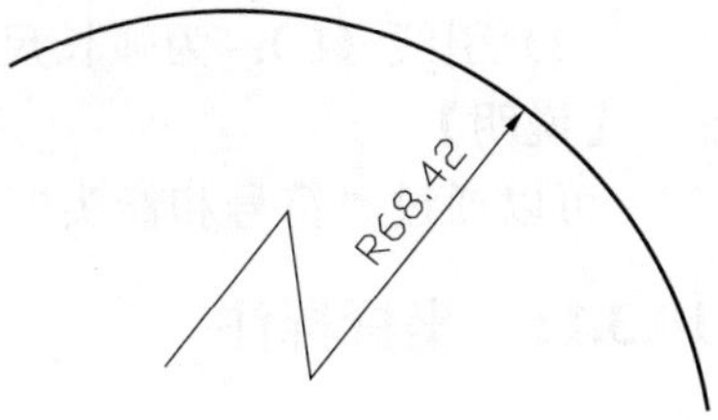

图10-37 折弯标注

1. 命令执行方式

（1）下拉菜单：“标注”｜“折弯”

（2）工具栏：“标注”工具栏｜“折弯”按钮

（3）命令：DIMJOGGED↙

2. 操作过程及说明

执行上述任一方式后，命令行提示：

选择圆弧或圆：（选择要标注尺寸的圆弧或圆）

指定图示中心位置：（指定折弯半径标注的新中心点以代替圆弧或圆的实际中心点）

标注文字=68.42

指定尺寸线位置或［多行文字（M）/文字（T）/角度（A）]:（确定尺寸线的位置，或进行其他设置）

指定折弯位置：（指定折弯位置）

10.3.9 圆心标记

圆心标记用于为圆或圆弧绘圆心标记或中心线。

1. 命令执行方式

（1）下拉菜单：“标注”｜“圆心标记”

（2）工具栏：“标注”工具栏｜“圆心标记”按钮

（3）命令：DIMCENTER↙

2. 操作过程及说明

执行上述任一方式后，命令行提示：

选择圆弧或圆：

在此提示下选择圆弧或圆即可。参见图10-14。

10.3.10 弧长标注

弧长标注用于测量圆弧或多段线圆弧的弧线长度，参见图10-15。

1. 命令执行方式

（1）下拉菜单：“标注”｜“弧长”

（2）工具栏：“标注”工具栏｜“弧长”按钮

（3）命令：DIMARC↙

2. 操作过程及说明

执行上述任一方式后，命令行提示：

选择弧线段或多段线弧线段：（选择圆弧段）

指定弧长标注位置或［多行文字（M）/文字（T）/角度（A）/部分（P）/引线（L）]:

部分选项的含义如下。

（1）部分（P）：为部分圆弧标注长度。

（2）引线（L）：为弧长尺寸添加引线对象。

【说明】

可以通过“符号和箭头”选项卡设置圆弧标注时的标注方式。

10.3.11 坐标标注

坐标标注用于标注相对于用户坐标原点的坐标。如图 10-38 所示。

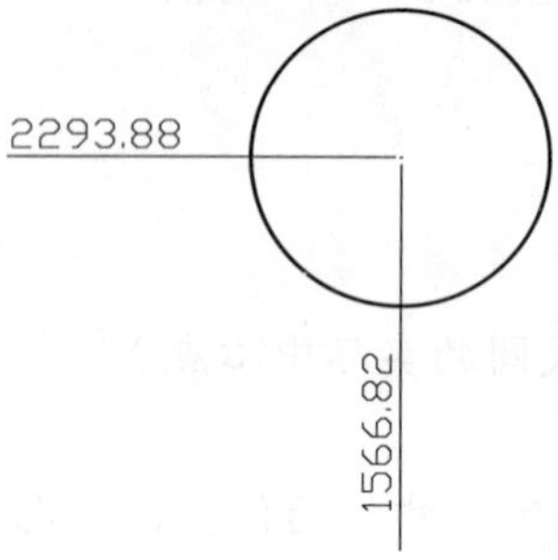

图 10-38 坐标标注

1. 命令执行方式

（1）下拉菜单：“标注” | “坐标”

（2）工具栏：“标注”工具栏 | “坐标标注”按钮

（3）命令：DIMORDINATE↙

2. 操作过程及说明

执行上述任一方式后，命令行提示：

指定点坐标：（捕捉要标注坐标尺寸的点）

用户确定对应的点后，命令行提示：

指定引线端点或 [X 基准（X）/Y 基准（Y）/多行文字（M）/文字（T）/角度（A）]：（移动鼠标确定标注的是 X 轴坐标还是 Y 轴坐标）

各选项含义如下。

（1）“指定引线端点”：在默认情况下，用于确定引线端点的位置。确定端点后，系统即可标注出该点的坐标。

（2）“X 基准（X）”与“Y 基准（Y）”：用于标注指定点的 X 与 Y 坐标。

（3）“多行文字（M）”或“文字（T）”：用于重新输入标注文字。

（4）“角度（A）”：用于设置标注文字的旋转角度。

【说明】

如果标注 X 坐标，需上下移动鼠标；如果标注 Y 坐标，需左右移动鼠标。

10.3.12 折弯线性标注

折弯线性标注用于在线性或对齐标注上添加或删除折弯线，如图 10-39 所示。

图 10-39 折弯线性标注

1. 命令执行方式

（1）下拉菜单：“标注” | “折弯线性”

（2）工具栏：“标注”工具栏 | “折弯线性标注”按钮

（3）命令：DIMJOGLINE↙

2. 操作过程及说明

执行上述任一方式后，命令行提示：

选择要添加折弯的标注或 [删除（R）]:（选择左侧 50 尺寸，见图 10-39）

指定折弯位置（或按 Enter 键）:（指定折弯的位置，见图 10-39，选择右侧 50 尺寸的左边尺寸线）

10.3.13　快速标注

快速标注用于从选定的对象快速创建一系列标注，创建系列基线或连续标注，或者为一系列圆或圆弧创建标注时，此命令特别有效，如图 10-40 所示。

1. 命令执行方式

（1）下拉菜单：“标注” | “快速标注”

（2）工具栏：“标注”工具栏 | “快速标注”按钮

（3）命令：QDIM↙

2. 操作过程及说明

执行上述任一方式后，命令行提示：

选择要标注的几何体:（选择要标注的对象或要编辑的标注并按 Enter 键，见图 10-40(a)）

指定尺寸线位置或 [连续（C）/ 并列（S）/ 基线（B）/ 坐标（O）/ 半径（R）/ 直径（D）/ 基准点（P）/ 编辑（E）/ 设置（T）] <当前>:（输入选项或按 Enter 键，见图 10-40（b），选择半径标注）

各选项含义如下。

（1）“连续”：创建一系列连续标注。

（2）“并列”：创建一系列并列标注。

（3）“基线”：创建一系列基线标注。

（4）“坐标”：创建一系列坐标标注。

（5）“半径”：创建一系列半径标注。

（6）“直径”：创建一系列直径标注。

（7）“基准点”：为基线和坐标标注设置新的基准点。

（8）“编辑”：编辑一系列标注。将提示用户在现有标注中添加或删除点。

（9）“设置”：为指定延伸线原点设置默认对象捕捉。

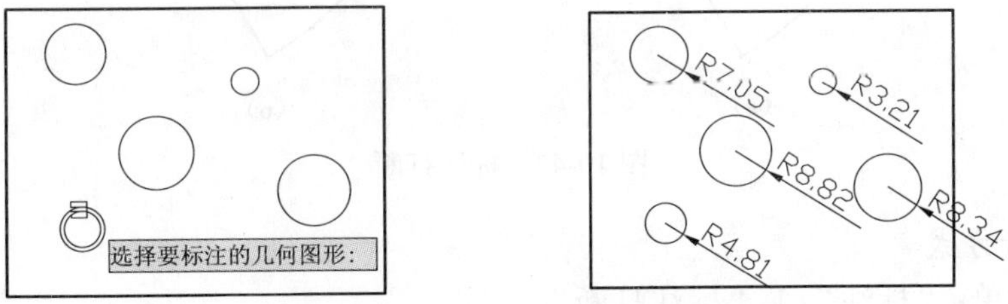

（a）　　　　（b）

图 10-40　快速标注

10.3.14　标注间距

标注间距可用于自动调整平行的线性标注之间的间距，还可以通过使用间距值“0”来对齐线性标注或角度标注。如图 10-41 所示。

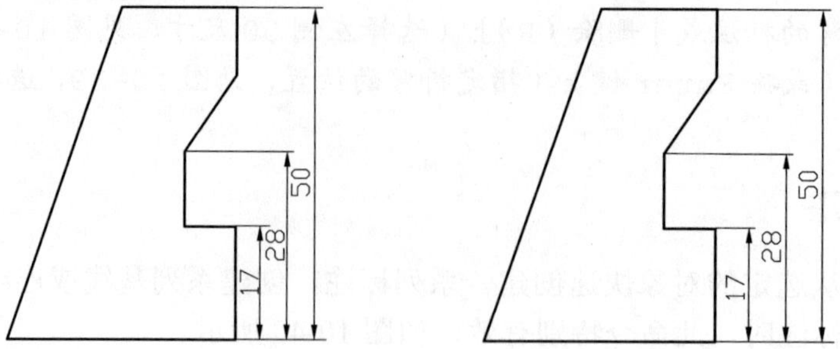

（a）　（b）

图 10-41　标注间距

1. 命令执行方式

（1）下拉菜单："标注" | "标注间距"

（2）工具栏："标注"工具栏 | "标注间距"按钮

（3）命令：DIMSPACE↙

2. 操作过程及说明

执行上述任一方式后，命令行提示：

选择基准标注：（如图 10-41a 所示，选择尺寸 17）

选择要产生间距的标注：（选择尺寸 28）↙

输入值或 [自动（A）] <自动>：↙（见图 10-41（b），为设置间距后的效果）

10.3.15　标注打断

标注打断是在需要时将尺寸线或延伸线与其他对象的相交处打断。可以将折断标注添加到线性标注、角度标注和坐标标注中，如图 10-42 所示。

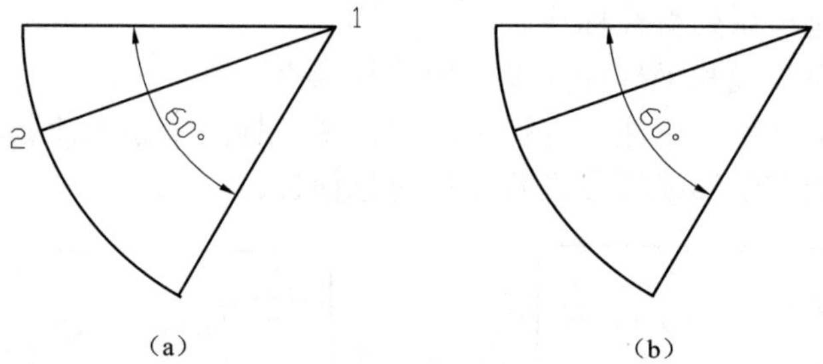

（a）　（b）

图 10-42　标注打断

1. 命令执行方式

（1）下拉菜单："标注" | "标注打断"

（2）工具栏："标注"工具栏 | "标注打断" 按钮

（3）命令：DIMBREAK↙

2. 操作过程及说明

执行上述任一方式后，命令行提示：

选择要添加/删除折断的标注或 [多个（M）]：（见图 10-42（a），选择尺寸 60°）

选择要折断标注的对象或 [自动（A）/手动（M）/删除（R）] <自动>:（选择“1”、“2”点间直线）　（见图 10-42（b），为标注打断后的效果）

10.4　多重引线标注

多重引线标注用来标注注释或说明等。

10.4.1　多重引线样式

与尺寸标注相似，采用多重引线标注前需要先设置多重引线的样式。

1. 命令执行方式

（1）下拉菜单：“格式” | “多重引线样式”

（2）工具栏：“多重引线”工具栏 | “多重引线样式”按钮

（3）命令：MLEADERSTYLE↙

执行上述任一方式后，系统弹出“多重引线样式管理器”对话框，如图 10-43 所示。

2. 新建“多重引线样式”

单击“新建”按钮，弹出“创建新多重引线样式”对话框，如图 10-44 所示。

在“新样式名”中可修改名称。单击“继续”按钮，弹出“修改多重引线样式”对话框，如图 10-45 所示。

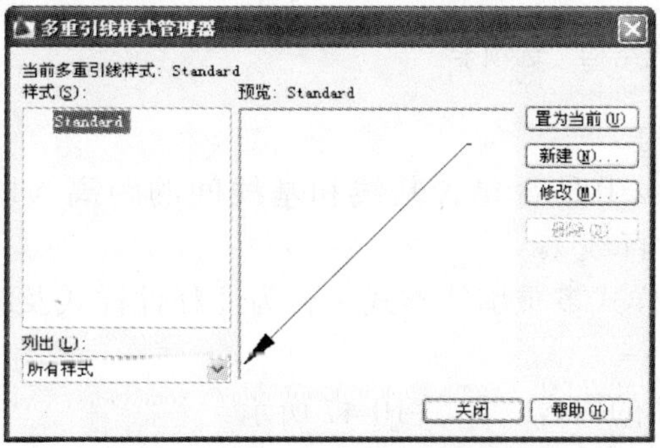

图 10-43　“多重引线样式管理器”对话框

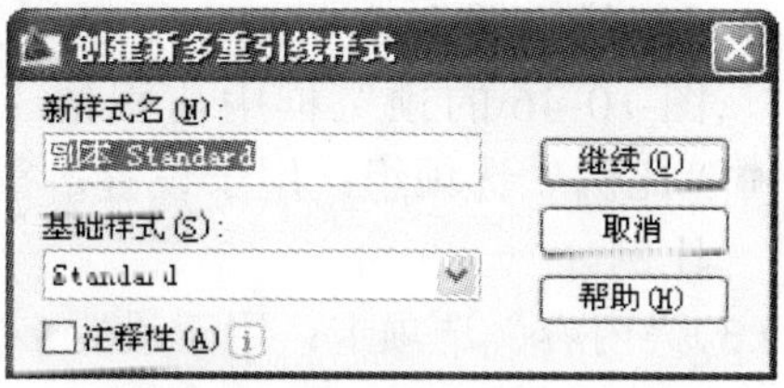

图 10-44　“创建新多重引线”对话框

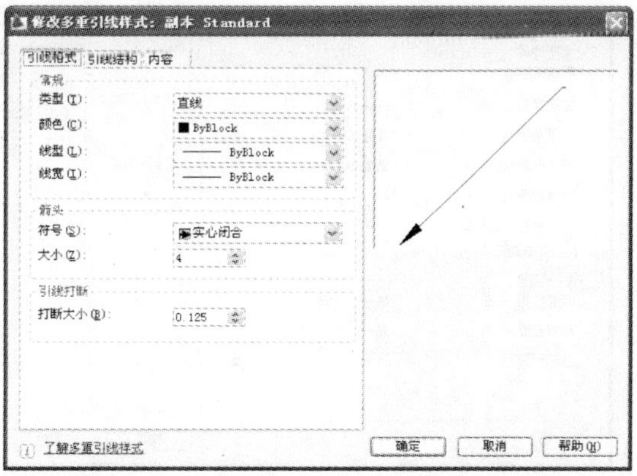

图 10-45　“修改多重引线样式”对话框

此对话框中，有“引线格式”、“引线结构”和“内容”3 个选项卡。从 3 个选项卡中对多重引线进行设置。

（1）“引线格式”选项卡：用于设置引线的格式。

- “常规”选项组：用于设置引线的类型、颜色、线型及线宽。
- “箭头”选项组：用于设置箭头的样式和大小。
- “引线打断”选项组：用于设置引线打断时的距离。

（2）“引线结构”选项卡：用于设置引线的结构，如图 10-46 所示。

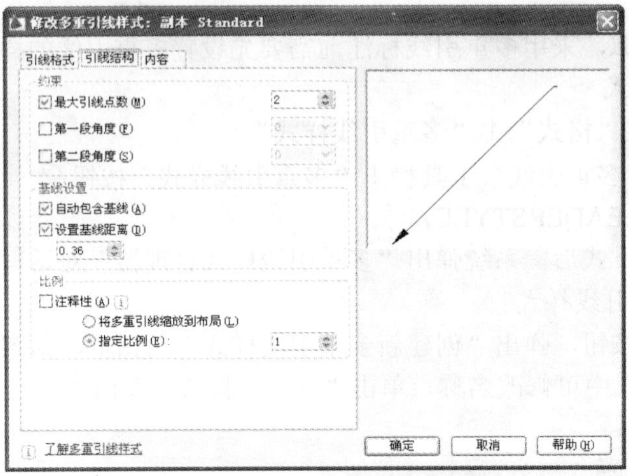

图 10-46 “引线结构”选项卡

- “约束”选项组：用于设置多重引线的结构。
- “基线设置”选项组：用于设置多重引线中是否包含基线和基线间的距离（即在图 10-46 的预览框中，引线上方的水平直线）。
- “比例”选项组：用于设置多重引线标注样式多重引线样式是否为注释性样式及缩放比例。

（3）“内容”选项卡：用于设置多重引线标注的内容，如图 10-47 所示。

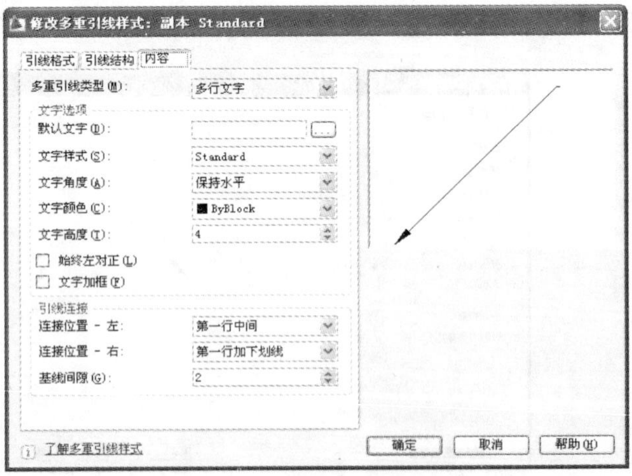

图 10-47 “内容”选项卡

- “多重引线类型”下拉列表：用于设置多重引线标注的类型。包括“多行文字”、“块”和“无”3 个选择。
- “文字选项”选项组：用于设置文字样式、文字角度、文字颜色、文字高度、文字的对齐方式和文字是否加框。
- “引线连接”选项组：用于设置引线连接的位置。

如果“多重引线类型”下拉列表中选择了“块”，表示多重引线标注出的对象是块，则弹出的对话框如图 10-48 所示。

通过“块选项”选项组，可以设置源块的形式、块相对于引线的位置及块的颜色。

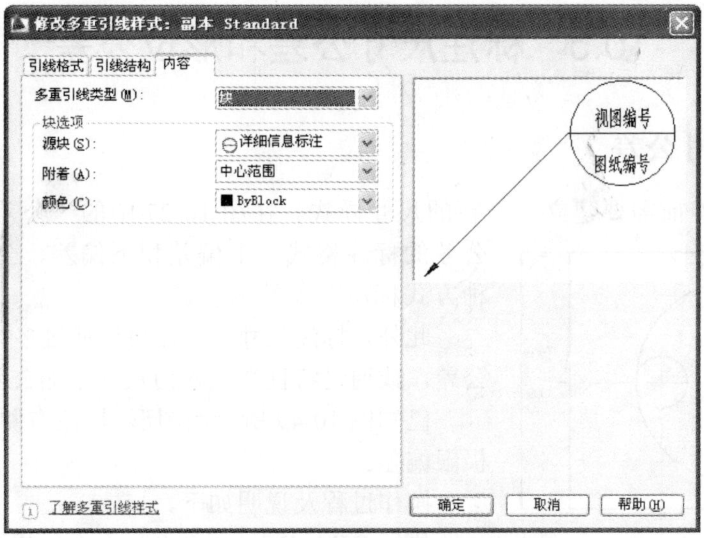

图 10-48　选中“块”时弹出的对话框

10.4.2　多重引线标注

利用多重引线样式进行标注时，应先将所需样式设置为当前样式。

1. 命令执行方式

（1）下拉菜单：“标注”｜“多重引线”

（2）工具栏：“多重引线”工具栏｜“多重引线标注”按钮

（3）命令：MLEADER↙

2. 操作过程及说明

执行上述任一方式后，命令行提示：

指定引线箭头的位置或 [引线基线优先（L）/内容优先（C）/选项（O）] <选项>:

各选项含义如下。

（1）“指定引线箭头的位置”项：此项为默认项。用于指定引线箭头的位置。

（2）“引线基线优先（L）”和“内容优先（C）”选项：此选项用于确定是先确定引线基线的位置还是首先确定标注内容。

（3）“选项（O）”选项：用于设置的多重引线标注，执行该选项，命令行提示：

输入选项 [引线类型（L）/引线基线（A）/内容类型（C）/最大节点数（F）/第二个角度

(S)/推出选项(X)] <内容类型>:

各选项含义如下。

①“引线类型(L)”选项：用于设置引线的类型。

②“引线基线(A)”选项：用于设置是否使用基线。

③“内容类型(C)”选项：用于设置多重引线标注的内容。

④“最大节点数(M)”选项：用于设置引线端点的最大数量。

⑤“第一个角度(F)”和“第二个角度(S)”选项：用于确定前两段引线的方向角度。

10.5 标注尺寸公差和形位公差

10.5.1 标注尺寸公差

标注尺寸公差前需要建立一个新的尺寸样式。在图 10-27 中的“公差”选项卡中设置公差的标注格式、上偏差和下偏差、公差的精度及以何种方式标注公差等内容。

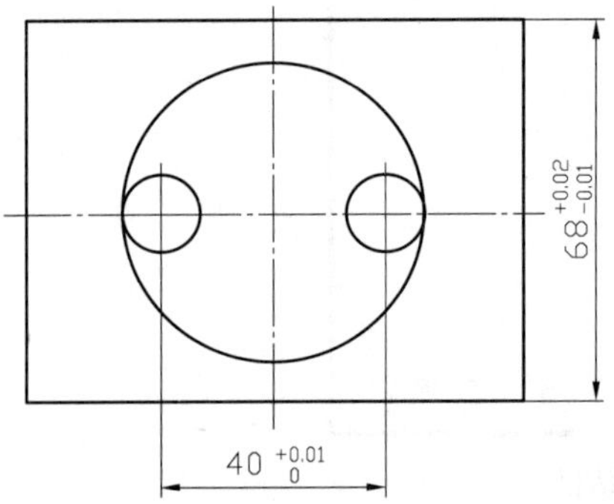

图 10-49 标注尺寸公差

此外，标注尺寸时，还可以通过多行文本编辑器输入公差，或通过特性选项板为尺寸添加公差。

已知图 10-49 所示的图形，标注右侧垂直尺寸 68 及其极限偏差。

操作过程及说明如下。

执行 DIMLINEAR 命令，命令行提示：

指定第一条延伸线原点或<选择对象>:（捕捉左侧小圆的垂直中心线）

指定第二条延伸线原点:（捕捉右侧小圆的垂直中心线）

指定尺寸线位置或 [多行文字(M)/文字(T)/角度(A)/水平(H)/垂直(V)/旋转(R)]: M↙

通过在文本编辑器中输入“68+0.02^-0.01”。然后，选中“+0.02^-0.01”，单击编辑器工具栏上的（堆叠）按钮，使选中的文字显示为公差格式，如图 10-50 所示。

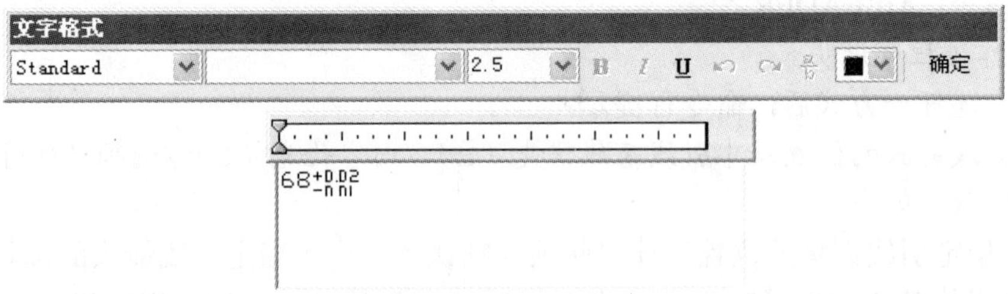

图 10-50 输入公差值

单击“确定”按钮，返回到绘图窗口，并提示：

指定尺寸线位置或 [多行文字(M)/文字(T)/角度(A)/水平(H)/垂直(V)/旋

转（R)]:（移动鼠标使尺寸线处于合适位置单击）

其他尺寸与公差标注可用类似的方法，也可在标注样式当中设置固定公差值。最后标注结果参见图 10-49。

10.5.2 标注形位公差

形位公差表示零部件的形状和相对位置的允许偏差。

1. 命令执行方式

（1）下拉菜单：“标注”｜“公差”

（2）工具栏：“标注”工具栏｜“公差标注”按钮

（3）命令：TOLERANCE↙

2. 操作过程及说明

执行上述任一方式后，弹出“形位公差”对话框，如图 10-51 所示。

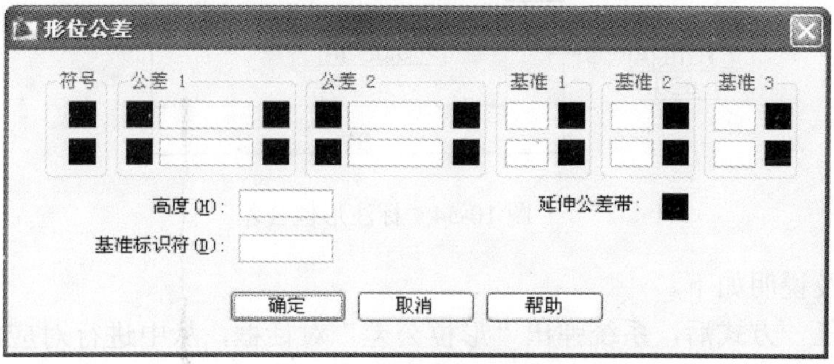

图 10-51 “形位公差”对话框

（1）“符号”选项组：选择形位公差的符号。单击选中的方框，弹出图 10-52 所示的“特征符号”对话框。用户可从中选择所需要的符号。选择某一符号后，AutoCAD 返回到“形位公差”对话框，并在对应位置显示出该符号。

（2）“公差 1”与“公差 2”选项组：用户在对应的文本框中输入公差值。单击位于文本框前边的小方框可以添加直径符号。单击位于文本框后边的小方框，可从弹出的“包容条件”对话框中确定包容条件，如图 10-53 所示。

图 10-52 “特征符号”对话框

图 10-53 “附加符号”对话框

（3）“基准 1”、“基准 2”与“基准 3”选项组：用于确定公差基准和对应的包容条件。

（4）“高度”文本框：设置投影公差带的值。

（5）“延伸公差带”选项：单击该框出现延伸公差带符号。

（6）“基准标识符”文本框：创建基准标识符号。

【说明】

用 TOLERANCE 命令标注形位公差时，不能自动生成引出形位公差的指引线，需要用 MLEADER 命令添加指引线，所以可以运用引线标注进行形位公差的标注。

图 10-54 所示为零件标注形位公差。

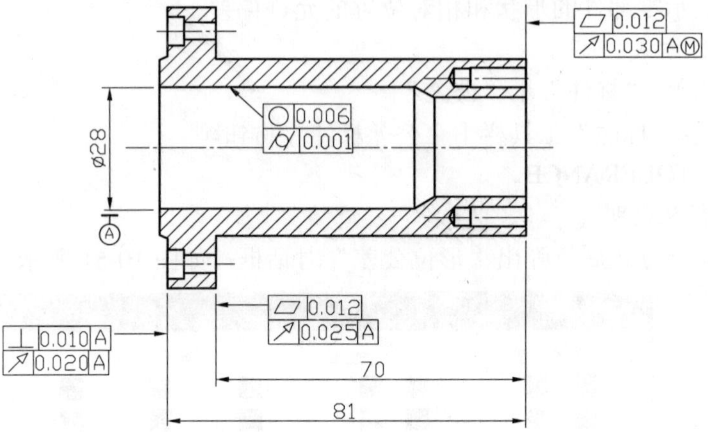

图 10-54　标注形位公差

操作过程及说明如下。

执行上述任一方式后，系统弹出“形位公差”对话框，从中进行对应的设置，如图 10-55 所示。

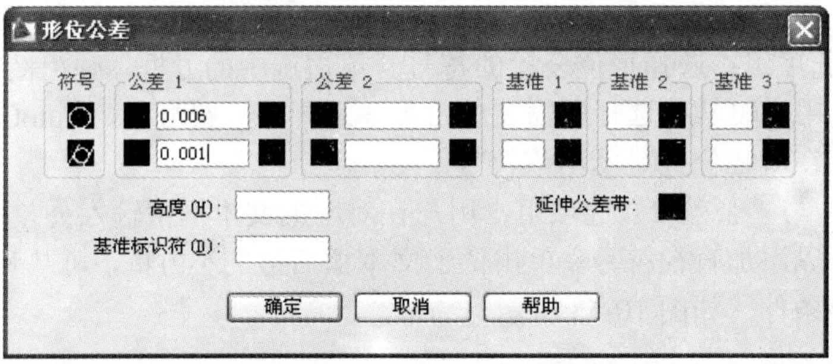

图 10-55　设置形位公差

可以看出，已通过“符号”框选择了圆度符号和圆柱度符号；通过“公差 1”选项组将圆度公差设为 0.006，将圆柱度公差设为 0.001。设置完毕单击 “确定”按钮。然后，执行 MLEADER 命令绘制指引线，参见图 10-54。

其余公差标注与此相同。

10.6　编 辑 标 注

完成尺寸标注后，根据需要可以对标注文字的内容、位置及样式等进行编辑修改，AutoCAD 2009 提供了多种编辑尺寸的方法。

10.6.1　编辑标注

已知图 10-56（a）所示的图形，将其尺寸修改成图 10-56（b）所示的形式。

（1）命令执行方式。

① 工具栏：“标注”工具栏 | “编辑标注”按钮

② 命令：DIMEDIT↙

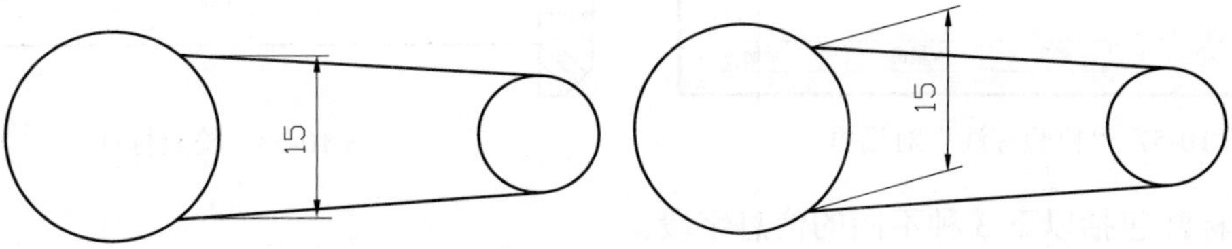

（a）　（b）

图 10-56　修改尺寸标注

（2）操作过程及说明。执行上述任一方式后，命令行提示：

输入标注编辑类型 [默认（H）/新建（N）/旋转（R）/倾斜（O）] <默认>: O↙

选择对象:（选择尺寸 15）

选择对象: ↙

输入倾斜角度（按 Enter 键表示无）: 15↙

10.6.2　编辑标注文字

1. 命令执行方式

（1）工具栏：“标注”工具栏 | “编辑标注文字”按钮

（2）命令：DIMTEDIT↙

2. 操作过程及说明

执行上述任一方式后，命令行提示：

选择标注:（选择尺寸）

指定标注文字的新位置或 [左（L）/右（R）中心（C）/默认（H）/角度（A）]:

默认情况下，可以通过移动鼠标指定标注文字的新位置。或选择相应的选项指定新位置。

10.6.3　检验

1. 命令执行方式

（1）工具栏：“标注”工具栏 | “检验”按钮

（2）命令：DIMINSPECT↙

2. 操作过程及说明

执行上述任一方式后，弹出“检验标注”对话框，如图 10-57 所示。

检验标注可以添加到任何类型的图形对象上，它由边框和文字组成，如图 10-58 所示。

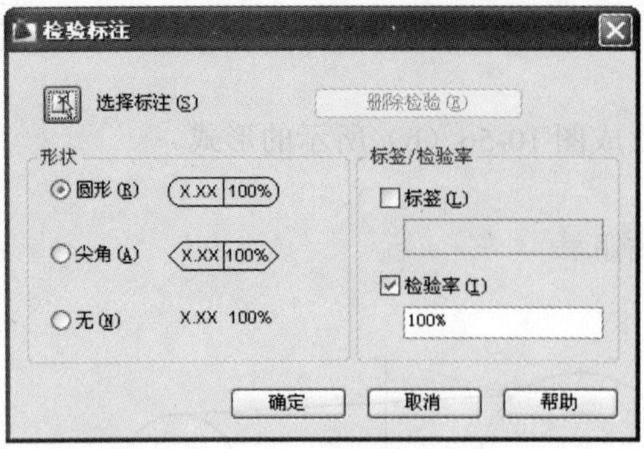

图 10-57 “检验标注”对话框

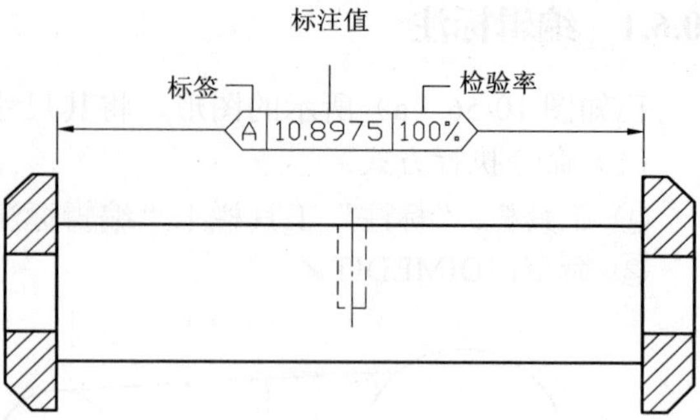

图 10-58 检验标注

检验标注包括以下 3 种不同的信息字段。

- 检验标签：用来标识各检验的文字，该标签位于抽验的最左侧部分。
- 标注值：添加检验之前，显示的标注值是相同的值。标注值可以包含公差、文字（前缀和后缀）和测量值。标注值位于检验的中心部分。
- 检验率：用于传达应检验值的频率，以百分比表示。检验率位于检验的最右侧部分。可以将检验添加到任何类型的标注。

10.6.4 标注更新

标注更新是指将指定的尺寸更新成当前的标注样式。

1. 命令执行方式

（1）下拉菜单：“标注” | “更新”

（2）工具栏：“标注”工具栏 | “更新”按钮

（3）命令：_DIMSTYLE↙（必须带有横线）

2. 操作过程及说明

执行上述任一方式后，命令行提示：

输入标注样式选项 [注释性（AN）保存（S）/恢复（R）/状态（ST）/变量（V）/应用（A）/?] <恢复>:

各选项的含义如下。

（1）“注释性（AN）”：确定是否创建注释性标注样式。

（2）“保存（S）”：将当前尺寸系统变量的设置作为一种新尺寸标注样式并命名保存。

（3）“恢复（R）”：将保存的某一尺寸标注样式恢复为当前样式。

（4）“状态（ST）”：查看当前系统变量的状态。

（5）“变量（V）”：显示出指定标注样式或对象的全部或部分尺寸系统变量及其设置。

（6）“应用（A）”：根据当前尺寸系统变量的设置更新指定的尺寸标注。

（7）“？”选项：显示出当前图形中已命名的尺寸标注样式。

10.6.5 替代标注

替代标注是指替代尺寸系统变量，该操作只对指定的尺寸对象有效，不影响原系统变量的设置。

1. 命令执行方式

（1）下拉菜单：“标注” | “替代”

（2）命令：DIMOVERRIDE ↙

2. 操作过程及说明

执行上述任一方式后，命令行提示：

输入要替代的标注变量名或 [清除替代（C）]:

默认情况下，需输入要被替代的系统变量名，并为该变量指定值。若选择“C”，可恢复到当前系统变量设置的样式中。

10.6.6 关联标注

关联标注就是将选定的尺寸标注与几何对象相关联，即改变图形对象的大小，其尺寸标注也随之自动改变。效果如图 10-59 所示。

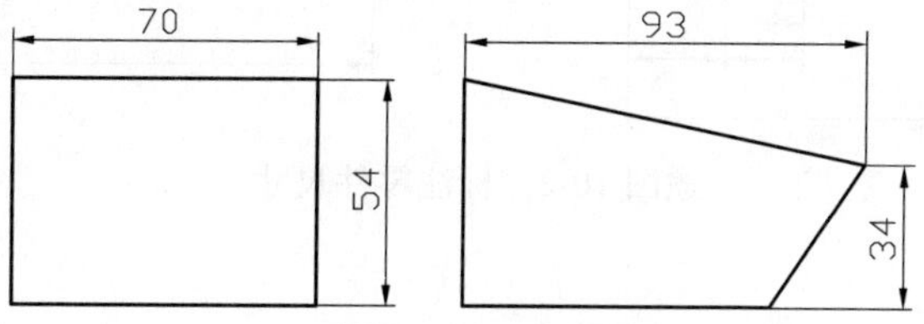

图 10-59 关联标注效果

命令执行方式如下。

（1）工具栏：“标注”工具栏 | “关联标注”按钮

（2）命令：DIMREASSOCIATE ↙

实 训

1. 标注题图 10-1 所示的图形尺寸。

2. 标注题图 10-2 所示零件图的尺寸。

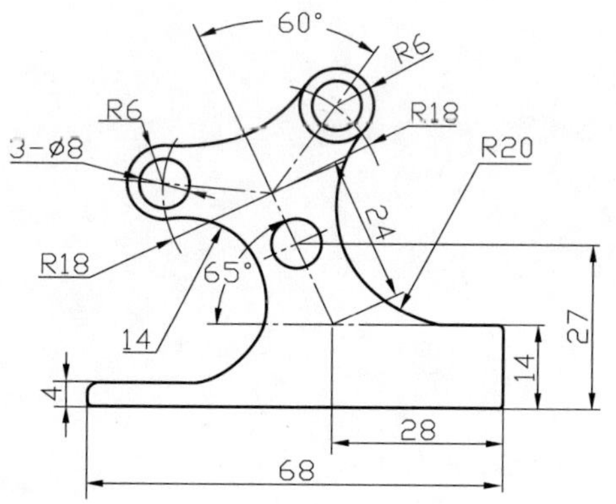

（a）

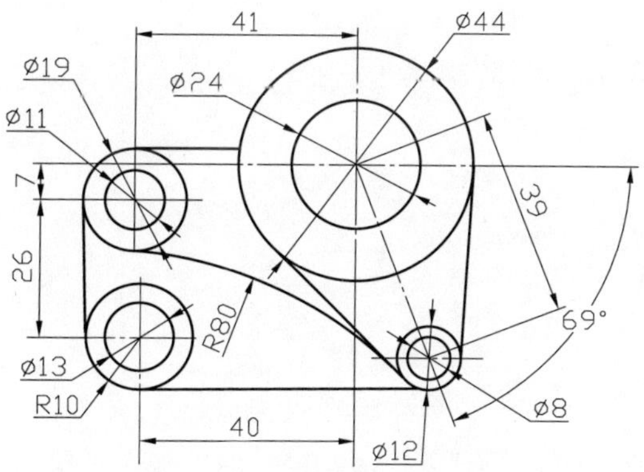

（b）

题图 10-1 标注图形尺寸

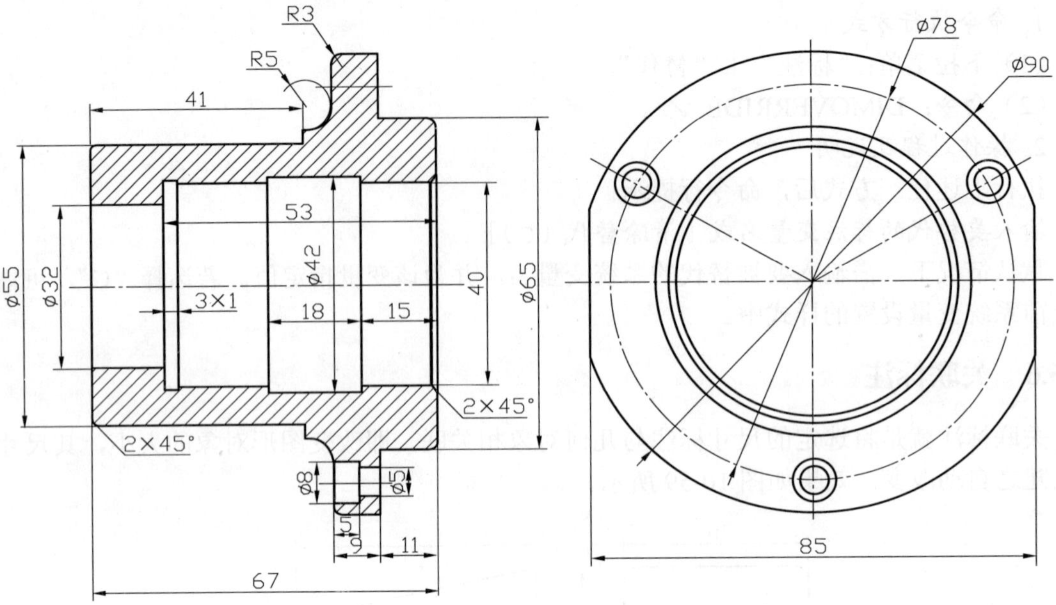

题图 10-2　标注零件尺寸

习　　题

1. 尺寸标注共有几种类型？
2. 如何修改标注样式？
3. 设置当前标注样式的方法有哪几种？
4. 如何修改标注文字的内容？

第 11 章 图形对象信息的查询

在 AutoCAD 绘图中，可能需要查询图形的一些数据信息，如查询直线的端点坐标、圆的圆心位置及其半径等。本章将介绍 AutoCAD 2009 提供的数据查询功能，主要内容包括：

- 距离查询
- 面积查询
- 坐标查询
- 列表显示
- 图形文件信息查询
- 时间查询

11.1 距离查询

距离查询用于测量两个拾取点之间的距离、两点连线在 XY 平面内的投影与 X 轴的夹角、两点连线与 XY 平面的夹角及 3 个坐标方向的坐标增量。

查询图 11-3 所示 A、B 两点之间的距离。

（1）命令执行方式。

① 下拉菜单："工具" | "查询" | "距离"（见图 11-1）

② 工具栏："查询" 工具栏 | "距离" 按钮（见图 11-2）

③ 命令：DIST↙

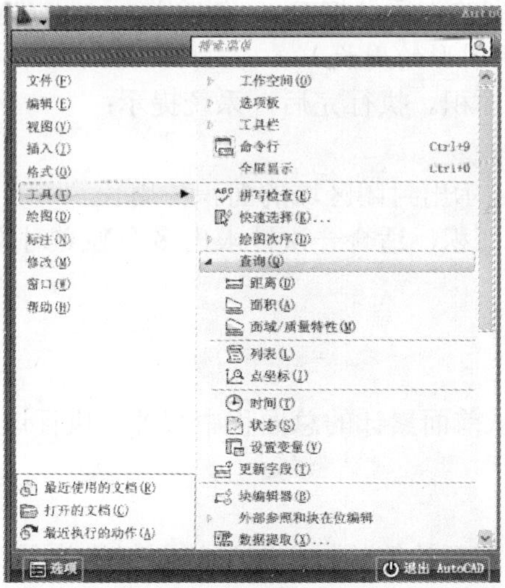

图 11-1 "查询"菜单

图 11-2 "查询"工具栏

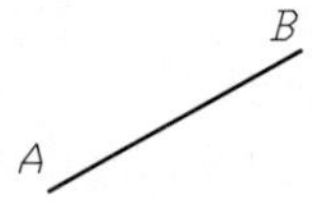

图 11-3　查询两点间距离

（2）操作过程及说明。执行上述任一方式后，系统提示：

指定第一点:（指定第一点，一般采用捕捉方式）

指定第二点:（指定另一点）

以下显示查询结果：

距离 = 381.5658，　XY 平面中的倾角 = 29，　与 XY 平面的夹角 = 0

X 增量 = 333.9149，　Y 增量 = 184.6436，　Z 增量 = 0.0000

查询结果说明：两点之间的距离为 381.565 8，这两点之间的连线与 X 轴正方向的夹角为 29°，与 XY 平面的夹角为 0°（因为直线是二维直线），这两点之间沿 X、Y、Z 轴方向的增量（即两端点之间的对应坐标差）分别为 333.914 9、184.643 6 和 0.000 0。

11.2　面 积 查 询

面积查询用于测量任意封闭图形的面积和周长，同时可以进行面积的加、减运算。

1. 案例 1

查询如图 11-4 所示的矩形面积。

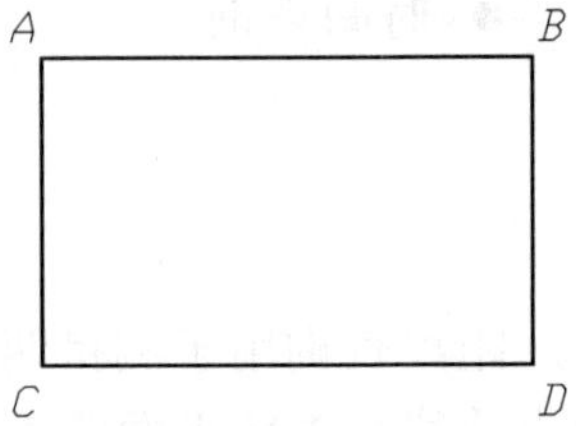

图 11-4　查询矩形面积

（1）命令执行方式。

① 下拉菜单："工具" | "查询" | "面积"

② 工具栏："查询"工具栏 | "面积"按钮

③ 命令：AREA↙

（2）操作过程及说明。执行上述任一方式后，系统提示：

指定第一个角点或 [对象（O）/加（A）/减（S）]:（选择点 A）

在这样的提示下指定一系列的点后，在"指定下一个角点或按 Enter 键全选:"提示下按 Enter 键，AutoCAD 继续显示：

面积 = 200.0000，　周长 = 60.0000

各选项的功能如下。

① 指定第一个角点。依次指定图元上一系列的点后，按 Enter 键全选，AutoCAD 显示：

面积 = （封闭图形的面积），周长 =（封闭图形的周长）

② 对象（O）。计算一个选定的封闭区域的面积。执行完后，系统提示：

选择对象：

依次选择封闭图形的各图元后，AutoCAD 显示出封闭区域的面积与周长。

③ 加（A）。加模式，累计各次计算的图元面积，适合一次性求出多个独立对象的面积。执行该选项，AutoCAD 提示继续进行面积操作：

指定第一个角点或 [对象（O）/加（A）]:

继续选择图元进行面积的计算。

④ 减（S）。减模式，就是把新计算的面积从前面累计的总面积中减掉。执行该选项，系统提示：

指定第一个角点或 [对象（O）/加（A）]:

继续选择图元进行面积计算； AutoCAD 则把新计算的封闭图形的面积从总面积中减掉，同时显示出当前操作对象的面积与减操作后的总面积。

如果执行“加（A）”选项，AutoCAD 则把减模式转为加模式。

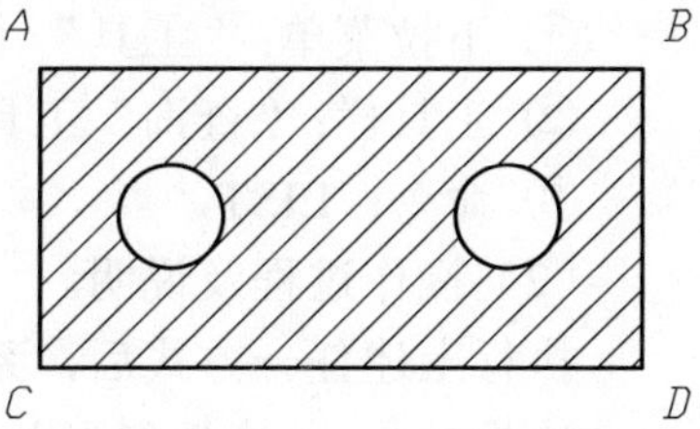

图 11-5　查询剖面线区域面积

2. 案例 2

计算图 11-5 中剖面线区域的面积（图中外轮廓用 RECTANG（矩形）命令绘制）。

执行 AREA 命令，系统提示：

指定第一个角点或对象 [(O) /加 (A) /减 (S)]: A↙

指定第一个角点或对象 [(O) /键 (S)]: O↙

(“加”模式) 选择对象: (选择矩形) ↙

面积 = 200.0000，周长 = 60.0000

指定第一个角点或对象 [(O) /减 (S)]: S↙

指定第一个角点或对象 [(O) /加 (A)]: O↙

(“减”模式) 选择对象: (依次选择两圆)

面积 = 12.5664，圆周长 = 12.5664

总面积 = 187.4336

(“减”模式) 选择对象:

面积 = 12.5664，圆周长 = 12.5664

总面积 = 174.8673

即图 11-5 所示剖面线区域的面积是 174.867 3。

11.3 坐标查询

用于查询指定点的坐标（此命令是透明命令）。

（1）命令执行方式。

① 下拉菜单：“工具” | “查询” | “点坐标”

② 工具栏：“查询”工具栏 | “定位点”按钮

③ 命令：ID↙

（2）操作过程及说明。

执行上述任一方式后，系统提示：

指定点：(在该提示下拾取某点)

系统显示：

X=210.5146　　Y=145.0000　　Z=0.0000

即显示出对应点的坐标。

11.4 列表显示

列表显示是指以列表形式显示指定对象的数据信息。

用 LIST 命令显示图 11-5 中矩形的数据信息。

（1）命令执行方式。

① 下拉菜单："工具" | "查询" | "列表显示"

② 工具栏："查询"工具栏 | "列表"按钮

③ 命令：LIST↙

（2）操作过程及说明。

执行上述任一方式后，系统提示：

选择对象：（选择矩形）

选择对象：（也可以继续选择对象）

执行结果：AutoCAD 切换到文本窗口，显示所选对象的数据信息。

AutoCAD 在文本窗口显示出图中所示的信息，如图 11-6 所示。

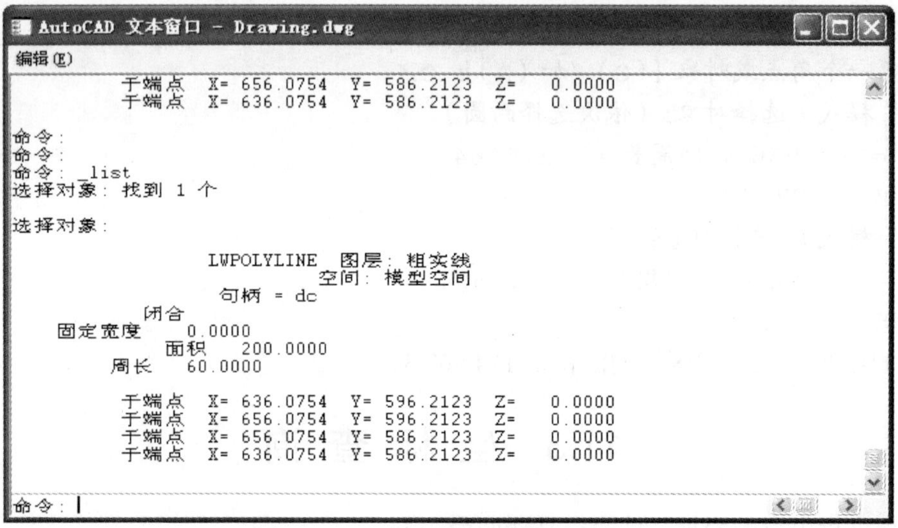

图 11-6 "列表显示"文本窗口

11.5 图形文件信息查询

查询图形文件信息是指显示图形的统计信息、模式和范围，该命令为用户获得当前图形文件的有关信息提供了极大的帮助。

查询图 11-3 文件信息。

（1）命令执行方式。

① 下拉菜单："工具" | "查询" | "状态"

② 命令：STATUS↙

（2）操作过程及说明。打开前面绘制的图 11-3。

执行上述任一方式后，AutoCAD 切换到文本窗口并显示出对应的状态信息。如图 11-7 所示。

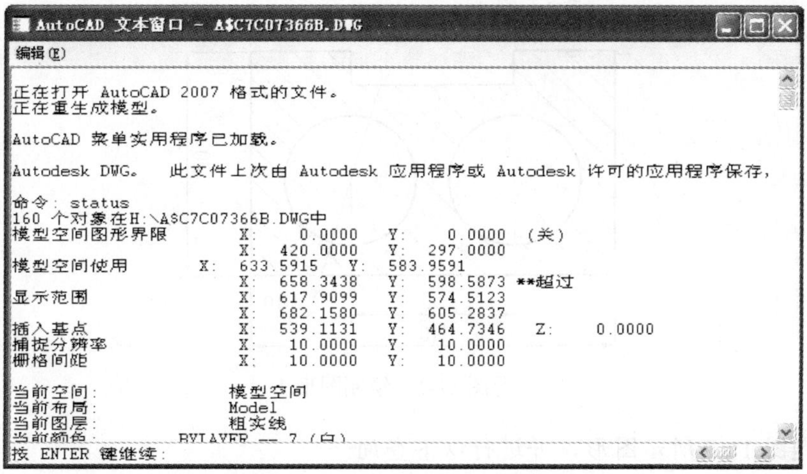

图 11-7 “状态查询”文本窗口

11.6 时 间 查 询

在用 AutoCAD 绘图的过程中，可以方便地查询图形的绘制日期与时间方面的信息。

（1）命令执行方式。

① 下拉菜单：“工具” | “查询” | “时间”

② 命令：TIME↙

（2）操作过程及说明。执行上述任一方式后，AutoCAD 切换到文本窗口，显示出图 11-8 所示的信息。其中，AutoCAD 显示了当前时间、该图形文件的创建时间、上次更新时间、累计编辑时间、消耗时间及下次自动保存的时间等信息。

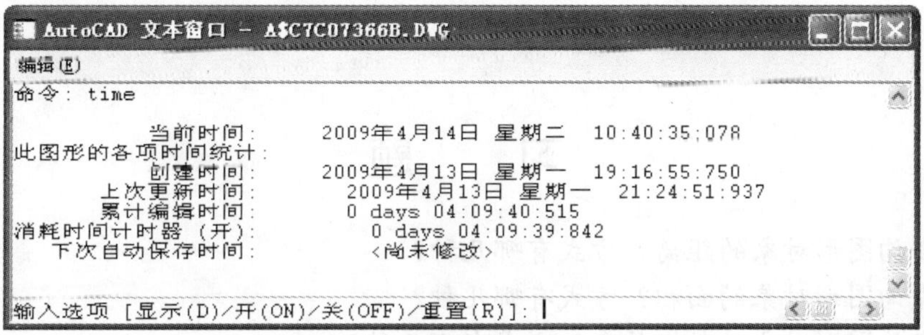

图 11-8 “时间查询”文本窗口

实　　训

1. 绘制题图 11-1 所示图形，并进行以下查询：

（1）查询图形中剖面线所示区域的面积；

（2）查询图中两圆的周长；

（3）查询图形左上角点的坐标。

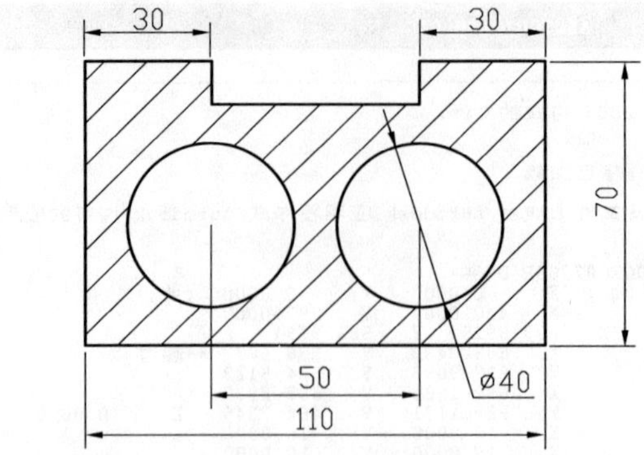

题图 11-1　绘制图形 1

2. 绘制题图 11-2 所示图形，并进行以下查询：

（1）查询图形中各线段长度总和；

（2）查询该图的数据信息；

（3）显示图形的状态。

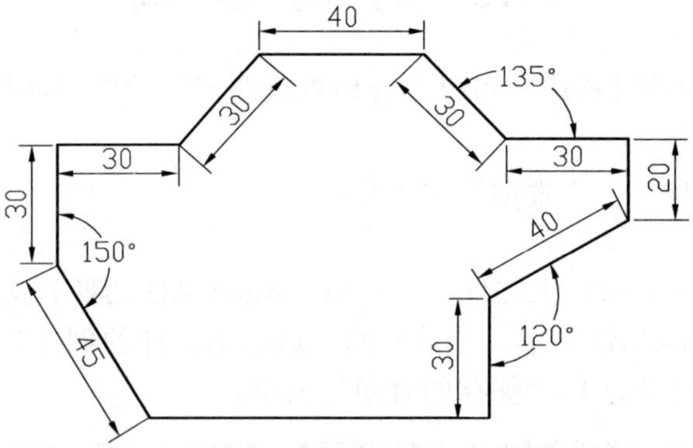

题图 11-2　绘制图形 2

习　　题

1. 如何查询图形对象的距离？方式有哪几种？
2. 如何查询图形对象的面积？方式有哪几种？
3. 如何查询图形对象的数据信息？方式有哪几种？

第 12 章
创建三维图形

AutoCAD 2009 除具有强大的二维绘图功能外，还具备基本的三维造型能力。用户可以绘制线框模型、表面模型和实体模型。本章将介绍 AutoCAD 2009 的基础知识和基本三维模型的相关操作，主要包括以下内容：

- 三维绘图工作界面
- 视觉样式
- 坐标系
- 设置视点
- 三维空间点的位置确定
- 绘制三维图形
- 绘制三维曲面
- 创建三维实体模型

12.1 三维绘图工作界面

AutoCAD 2009 提供了专门的三维建模工作空间。要进行三维建模，首先要进入三维绘图空间，方法如下。

（1）以文件 acadiso3D.dwg 为样板建立新图形文件，可以直接进入三维绘图工作界面。如图 12-1 所示。

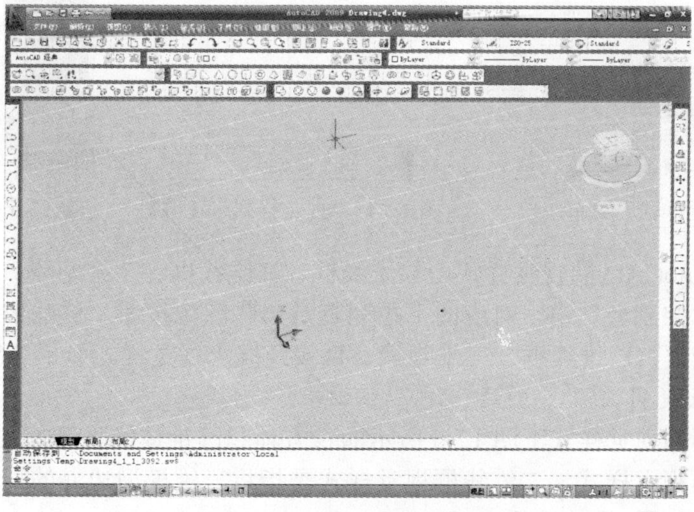

图 12-1　三维绘图工作界面

（2）利用下拉菜单“工具”｜“三维建模”（见图 12-2（a））或在“工作空间”工具栏的下拉列表中选择“三维建模”（见图 12-2（b）），也可以进入三维绘图工作界面。

图 12-1 是 AutoCAD 2009 的三维绘图工作界面，其中已启用了栅格功能，同时，关闭了工作选项板。

AutoCAD 2009 三维绘图工作界面与经典工作界面相比较，在坐标系的显示、光标的显示、栅格的表现方式上有了较大的变化，看起来更直观，更具有三维造型立体效果。

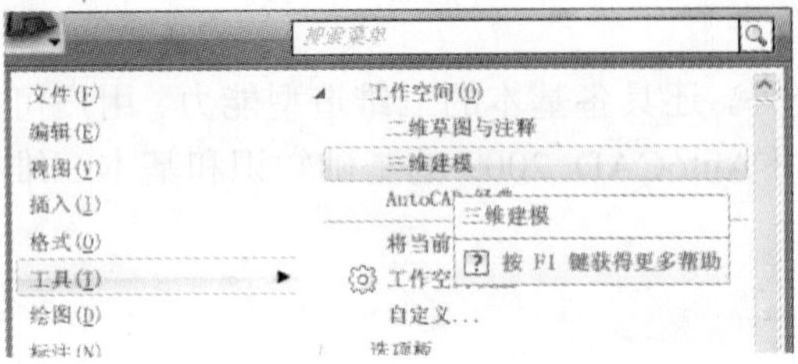

（a）利用菜单创建

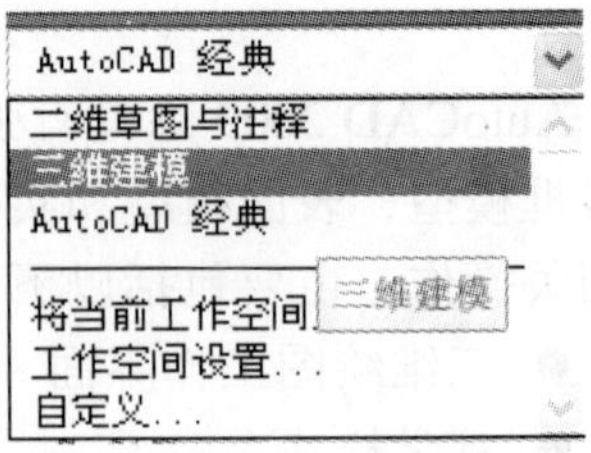

（b）利用工具栏创建

图 12-2　创建三维建模空间

12.2　视觉样式

用 AutoCAD 2009 进行三维绘图时，用户可以选择所绘制三维图形的视觉样式，即二维线框样式、三维线框样式、三维隐藏视觉样式、真实视觉样式与概念视觉样式。

1. 命令输入方式

（1）下拉菜单：“视图”｜“视觉样式”（见图 12-3）

（2）工具栏：“视觉样式”工具栏（见图 12-4）

（3）“视觉样式控制台”窗口（见图 12-5）

（4）命令：VSCURRENT↙

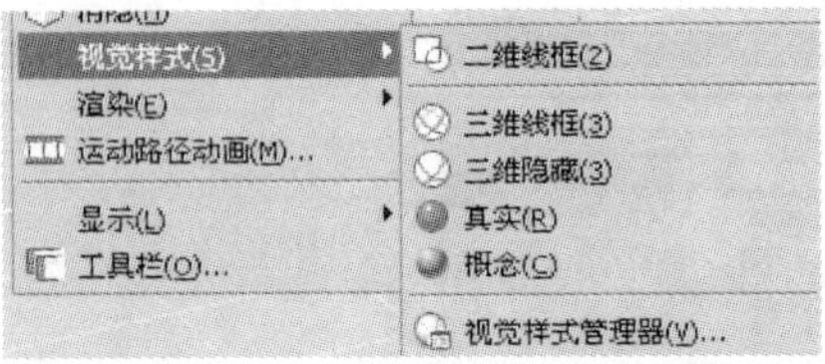

图 12-3　“视觉样式”菜单

图 12-4　“视觉样式”工具栏

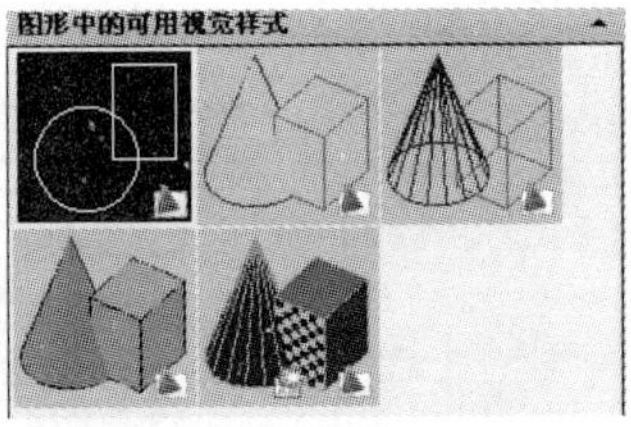

图 12-5　“视觉样式控制台”

可以看出，AutoCAD 的视觉样式由二维线框、三维线框、三维隐藏、真实和概念 5 种形式。在“视觉样式控制台”中，对应的下拉列表是一些图像按钮，这些按钮从左到右、从上到下依次以二维线框、三维线框、三维隐藏、真实及概念视觉样式显示三维图形。

2. 操作过程及说明

下面介绍在不同视觉样式下图 12-6 所示的长方体和圆锥体的显示效果。

（1）二维线框视觉样式。二维线框视觉样式是指将三维模型边界的直线和曲线以二维形式显示，显示效果如图 12-7 所示。

（2）三维线框视觉样式。三维线框视觉样式是指将三维模型以三维线框模式显示，显示效果如图 12-8 所示。

（3）三维隐藏视觉样式。三维隐藏视觉样式是指将三维模型以三维线框模式显示，且不显示隐藏线，显示效果如图 12-9 所示。

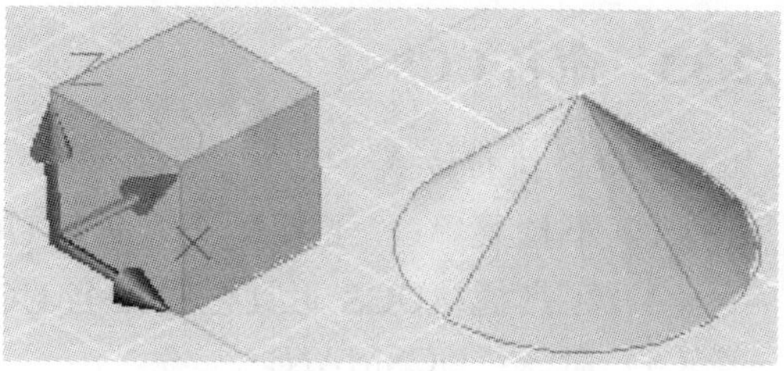

图 12-6　真实视觉样式效果图

（4）真实视觉样式。真实视觉样式是指将模型实现体着色，并显示出三维模型边界，显示效果见图 12-6。

（5）概念视觉样式。概念视觉样式是指将三维模型以概念形式显示，显示效果如图 12-10 所示。

图 12-7　二维线框样式效果图

图 12-8　三维线框样式效果图

图 12-9　三维隐藏样式效果图

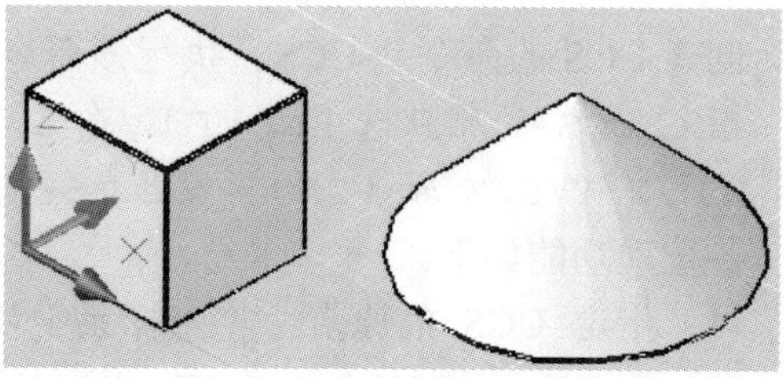

图 12-10　概念视觉样式效果图

12.3　坐　标　系

AutoCAD 使用的坐标系是笛卡儿直角坐标系，有两种类型：一种是绘制二维图形时常用的坐标系，即世界坐标系（WCS），世界坐标系又称通用坐标系或绝对坐标系。对于二维绘图，世界坐标系（World Coordinate System，WCS）作为 AutoCAD 的默认坐标系即可满足绘图要求，但若用来创建三维模型，就太不方便了，因为用户常常需要在不同的平面或沿某个方向绘制图形。此时需要以绘图平面为 XY 坐标平面，创建新的坐标系，然后再用绘图命令绘图。

AutoCAD 允许用户定义自己的坐标系，并将这样的坐标系称为用户坐标系（User Coordinate System，UCS）。由于 AutoCAD 2009 的大部分三维绘图要在当前坐标系的 XY 面或与 XY 面平行的面上进行，因此，当在空间任意位置绘制三维图形时，通常应先建立对应的 UCS。UCS 是用 AutoCAD 2009 进行三维绘图的重要工具之一。

12.3.1 命名 UCS

1. 命令执行方式

（1）下拉菜单：“工具”|“命名 UCS”

（2）工具栏：UCS 工具栏“命名 UCS”按钮

（3）命令：UCSMAN↙

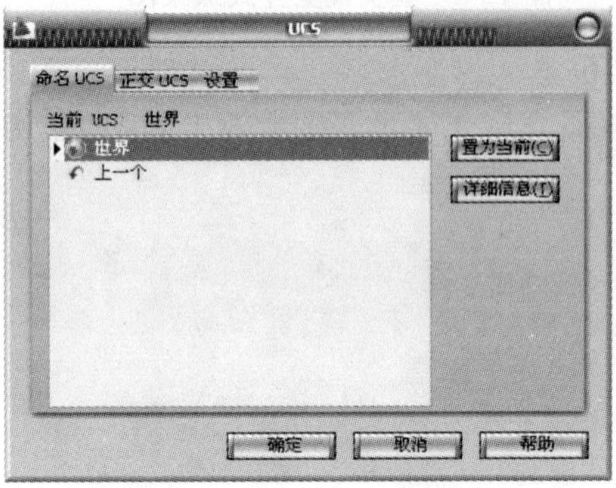

图 12-11 UCS 对话框

2. 操作过程及说明

执行上述任一方式后，AutoCAD 打开如图 12-11 所示的 UCS 对话框。

（1）“命名 UCS”选项卡：用户可以将世界坐标系、上一次使用的 UCS 或某一命名的 UCS 设置为当前坐标系。

（2）“正交 UCS”选项卡：用于将 UCS 设置成 6 个正交 UCS 之一。6 个正交 UCS 是由 3 个互相垂直的平面把空间分成 6 个空间。

（3）“设置”选项卡：用于设置 UCS 图标的显示形式及应用范围等。

12.3.2 创建 UCS

创建 UCS 的命令是 UCS。执行该命令，系统提示：

指定 UCS 的原点或[面(F)/命名(NA)/对象(OB)/上一个(P)/视图(V)/世界(W)/X/Y/Z/Z 轴(ZA)] <世界>:

各选项功能如下。

（1）指定 UCS 的原点：将坐标系平移到指定原点处，新坐标系与原坐标系方向相同。

（2）面（F）：将 UCS 中的 XY 平面与实体对象的选定面对齐。

（3）对象（OB）：根据选定三维对象定义新的坐标系。此选项不能用于三维实体、三维多段线、三维网格、视口、多线、面域、样条曲线、椭圆、射线、构造线、引线及多行文字等。对于非三维面的对象，新 UCS 的 XY 平面与绘制该对象时生效的 XY 平面平行，但 X 轴和 Y 轴可作不同的旋转。

（4）视图（V）：以垂直于观察方向的平面为 XY 平面，建立新的坐标系，UCS 原点保持不变。

（5）X/Y/Z：利用 X/Y/Z 三个轴分别旋转一定角度，建立新的坐标系。

（6）Z 轴（ZA）：通过指定新坐标系的原点及 Z 轴正方向上的点来建立坐标系。

实际绘图过程中，利用 AutoCAD 2009 的下拉菜单或工具栏更易于创建 UCS。AutoCAD 专门提供了用于创建 UCS 的下拉菜单和工具栏，利用它们可以直接执行上面提示中的各选项。

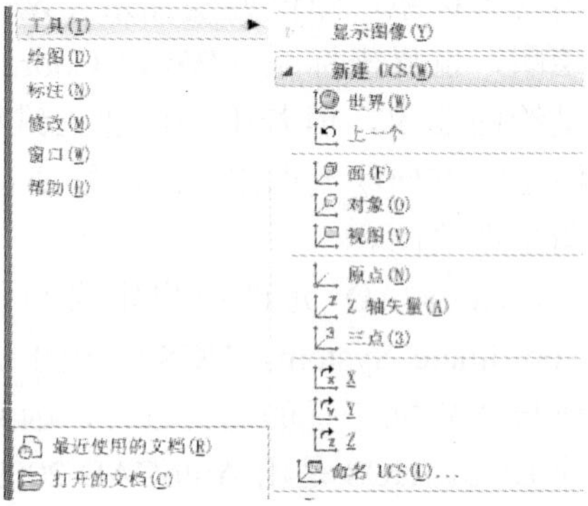

图 12-12 UCS 下拉菜单

图 12-12 是用于创建 UCS 的下拉菜单（位于“工具”

菜单中）；图 12-13 所示为对应的两个工具栏（UCS 工具栏上的第一个按钮用于执行 UCS 命令）。

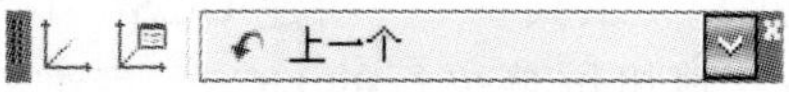

UCS 工具栏 I

UCS 工具栏 II

图 12-13　UCS 工具栏

下面介绍创建 UCS 的常用方法。

首先创建图 12-14 所示长方体，使坐标系原点位于某一对角点上。

（1）根据 3 点创建新 UCS。此方法是创建 UCS 的常用方法之一，根据新 UCS 的原点及其 X、Y 轴正方向上的点来创建新 UCS。利用下拉菜单“工具”｜“新建 UCS”｜“三点”或 UCS 工具栏上的（三点）按钮可以实现此操作。单击对应的菜单项或工具栏按钮，系统提示：

指定新原点:（用鼠标指定图 12-15 所示的新坐标原点所在的位置）

在正 X 轴范围上指定:（用鼠标指定图 12-15 所示的新坐标系 X 轴正方向上任一点）

在正 Y 轴范围上指定点:（用鼠标指定图 12-15 所示的新坐标系 Y 轴正方向上任一点）

（2）通过改变坐标系的原点位置创建新 UCS。通过将原坐标系的原点平移到某一位置来创建新 UCS。利用下拉菜单“工具”｜“新建 UCS”｜“原点”或 UCS 工具栏上的（原点）按钮可实现此操作。单击对应的菜单或工具栏上按钮，系统提示：

指定新原点<0，0，0>:（输入坐标或用鼠标指定新的坐标原点）

在此提示下指定图 12-14 所示长方体前面上方的点为 UCS 的新原点位置，即可创建图 12-15 所示 UCS。

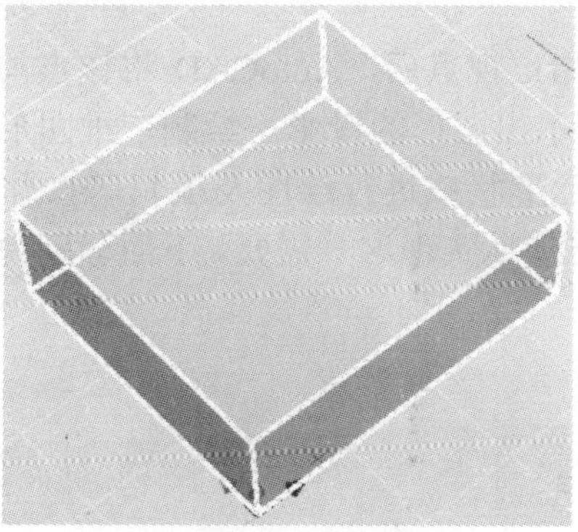

图 12-14　原坐标

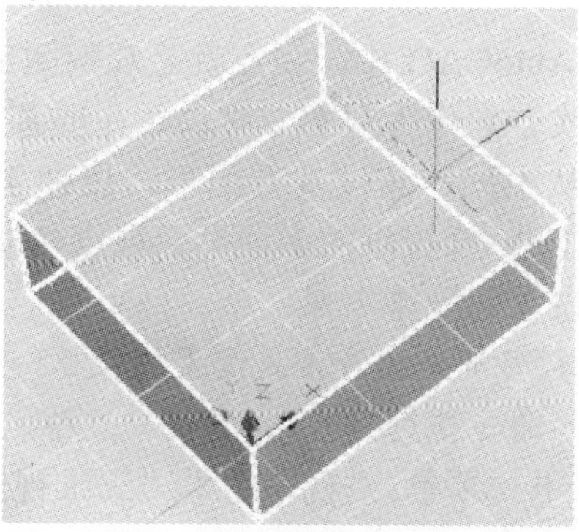

图 12-15　三点/原点 UCS

（3）将原坐标系绕某一坐标轴旋转一定的角度来创建新 UCS。将原坐标系绕某一坐标轴旋转一定的角度来创建新 UCS。利用下拉菜单“工具”｜“新建 UCS”｜X（或 Y、Z）或 UCS 工具栏上的（X）按钮（或 Y、Z 按钮）可以实现绕 X 轴（或绕 Y 轴、Z 轴）的旋转。例如，单击 UCS 工具栏上的按钮，系统提示：

指定绕 X 轴旋转的角度:（输入 90°）

创建出图 12-16 所示的 UCS。

（4）返回前一个 UCS。利用下拉菜单“工具”｜“新建 UCS”｜“上一个”或 UCS 工具栏上的（上一个 UCS）按钮，可以将 UCS 返回到前一个 UCS 设置。

（5）创建 XY 面与计算机屏幕平行的 UCS。利用下拉菜单“工具”｜“新建 UCS”｜“视图”或 UCS 工具栏上的（视图）按钮，可以创建 XY 面与计算机屏幕平行的 UCS。三维绘图时，当需要在当前视图进行标注文字等操作时，一般应首选创建这样的 UCS。图 12-17 所示为利用 XY 平面与屏幕平行创建的 UCS。

（6）恢复 WCS。利用 UCS 工具栏上的（世界）按钮、下拉菜单“工具”｜“新建 UCS”｜“世界”可以将当前坐标系恢复到 WCS，即世界坐标系。

图 12-16　绕轴旋转创建的 UCS

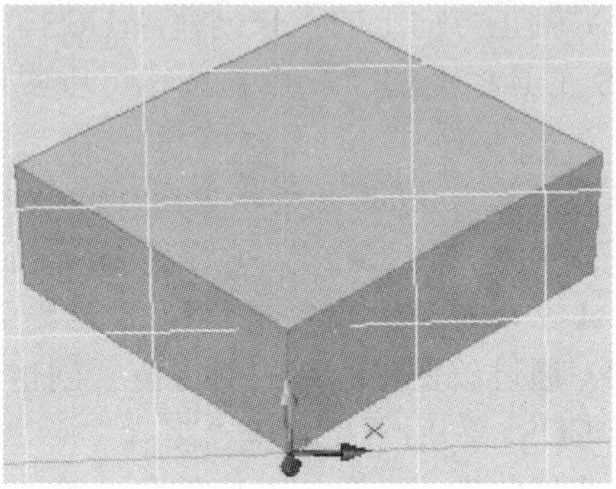

图 12-17　XY 面与屏幕平行的 UCS

12.4　设 置 视 点

在 AutoCAD 中，视点就是观察图形的方向。当指定视点后，AutoCAD 将该点与坐标原点的连线方向作为观察方向，并在屏幕上按该方向显示出图形的投影。绘制三维图形时，往往需要从不同的角度观看图形，以便了解图形的实际形状或进行绘图及编辑等操作。根据 AutoCAD 2009 提供的多种设置视点功能，用户可以方便地实现这一需要。下面分别说明这几种视点设置的操作步骤。

1. 利用命令执行方式设置视点

（1）命令执行方式。

① 下拉菜单：“视图”｜“三维视图”｜“视点”

② 命令：VPOINT↙

（2）操作过程及说明。执行上述任一方式后，系统提示：

指定视点或 [旋转（R）] <显示坐标球和三轴架>:

默认情况下，视点的坐标位置为（0，0，1），就是从（0，0，1）点向（0，0，0）观察模型。

各选项功能如下。

① 指定视点：指定一点作为视点，为默认项。

② 旋转（R）：根据指定的角度确定视点。执行该选项，系统提示：

输入 XY 平面与 X 轴的夹角：（输入视点方向在 XY 平面内的投影与 X 轴正向的夹角）

输入与 XY 平面的夹角：（输入视点方向与其在 XY 平面上投影之间的夹角）

③ 显示坐标球和三轴架：根据坐标球和三轴架确定视点。

在“指定视点或［旋转（R）］<显示坐标球和三轴架>:”提示下直接按 Enter 键，即执行“显示坐标球和三轴架”选项，AutoCAD 显示出图 12-18 所示的坐标球与三轴架。

三轴架的 3 根轴表示 X、Y 及 Z 轴的正方向。当光标在坐标球范围内移动时，三轴架的 X 与 Y 轴也会绕 Z 轴转动，且三轴架转动的角度与光标在坐标球上的位置对应。光标位于坐标球的不同位置，对应的视点亦不相同。

坐标球实际上是球体的俯视投影图，当光标位于内环之内时，相当于视点在球体的上半球体；光标位于内环与外环之间，表示视点在球体的下半球体。移动光标时三轴架也随着变化，即视点位置在发生变化。确定视点位置后回车或单击，AutoCAD 按该视点显示图形对象。

此外，利用下拉菜单“视图”｜“三维视图”｜“视点”，也可直接显示出图 12-18 所示的坐标球与三轴架。

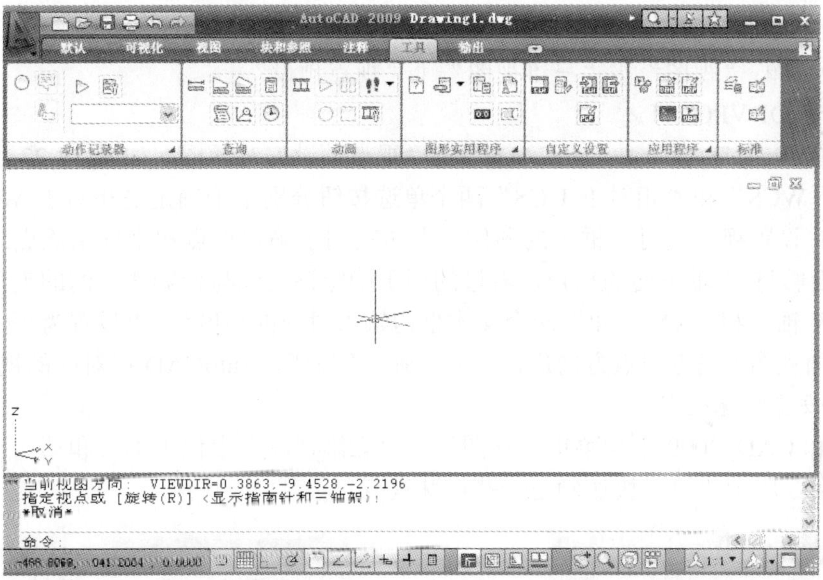

图 12-18　坐标球与三轴架

例如，已知有图 12-19 所示的三维图形，试将视点分别设为（0，1，0）和（–1，–1，–1）来观察显示结果。设当前视点是（1，1，1）。

操作过程如下。

设已打开图 12-19 所示的实体，执行 VPOINT 命令，系统提示：

指定视点或［旋转（R）［显示坐标球和三轴架］：0，1，0 ↙

执行结果如图 12-20 所示。

执行 VPOINT 命令后，AutoCAD 一般会将图形充满整个绘

图 12-19　三维图形

图区域。这时可通过执行 ZOOM 命令使图形以合适的比例显示。再次执行 VPOINT 命令，系统提示：

指定视点或 [旋转（R）] <显示坐标球和三轴架>: -1，-1，-1↙

得如图 12-21 所示的结果。

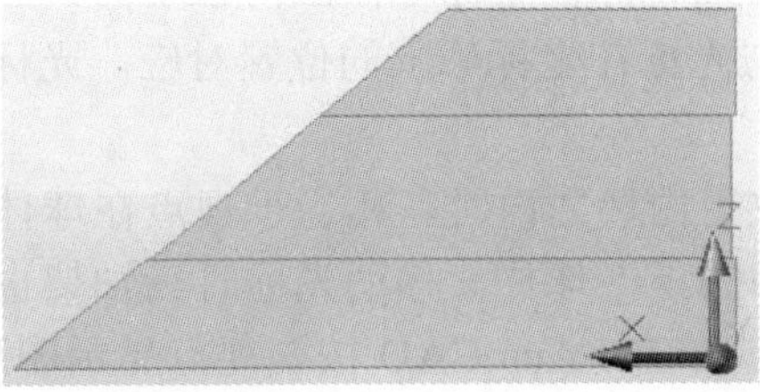

图 12-20 按视点（0，1，0）观察

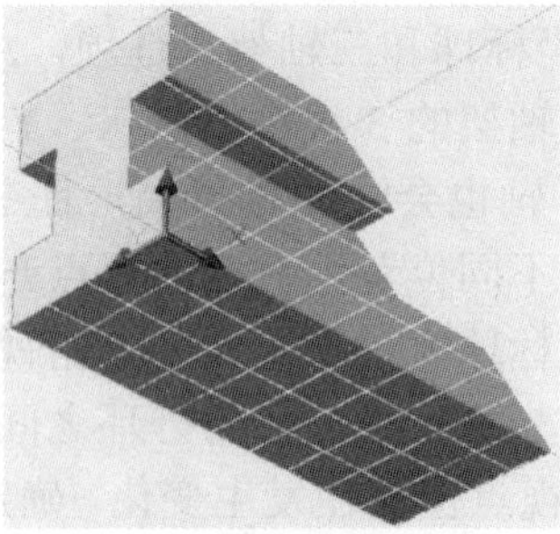

图 12-21 按视点（–1，–1，–1）观察

2. 利用对话框设置视点

命令执行方式。

① 下拉菜单：“视图” | “三维视图” | “视点预设”

② 命令：DDVPOINT↙

执行 DDVPOINT 命令，AutoCAD 弹出“视点预设”对话框，如图 12-22 所示的对话框中，“绝对于 WCS”和“相对于 UCS”两个单选按钮分别用于确定是相对于 WCS 还是相对于当前 UCS 设置视点。对话框中的图像，左边的用于确定视点和坐标系原点之间的连线在 XY 平面的投影与 X 轴正向的夹角，右边的用于确定该连线与投影线之间的夹角。用户也可以直接在“X 轴”和“XY 平面”两个文本框内输入对应的角度值。“设置为平面视图”按钮用于设置平面视图。确定视点方向后，单击“确定”按钮，AutoCAD 按对应的视点显示图形。

3. 快速设置特殊视点

利用 AutoCAD 2009 下拉菜单“视图” | “三维视图”中位于第二和第三栏中的各菜单项，如图 12-23 所示，可以快速确定一些特殊视点。

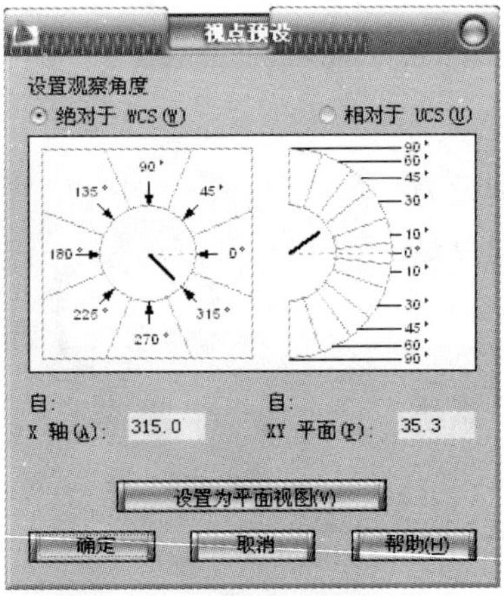

图 12-22 “视点预设”对话框

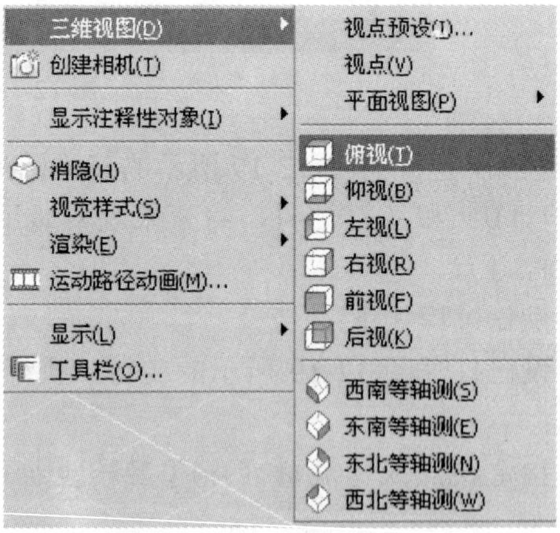

图 12-23 “三维视图” 菜单

12.5　三维空间点的位置确定

当绘制三维图形时，通常需要在三维空间确定点的位置。在三维空间可以用如下方式确定点的位置。

1. 用对象捕捉捕捉特殊点

用户可以利用 AutoCAD 的对象捕捉功能，准确地捕捉一些三维空间特殊位置点，如圆心、端点及中点等。

2. 通过键盘输入点的坐标

通过键盘输入点的坐标，也可以采用绝对坐标或相对坐标的方式输入，而且在每一种坐标方式中，又有直角坐标、球坐标和柱坐标之分。

（1）直角坐标。直角坐标就是在指定点的提示下直接输入点的 X，Y 与 Z 坐标值，坐标间要用逗号隔开。例如，要输入一个点，其 X 坐标为 100，Y 坐标为 200，Z 坐标为 300，则可以在确定点位置的提示后输入：

100，200，300↙

（2）球坐标。球坐标用 3 个参数描述空间某点的位置，即该点距当前坐标系原点的距离，坐标系原点与该点的连线在 XY 平面上的投影同 X 轴正方向的夹角，坐标系原点与该点的连线同 XY 平面的夹角。三者之间要用符号“<”隔开。例如，某点与当前坐标系原点的距离为 100、坐标系原点与该点的连线在 XY 平面上的投影同 X 轴正方向的夹角为 30°，坐标系原点与该点的连线同 XY 平面的夹角为 50°，则该点球坐标的表示形式为：

100<30<50↙

（3）柱坐标。柱坐标是极坐标在三维空间的另一种推广形式，它也通过 3 个参数描述：点在 XY 平面上的投影与当前坐标系原点的距离；该点在 XY 平面上的投影同 X 轴正方向的夹角；以及该点的 Z 坐标值。距离与角度之间要用符号“<”隔开，而角度与 Z 坐标值之间要用逗号隔开。

例如，某点在 XY 平面上的投影与当前坐标系原点的距离为 100，坐标系原点与该点的连线在 XY 平面上的投影同 X 轴正方向的夹角是 75°，该点的 Z 坐标值为 150，那么此点的柱坐标表示形式为：

100<75，150↙

（4）相对坐标。相对坐标是指后一点相对于前一点的坐标，相对坐标也有直角坐标、球坐标和柱坐标 3 种形式，其输入格式分别与这 3 种形式相同，但需要在所输入的坐标前加符号“@”，表示相对坐标。

12.6　绘制三维图形

利用 AutoCAD 2009，可以方便地在三维空间绘制点、直线段、射线、构造线、多段线及样条曲线等基本对象以及由这些对象构成的线框模型。在三维空间绘制这些对象的过程与绘制二维对象类似，但一般要输入三维空间的点。此外，用户还可以在任一 UCS 的 XY 平面上用前面介绍过的绘图及编辑命令在三维空间进行操作。

12.6.1 绘制三维空间点

1. 命令执行方式

（1）下拉菜单：“绘图”｜“点”

（2）命令：POINT↙

2. 操作过程及说明

执行上述任一方式后，系统提示：

指定点：200，200，200↙

执行结果：在点（200，200，200）位置绘出一个点（通过“点样式”对话框设置点的样式，绘制的点才可见。也可以采用直角坐标、柱坐标或球坐标来确定点）。

12.6.2 绘制三维直线

1. 命令执行方式

（1）下拉菜单：“绘图”｜“直线”

（2）命令：LINE↙

2. 操作过程及说明

用 LINE 命令绘制边长和高分别为 100 和 300 的等边三棱柱线框模型。

操作步骤如下。

指定第一点:（在绘图屏幕适当位置拾取一点）

指定下一点或 [放弃（U)]: @100，0

指定下一点或 [放弃（U)]: @100<120

指定下一点或 [闭合（C）放弃（U)]: C↙

此时绘出一个边长为 100 的等边三角形。再执行 COPY（复制）命令，系统提示：

选择对象:（选择前面绘出的三角形）

选择对象:

指定基点或位移:（在绘图屏幕任意拾取一点）

指定位移的第二点或: @0，0，300

指定位移的第二点:

在执行以上操作后，依次在两个三角形的对应角点处绘制直线，即可得到图 12-24 所示的三棱柱的线框模型。

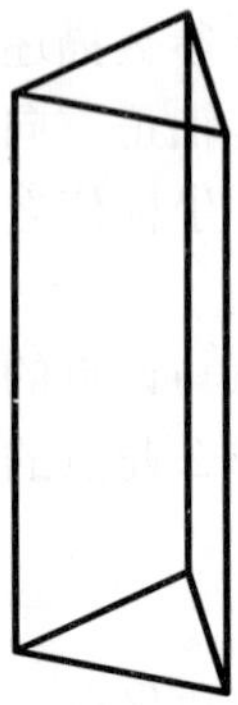

图 12-24　三棱柱

12.6.3 绘制三维射线

1. 命令执行方式

（1）下拉菜单：“绘图”｜“射线”

（2）命令：XLINE↙

命令：RAY↙

2. 操作过程及说明

执行上述任一方式后，系统提示：

指定起点：↙（指定射线的起始点，可以是空间任意一点）
指定通过点：↙（指定射线通过的任一点，可以是空间任意点）
指定通过点：↙（也可以继续指定射线通过点绘制线）

12.6.4　绘制三维构造线

1. 命令执行方式
（1）下拉菜单："绘图" | "构造线"
（2）命令：XLINE↙
2. 操作过程及说明
执行上述任一方式后，系统提示：
指定点或 [水平（H）/垂直（V）/角度（A）/二等分（B）/偏移（O）]:
指定起点：↙（指定射线的起始点，可以是空间任意一点）
指定通过点：↙（指定射线通过的任一点，可以是空间任意点）
指定通过点：↙（也可以继续指定射线通过点绘制线）

12.6.5　绘制与编辑三维多段线

1. 绘制三维多段线
（1）命令执行方式。
① 下拉菜单："绘图" | "三维多段线"
② 命令：3DPOLY↙
（2）操作过程及说明。执行上述任一方式后，系统提示：
指定多段线的起点：↙（指定一点，可以是空间任意点）
指定直线的端点或 [放弃（U）]: ↙（指定一点，可以是空间任意点）
指定直线的端点或 [放弃（U）]: ↙（指定一点，可以是空间任意点）
指定直线的端点或 [放弃（U）]: ↙
2. 编辑三维多段线
（1）命令执行方式。
① 下拉菜单："修改" | "对象" | "多段线"
② 命令：PEDIT↙
（2）操作过程及说明。执行上述任一方式后，系统提示：
选择多段线或 [多条（M）]:（选择三维多段线）
输入选项 [闭合（C）/编辑顶点（E）/条样曲线（S）/非曲线化（D）/放弃（U）]:

上面各个选项的含义与对二维多段线执行 PEDIT 命令编辑时给出的同名选项的含义相同，对三维多段线只能进行样条曲线拟合；另外，也不能改变三维多段线的线宽。

12.6.6　绘制三维样条曲线

1. 命令执行方式
（1）下拉菜单："绘图" | "样条曲线"
（2）命令：SPLINE↙

2. 操作过程及说明

执行上述任一方式后，系统提示：

指定第一个点或 [对象（O）]:（指定一点，可以是空间任意一点）

指定下一点:（指定一点，可以是空间任意一点）

指定下一点或 [闭合（C）/拟合公差（F）] <起点切向>: ↙

操作步骤与二维样条曲线类似，此处不再介绍了。

12.6.7 绘制三维螺旋线

创建图 12-25 所示的螺旋线。

1. 命令执行方式

（1）下拉菜单：“绘图” | “螺旋”

（2）命令：HELIX↙

2. 操作过程及说明

执行上述任一方式后，系统提示：

圈数 = 3.0000　　扭曲=CCW（螺旋线的当前设置）

指定底面的中心点: 50，50，0

（指定螺旋线底面的中心点，该底面与当前 UCS 或动态 UCS 的 XY 平面平行）

指定底面半径或 [直径（D）] <1.0000>: 50↙　（输入螺旋线的底面半径或直径）

指定顶面半径或 [直径（D）] <50.0000>: ↙　（输入螺旋线的顶面半径或直径）

指定螺旋高度或 [轴端点（A）/圈数（T）/圈高（H）/扭曲（W）] <1.0000>: 100↙

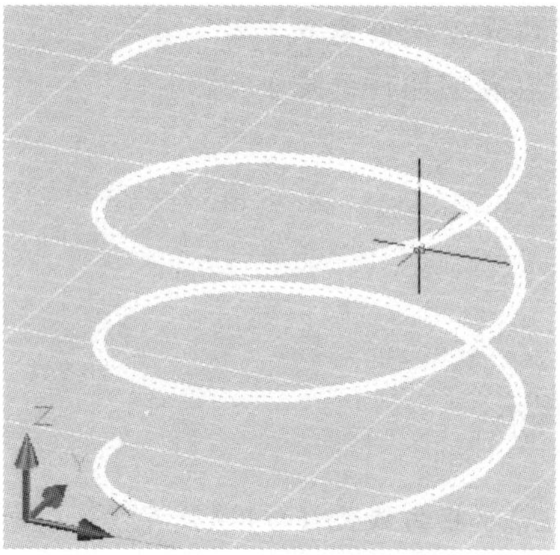

图 12-25　螺旋线

执行结果如图 12-25 所示螺旋线。

（1）指定螺旋高度。指定螺旋线的高度。执行该选项，输入高度值后按 Enter 键，即可绘制出对应的螺旋线。

（2）轴端点（A）。确定螺旋线轴的另一端点位置。执行该选项，系统提示：

指定轴端点:

在此提示下指定轴端点的位置即可。指定轴端点后，所绘螺旋线的轴线沿螺旋线底面中心点与轴端点的连线方向，即螺旋线底面不再与 UCS 的 XY 平面平行。

（3）圈数（T）。设置螺旋线的圈数（默认值是 3，最大值为 500）。执行该选项，系统提示：

输入圈数:

在此提示下输入圈数即可。

（4）圈高（H）。指定螺旋线一圈的高度（即圈间距，又称为节距，指螺旋线旋转一圈后，沿轴线方向移动的距离）。执行该选项，系统提示：

指定圈间距:

确定螺旋线的旋转方向（即旋向）。执行该选项，系统提示：

输入螺旋的扭曲方向 [顺时针（CW）/逆时针（CCW）] <CCW>:

12.7　绘制三维曲面

利用 AutoCAD 2009，可以绘制平面曲面、三维曲面、旋转曲面、平移曲面、直纹曲面和边界曲面等。

需要说明的是，AutoCAD 用多边形网格构成的小平面近似表示曲面。多边形网格越密，曲面的光滑程度越高。此外，绘出曲面后，可以用 HIDE 命令对其消隐，也可以通过改变视点从不同的方向观察曲面。

12.7.1　绘制平面曲面

创建图 12-26 所示的平面曲面。

1. 命令执行方式

（1）下拉菜单：“绘图” | “建模” | “平面曲面”

（2）工具栏：“建模”工具栏 | “平面曲面”按钮

（3）命令：PLANESURF↙

2. 操作过程及说明

执行矩形命令，系统提示：

指定第一个角点或 [对象（O）] <对象>: 0, 0, 0（输入坐标值，指定第一点坐标）

指定其他角点：@100, 100, 100（输入数值或者用鼠标指定）

执行结果：如图 12-26 所示。

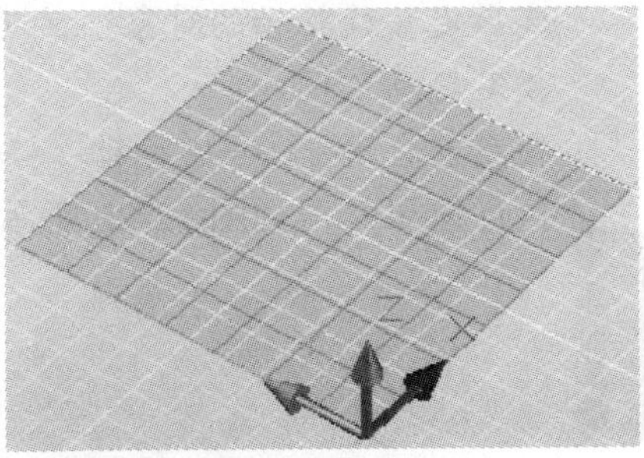

图 12-26　平面曲面

12.7.2　绘制三维面

三维面是三维空间的表面，它没有厚度，也没有质量属性。

图 12-27　三维面

创建图 12-27 所示三维面。

1. 命令执行方式

（1）下拉菜单：“绘图” | “建模” | “网格” | “三维面”

（2）命令：3DFACE↙

2. 操作过程及说明

执行上述任一方式后，系统提示：

指定第一点或 [不可见（I）]:（指定一点作为三维面的第一点）

指定第二点或 [不可见（I）]:（继续指定第二点）

指定第三点或 [不可见（I）] <退出>:（继续指定第三点）

指定第四点或 [不可见（I）] <创建三侧面>:（继续指定第四点）

指定第三点或 [不可见（I）] <退出>:　*取消*

绘制结果如图 12-27 所示。

12.7.3 绘制旋转曲面

在 AutoCAD 中，绘制旋转曲面之前，首先需要绘制一个对象（如直线、圆弧、圆、样条曲线、二维多段线及三维多段线等），然后再沿旋转轴（如直线、二维多段线及三维多段线等）制作出旋转曲面。

创建图 12-28 所示旋转曲面。

1. 命令执行方式

（1）下拉菜单："绘图" | "建模" | "网格" | "旋转网格"

（2）命令：REVSURF↙

2. 操作过程及说明

执行上述任一方式后，系统提示：

选择要旋转的对象：↙（选择要旋转的样条曲线）

选择定义旋转轴的对象：↙（选择直线）

指定起点角度 <0>：↙

指定包含角 （+=逆时针，-=顺时针） <360>：↙

执行结果：得到图 12-28 所示旋转曲面。

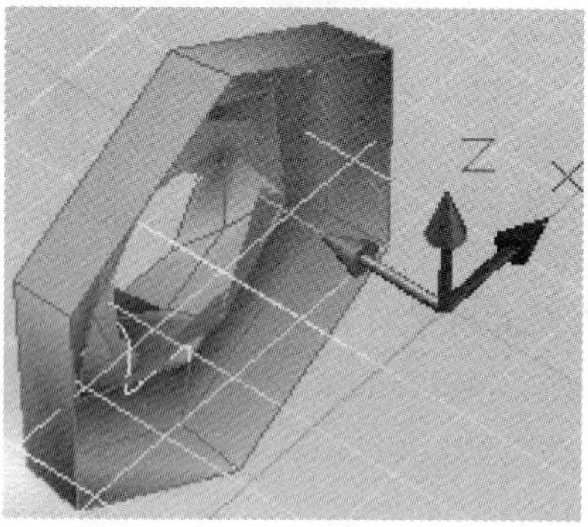

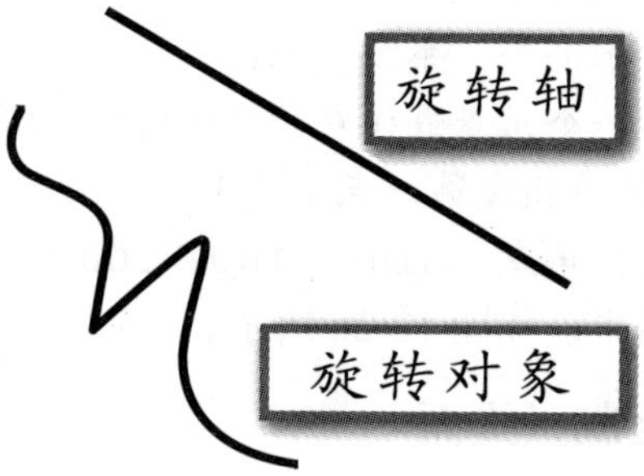

图 12-28 旋转曲面

12.7.4 绘制平移曲面

平移曲面是路径曲线沿方向矢量平移而形成的基本曲面。路径曲线可以是直线、圆弧、圆、椭圆、椭圆弧、二维多段线、三维多段线或样条曲线等。方向矢量可以是直线，也可以是开放的二维或三维多段线。

创建图 12-29 所示的平移曲面。

1. 命令执行方式

（1）下拉菜单："绘图" | "建模" | "网格" | "平移网格"

（2）命令：TABSURF↙

2. 操作过程及说明

执行"TABSURF"命令，系统提示：

选择用作轮廓曲线的对象：（选择轮廓曲线）

选择用作方向矢量的对象：（选择方向矢量）

执行结果：得到图 12-29 所示的平移曲面。

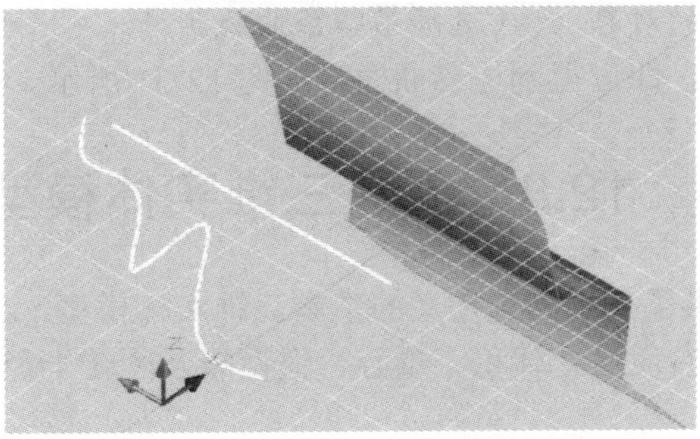

图 12-29 平移曲面

12.7.5 绘制直纹曲面

直纹曲面可以使用两个不同的对象定义直线网格的边界，使用的对象包括直线、点、圆弧、圆、椭圆、椭圆弧、二维多段线、三维多段线或样条曲线等。

创建图 12-30 所示的直纹曲面。

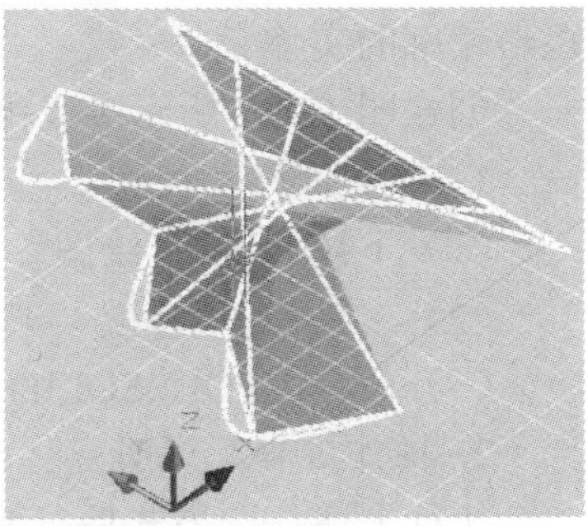

图 12-30 直纹曲面

1. 命令执行方式

（1）下拉菜单：“绘图”｜“建模”｜“网格”｜“直纹网格”

（2）命令：RULESURF↙

2. 操作过程及说明

执行上述任一方式后，系统提示：

选择第一条定义曲线：（选择第一条曲线）

选择第二条定义曲线：（选择第二条曲线）

选择两条定义曲线后，即可得到直纹曲面，见图 12-30。

12.7.6 绘制边界曲面

边界曲面是以 4 条邻接边为边界创建出的三维多边形网格，作为边的曲线可以是直线、弧或多段线等。这些边在断点处相交形成一个拓扑形式的矩形闭合路径，如图 12-31 所示。

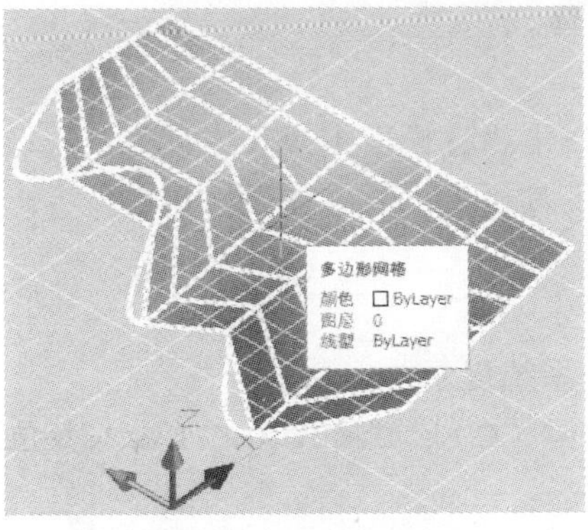

图 12-31 边界曲面

创建图 12-31 所示的平移曲面。

1. 命令执行方式

（1）下拉菜单：“绘图”｜“建模”｜“网格”｜“边界网格”

（2）命令：EDGESURF↙

2. 操作过程及说明

执行上述任一方式后，系统提示：

选择用作曲面边界的对象 1：（选择第一条曲线）

选择用作曲面边界的对象 2：（选择第二条曲线）
选择用作曲面边界的对象 3：（选择第三条曲线）
选择用作曲面边界的对象 4：（选择第四条曲线）
分别选择 4 条边后，即可得到边界曲面，如图 12-31 所示。

12.8 创建三维实体模型

AutoCAD 2009 提供了一系列预定义的基本三维实体模型，这些模型是常用的、规则的三维模型组件。实体是具有质量、体积、重心、惯性矩及回转半径等体特征的三维对象。

12.8.1 创建多段体

多段体是扫掠实体，就是使用指定轮廓沿指定路径绘制的实体。用户可以将现有直线、二维多段线及圆弧等转换为具有矩形轮廓的实体。

图 12-32 多段体

创建图 12-32 所示多段体。

1. 命令执行方式

（1）下拉菜单："绘图"｜"建模"｜"多段体"
（2）工具栏："建模"工具栏｜"多段体"按钮
（3）命令：POLYSOLID↙

2. 操作过程及说明

执行上述任一方式后，系统提示：
指定起点或 [对象（O）/高度（H）/宽度（W）/对正（J）] <对象>：（指定第一点）
指定下一个点或 [圆弧（A）/放弃（U）]：（指定下一点）
指定下一个点或 [圆弧（A）/闭合（C）/放弃（U）]：（指定下一点）
指定下一个点或 [圆弧（A）/闭合（C）/放弃（U）]：（指定下一点）
依次选择各点后按回车键，可得到多段体，如图 12-32 所示。

12.8.2 创建长方体

长方体实体是指长方体所包括的三维空间，其中也包括立方体实体。

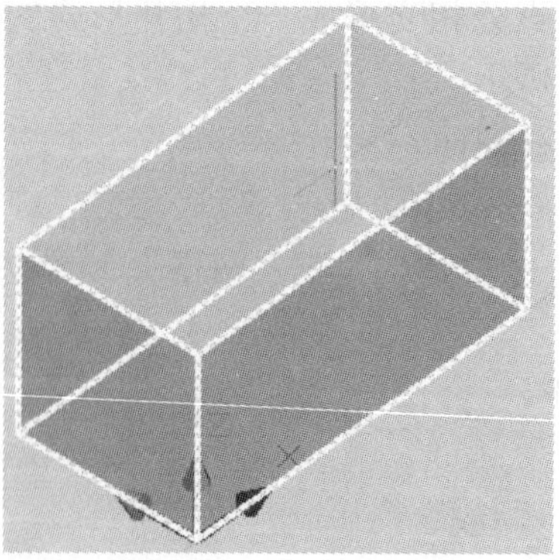
图 12-33 长方体

创建图 12-33 所示长方体。

1. 命令执行方式

（1）下拉菜单："绘图"｜"建模"｜"长方体"
（2）工具栏："建模"工具栏｜"长方体"按钮
（3）命令：BOX↙

2. 操作过程及说明

执行上述任一方式后，系统提示：
指定第一个角点或 [中心（C）]：0，0，0↙（输入数值指定第一个角点）
指定其他角点或 [立方体（C）/长度（L）]：@20，10，

0↙（输入数值指定第二个角点）

指定高度或 [两点（2P）] <-116.9380>: 10↙（输入数值指定高度）

执行结果如图 12-33 所示的长方体。

12.8.3　创建楔体

楔体实体是指将长方体沿对角面分开后得到的半个长方体。

创建图 12-34 所示楔体。

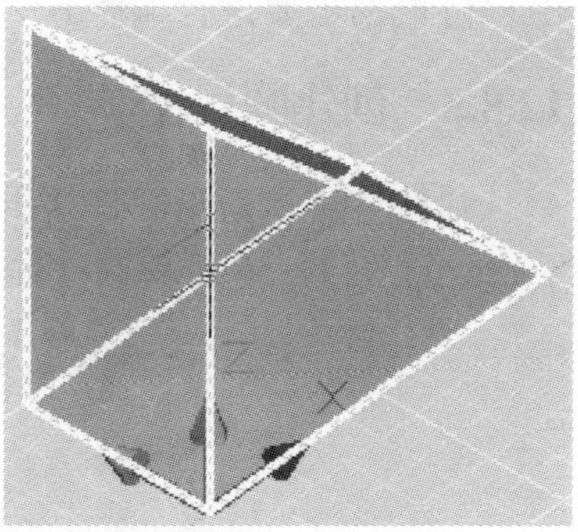

图 12-34　楔体

1. 命令执行方式

（1）下拉菜单："绘图" | "建模" | "楔体"

（2）工具栏："建模"工具栏 | "楔体"按钮

（3）命令：WEDGE↙

2. 操作过程及说明

执行上述任一方式后，系统提示：

指定第一个角点或 [中心（C）]: 0，0，0↙（输入数值指定第一个角点）

指定其他角点或 [立方体（C）/长度（L）]: @100，50，0↙（输入数值指定第二个角点）

指定高度或 [两点（2P）] <10.0000>: 100↙（输入数值指定高度）

执行上述操作后按 Enter 键，即可得到图 12-34 所示的楔体。

12.8.4　创建球体

球体实体是指球体所包含的三维空间。

创建图 12-35 所示球体。

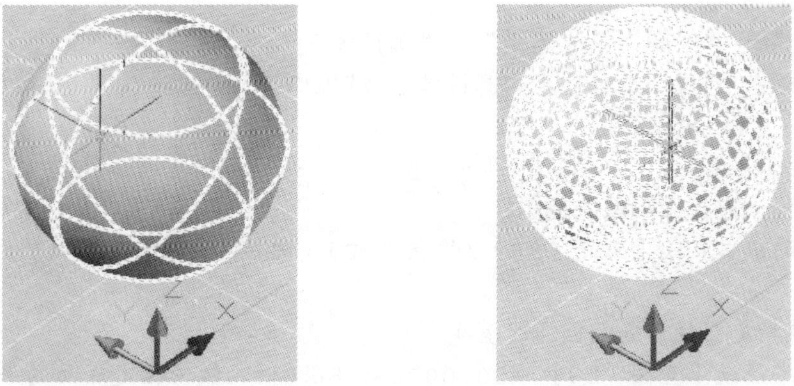

（a）ISOLINES=4　　（b）ISOLINES =30

图 12-35　球体

1. 命令执行方式

（1）下拉菜单："绘图" | "建模" | "球体"

（2）工具栏："建模"工具栏 | "球体"按钮

（3）命令：SPHERE↙

2. 操作过程及说明

执行上述任一方式后，系统提示：

指定中心点或 [三点（3P）/两点（2P）/切点、切点、半径（T）]：50，50，50（输入数值指定空间中球心的位置）

指定半径或 [直径（D）] <50.0000>：50（输入数值指定球体半径）

执行结果如图 12-35 所示的球体（图 12-35（a）和图 12-35（b）经纬线分别为 4 和 30，用户可根据需要进行调整）。

12.8.5 创建圆柱体

圆柱体实体是指圆柱体所包含的三维空间，其中包括椭圆柱体。

创建图 12-36 所示圆柱体。

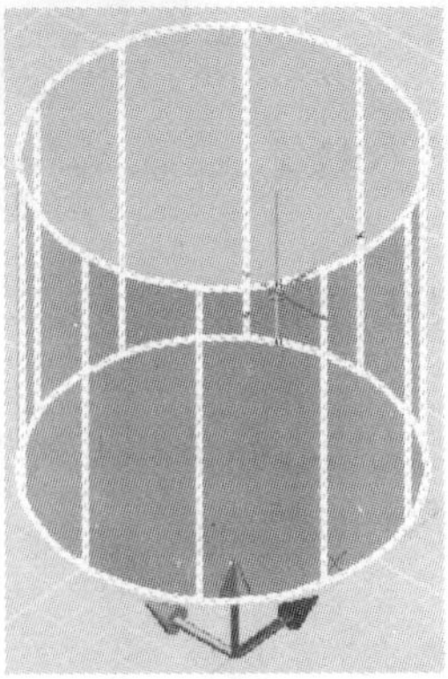

（a）ISOLINES=10

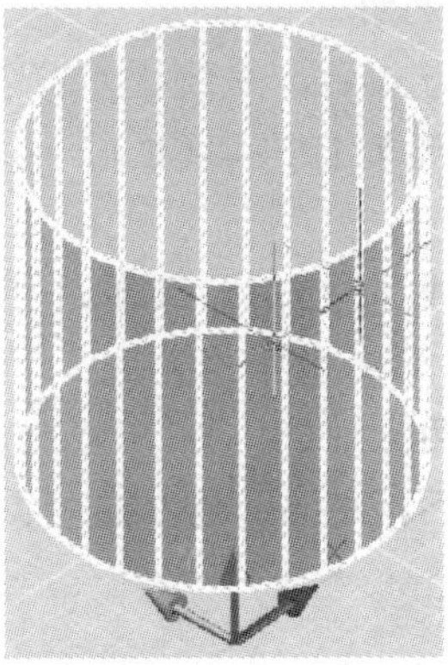

（b）ISOLINES=30

图 12-36 圆柱体

1. 命令执行方式

（1）下拉菜单："绘图" | "建模" | "圆柱体"

（2）工具栏："建模"工具栏 | "圆柱体"按钮

（3）命令：CYLINDER↙

2. 操作过程及说明

执行上述任一方式后，系统提示：

指定底面的中心点或 [三点（3P）/两点（2P）/切点、切点、半径（T）/椭圆（E）]：50，50，0↙

（输入数值指定圆柱体底面圆心位置）

指定底面半径或 [直径（D）] <50.0000>：50（输入数值指定底面的半径）

指定高度或 [两点（2P）/轴端点（A）] <100.0000>：100（输入数值指定圆柱体的高度）

执行结果：如图 12-36 所示圆柱体。

12.8.6 创建圆锥体

圆锥体实体是指圆锥体所包含的三维空间，其中也包括椭圆椎体。

创建图 12-37 所示圆锥体。

1. 命令执行方式

（1）下拉菜单：“绘图” | “建模” | “圆锥体”

（2）工具栏：“建模”工具栏 | “圆锥体”按钮

（3）命令：CONE↙

2. 操作过程及说明

执行上述任一方式后，系统提示：

指定底面的中心点或［三点（3P）/两点（2P）/切点、切点、半径（T）/椭圆（E）]:（通过鼠标指定或者输入数值指定圆锥体底面的圆心位置）

指定底面半径或［直径（D）］ <34.6658>: 30↙（通过鼠标指定或者输入数值指定圆锥体底面圆的半径）

指定高度或［两点（2P）/轴端点（A）/顶面半径（T）］ <69.5583>: 40↙（通过鼠标或输入数值指定高度）

图 12-37　圆锥体

执行结果：如图 12-37 所示圆锥体。

其他各选项含义如下。

（1）指定底面的中心点：要求用户通过鼠标或者输入数值指定圆锥底面的中心点位置，为默认项。

（2）三点（3P）：指定 3 个点来定义圆锥体底面圆的大小和位置。

（3）两点（2P）：指定两个点作为圆锥体底面圆的直径，以确定圆锥体底面大小和位置。

（4）切点、切点、半径（T）：定义具有指定半径，且与两个对象相切的圆锥体底面。

（5）椭圆（E）：绘制椭圆形锥体，即横截面是椭圆的锥体。

12.8.7　创建圆环体

圆环体实体是指圆坏体包含的三维空间，通过圆环体实体也可以创建两极凹陷或凸起的球体。

创建图 12-38 所示圆柱体。

1. 命令执行方式

（1）下拉菜单：“绘图” | “建模” | “圆环体”

（2）工具栏：“建模”工具栏 | “圆环体”按钮

（3）命令：TORUS↙

2. 操作过程及说明

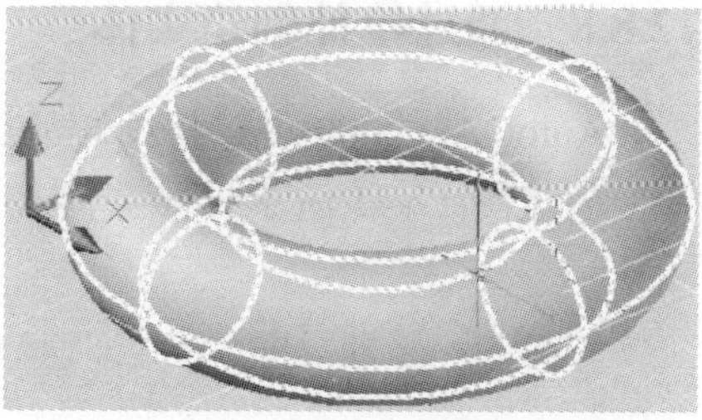

图 12-38　圆环体

执行上述任一方式后，系统提示：

指定中心点或［三点（3P）/两点（2P）/切点、切点、半径（T）]:（通过鼠标或输入数值指定圆环体的圆心位置）

指定半径或［直径（D）］ <30.0000>: 30↙（通过鼠标或输入数值指定圆环体的半径）

指定圆管半径或［两点（2P）/直径（D）]: 10↙（通过鼠标或输入数值指定圆环体的圆管半径或直径）

执行结果：如图 12-38 所示圆环体。

各选项含义如下。

（1）指定中心点：要求用户通过鼠标或者输入数值指定圆环体中心点位置，为默认项。

（2）三点（3P）：指定 3 个点来定义圆环体直径的大小和圆心的位置。

（3）两点（2P）：通过指定两个点作为圆环体的直径，以确定圆环体直径大小和圆心位置。

（4）切点、切点、半径（T）：利用指定半径且与两个对象相切确定圆的位置及大小。

【说明】

由于圆环体是根据圆环体半径和圆管半径共同定义的，因此这两个半径的相关大小将影响着整个圆环体的形状。

（1）通常情况下，圆环体半径和圆管半径均为正值，且圆环体半径要大于圆管半径，参见图 12-38 带有中心孔的圆环体。

（2）如果两个半径都是正值，且圆管半径大于圆环体半径，可以得到两极凹陷的球体，如图 12-39 所示。

（3）如果圆环体的半径为负值，圆管半径为正值，并且圆管半径大于圆环体半径的绝对值，则可以得到图 12-40 所示的两极尖锐凸出的球体。

图 12-39　两极凹陷圆环体

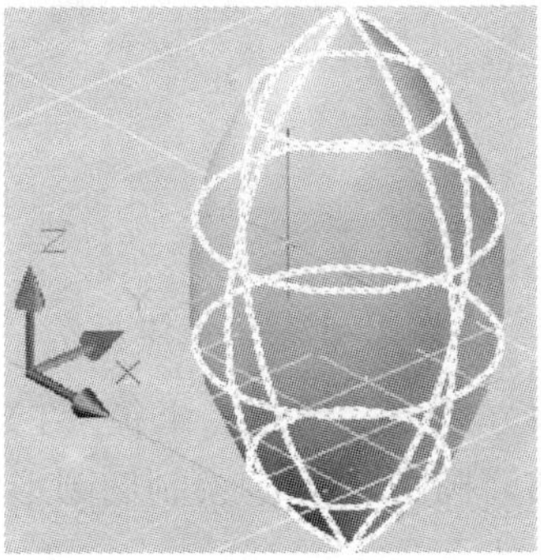

图 12-40　两极尖锐圆环体

12.8.8　通过拉伸创建实体

AutoCAD 2009 可以将绘制的二维图形沿着指定方向拉伸一定高度来创建三维实体。

创建图 12-41 所示拉伸实体。

（a）创建的面域

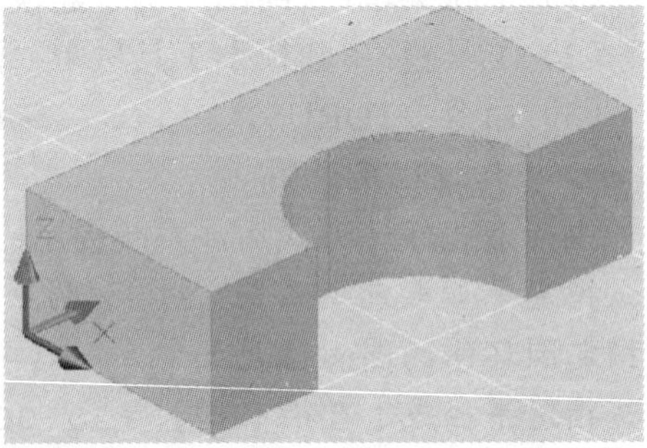

（b）拉伸的实体

图 12-41　拉伸创建实体

1. 命令执行方式

（1）下拉菜单：“绘图”｜“建模”｜“拉伸”

（2）工具栏：“建模”工具栏｜“拉伸”按钮

（3）命令：EXTRUDE↙

2. 操作过程及说明

执行上述任一方式后，系统提示：

当前线框密度：　ISOLINES=4

如果想要创建拉伸实体，在此之前需先创建一个面域，如图 12-41（a）所示。

选择要拉伸的对象：找到 1 个（选择如图 12-41 所示的面域）

选择要拉伸的对象：↙

指定拉伸的高度或 [方向（D）/路径（P）/倾斜角（T）]　<40.0000>：30（用鼠标指定或者输入数值指定拉伸高度和方向）

创建出拉伸实体，如图 12-41（b）所示。

各选项含义如下。

（1）指定拉伸的高度：确定拉伸高度，使对象按该高度拉伸，为默认项。

（2）方向（D）：确定拉伸方向。执行该选项，系统提示：

指定方向的起点：

指定方向的端点：

用户依次响应后，AutoCAD 以所指定两点之间的距离为拉伸高度，沿两点之间的连接方向拉伸创建出对象。

（3）路径（P）：选择基于指定曲线对象的拉伸路径。执行该选项，系统提示：

选择拉伸路径或 [倾斜角（T）]：

用于选择拉伸路径，为默认项，用户直接选择即可。

（4）倾斜角（T）：指定拉伸倾斜角度，拉伸对象倾斜角度在–90°～90°之间。如果输入了角度值，正角度表示从基准对象逐渐变细的拉伸，而负角度则表示从基准对象逐渐变粗的拉伸。默认角度 0 表示在与二维对象所在平面垂直的方向上进行拉伸。执行该选项，系统提示：

指定拉伸的倾斜角度：

12.8.9　通过旋转二维对象创建实体

AutoCAD 2009 用户也可以使用旋转命令将二维对象绕某一轴旋转创建出三维实体。

创建图 12-42 所示旋转实体。

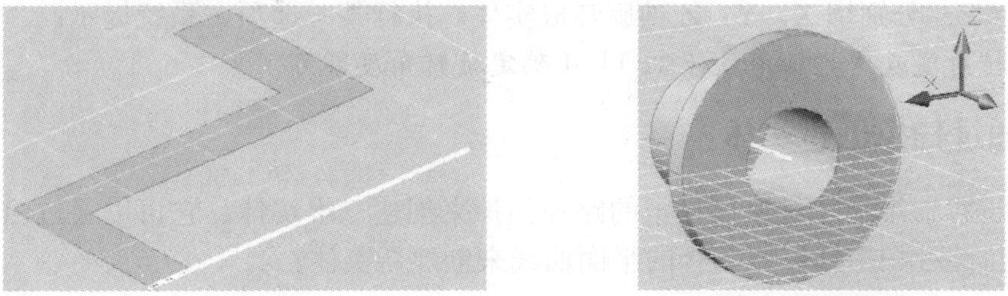

（a）创建的面域　　（b）旋转后实体

图 12-42　旋转创建实体

1. 命令执行方式

（1）下拉菜单：“绘图” | “建模” | “旋转”

（2）工具栏：“建模”工具栏 | “旋转”按钮

（3）命令：REVOLVE↙

2. 操作过程及说明

执行上述任一方式后，系统提示：

选择要旋转的对象：找到 1 个（通过鼠标指定要旋转的面域，见图 12-42（a））

如果想要创建旋转实体，在创建之前先创建一个面域。

选择要旋转的对象：（继续选择要旋转对象）

指定轴起点或根据以下选项之一定义轴 [对象（O）/X/Y/Z] <对象>：（指定旋转轴的起点）

指定轴端点：（指定旋转轴的另一端点）

指定旋转角度或 [起点角度（ST）] <360>：（指定旋转的角度）

创建出旋转实体，如图 12-42（b）所示。

各选项含义如下。

（1）指定轴端点。通过指定旋转轴的两个端点位置确定旋转轴，为默认项。用户响应后，即指定旋转轴的起点后，系统提示：

指定轴端点：（确定旋转轴的另一端点位置）

指定旋转角度或 [起点角度（ST）]：

① 指定旋转角度：确定旋转角度，该选项为默认选项。用户响应后，即输入角度后按 Enter 键，AutoCAD 将选择的对象按指定的角度创建出对应的旋转实体。

② 起点角度（ST）：确定旋转角度，该选项为默认选项。执行该选项，系统提示：

指定起点角度：（输入旋转的起始角度）

指定旋转角度：（输入旋转角度）

（2）对象（O）。绕指定的对象旋转。执行该选项，系统提示：

选择对象：

此提示要求选择作为旋转轴的对象。此时用户只能选择用 LINE 命令绘制的直线或用 PLINE 命令绘制的多段线。选择多段线时，如果拾取的多段线是直线段，旋转对象将绕该线段旋转；如果拾取的是圆弧段，AutoCAD 以该圆弧两端点的连线作为旋转轴旋转。确定旋转轴对象后，系统提示：

指定旋转角度或 [起始角度（ST）]：（确定旋转角度即可）

（3）X/Y/Z。分别绕 X，Y，Z 轴旋转成实体。执行某一选项，系统提示：

指定旋转角度或 [起始角度（ST）]：（确定旋转角度即可）

12.8.10 通过扫掠创建实体

扫掠用于将二维封闭对象按指定的路径扫掠来创建三维实体，它可以通过沿开放或闭合的二维或三维路径扫掠开放或闭合的平面曲线来创建新实体。

创建图 12-43 所示扫掠实体。

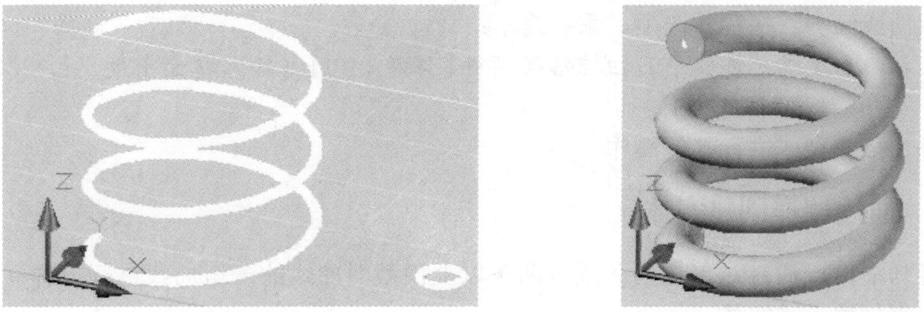

（a）扫掠轨迹和扫掠图形　　（b）扫掠后实体

图 12-43　扫掠创建实体

1. 命令执行方式

（1）下拉菜单：“绘图” | “建模” | “扫掠”

（2）工具栏：“建模”工具栏 | “扫掠”按钮

（3）命令：SWEEP↙

2. 操作过程及说明

执行上述任一方式后，系统提示：

当前线框密度：ISOLINES=4

选择要扫掠的对象：（选择要扫掠的对象）

选择要扫掠的对象：↙（也可以继续选择对象）

选择扫掠的路径或 [对齐（A）\基点（B）\比例（S）\扭曲（T）]:

各选项含义如下。

（1）对齐（A）。指定是否对齐轮廓，以使其作为扫掠路径切线的方向。默认情况下，轮廓是对齐的。

执行该选项，系统提示：

扫掠前对齐垂直路径的扫掠对象 [是（Y）/否（N）] <是>:

此提示询问扫掠前是否先将用于扫掠的对象垂直对齐于路径，然后再进行扫掠，用户根据需要进行选择即可。

（2）基点（B）。确定要扫掠对象的基点，即确定扫掠对象上的哪一点（或对象外的一点）将沿扫掠路径移动。如果指定的点不在选定对象所在的平面上，则该点将被投影到该平面上。

执行该选项，系统提示：

指定基点：（指定基点）

选择扫掠路径或 [对齐（A）/基点（B）/比例（S）/扭曲（T）]:（选择扫掠路径或进行其他操作）

（3）比例（S）。指定进行扫掠操作的比例因子，使得从起点到终点将按统一的比例进行扫掠。

执行“比例（S）”选项，系统提示：

输入比例因子或 [参照（R）]:（输入比例因子或通过“参照（R）”选项设置比例）

选择扫掠路径或 [对齐（A）/基点（B）/比例（S）/扭曲（T）]:（选择扫掠路径或进行其他操作）

（4）扭曲（T）。设置正被扫掠的对象的扭曲角度或倾斜角度，从起点到终点按给定的角度进行扭曲或倾斜。执行此选项，系统提示：

输入扭曲角度或允许非平面扫掠路径倾斜[倾斜(B)]:(输入扭曲角度，也可以通过“倾斜(B)”选项输入倾斜角度)

选择扫掠路径或进行其他操作。

12.8.11 通过放样创建实体

放样功能可以通过对包含两条或者两条以上横截面曲线的一组曲线进行放样（绘制实体或曲面）来创建三维实体。

创建图 12-44 所示放样实体。

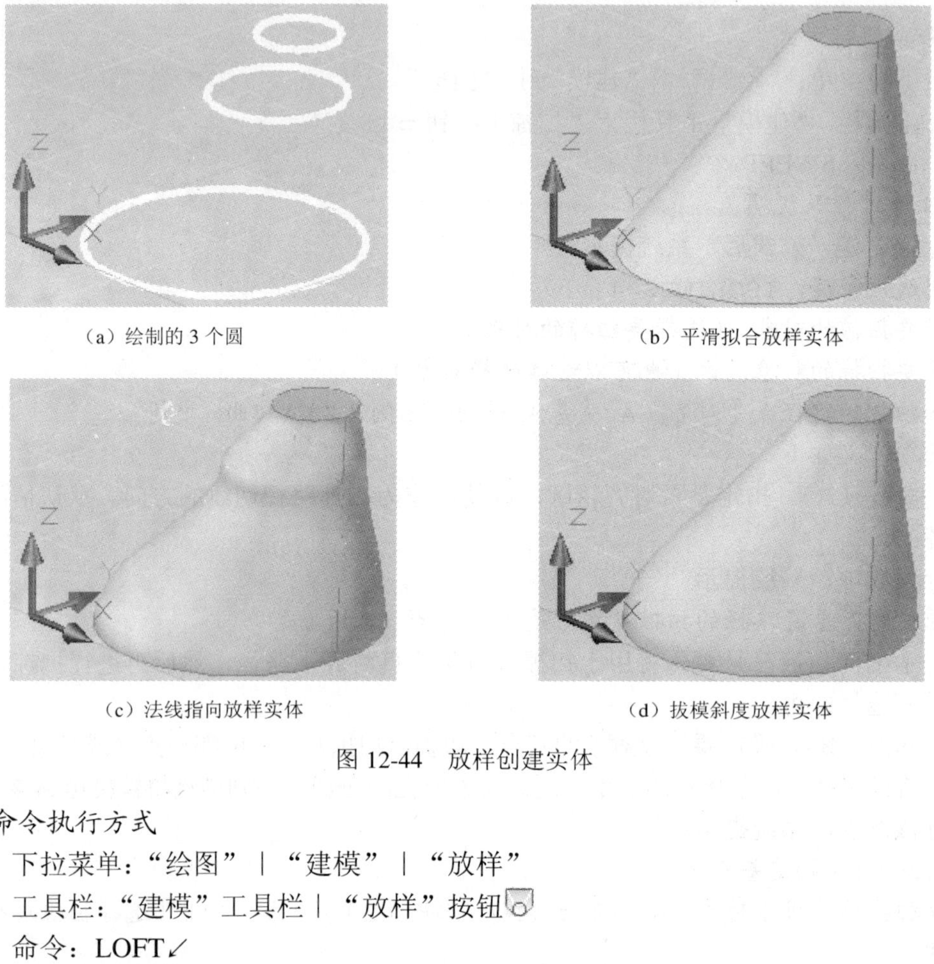

（a）绘制的 3 个圆　（b）平滑拟合放样实体

（c）法线指向放样实体　（d）拔模斜度放样实体

图 12-44　放样创建实体

1. 命令执行方式

（1）下拉菜单：“绘图” | “建模” | “放样”

（2）工具栏：“建模”工具栏 | “放样”按钮

（3）命令：LOFT↙

2. 操作过程及说明

执行上述任一方式后，系统提示：

按放样次序选择横截面：找到 1 个(按顺序选择用于放样的曲线。在此提示依次选择三条曲线)

按放样次序选择横截面：找到 1 个，总计 2 个

按放样次序选择横截面：找到 1 个，总计 3 个

按放样次序选择横截面:

各选项含义如下。

（1）导向（G）。指定用于创建放样对象的导向曲线。导向曲线是直线或曲线。利用导向曲线，可以通过添加线框信息的方式进一步定义放样对象的形状。导向曲线应满足的要求是：要与每一截面相交；起始于第一个截面并结束于最后一个截面。执行“导向（G）”选项，系统提示：

选择导向曲线:（选择导向曲线）

（2）路径（P）。指定用于创建放样对象的路径。执行“路径（P）”选项，系统提示：

选择路径曲线:（选择要作为路径曲线的对象）

（3）仅横截面（C）。通过对话框进行放样设置。执行该选项，AutoCAD 弹出“放样设置”对话框，如图 12-45 所示。

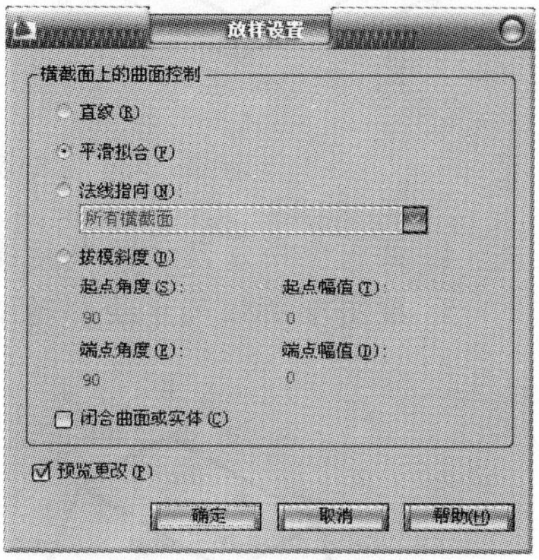

图 12-45 “放样设置”对话框

通过“放样设置”对话框进行放样设置后，单击“确定”按钮，即可创建出对应的放样对象。

该对话框中各选项的功能如下。

① 直纹：指定实体或曲面在横截面之间是直纹，并且在横截面处具有鲜明边界。

② 平滑拟合：指定在横截面之间绘制平滑实体或曲面，并且在起点和终点横截面处具有鲜明边界。

③ 法线指向：控制实体或曲面在其通过横截面处的曲面法线。

④ 拔模斜度：控制放样实体或曲面的第一个和最后一个横截面的拔模斜度和幅度值。

⑤ 闭合曲面或实体：闭合或开放曲面或实体。选中复选框时，横截面应该形成圆环形图案，以便放样曲面或实体可以形成闭合的圆环。

⑥ 预览更改：选定该复选框，表示当前设置应用到放样实体或曲面，然后在绘图区域中显示预览。

实　训

1. 试用 3 种不同的方法将题图 12-1 所示坐标系转换成题图 12-2 所示坐标系。

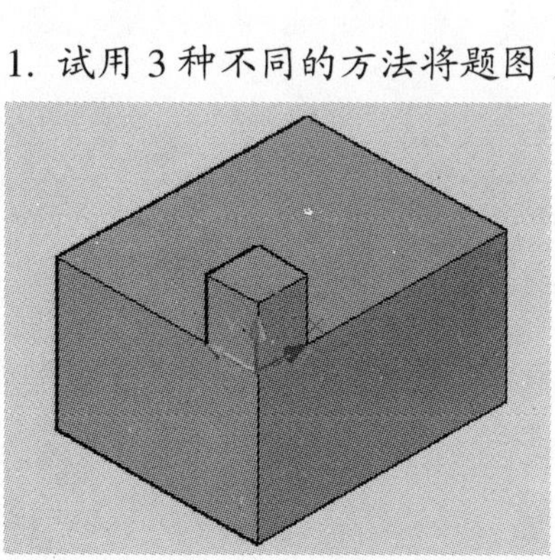

题图 12-1　坐标系 1

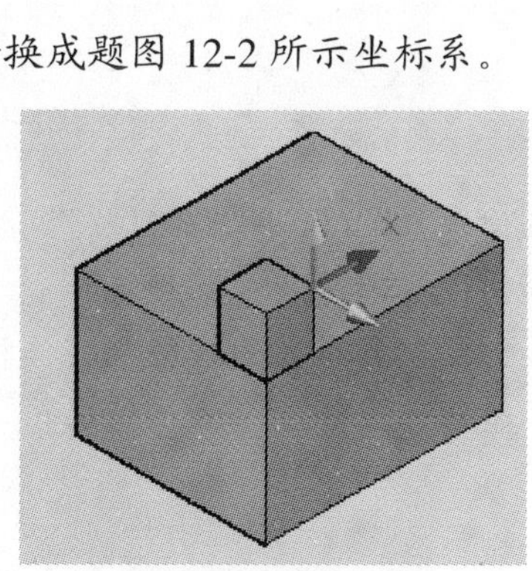

题图 12-2　坐标系 2

2. 运用本章所学的内容创建题图 12-3 所示三维实体。

3. 按图中所注尺寸绘制题图 12-4 所示的三维实体。

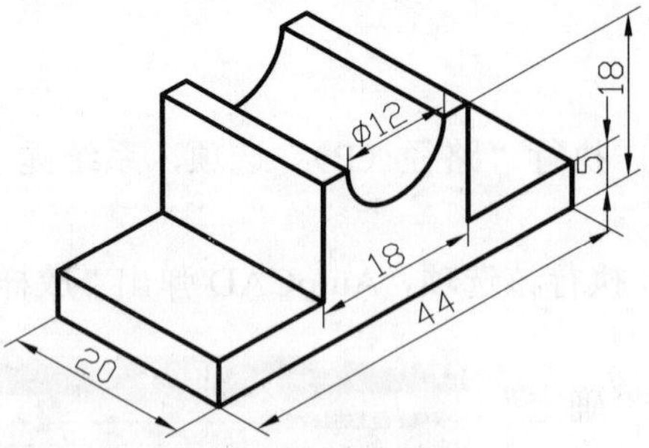

题图 12-3　三维实体 1

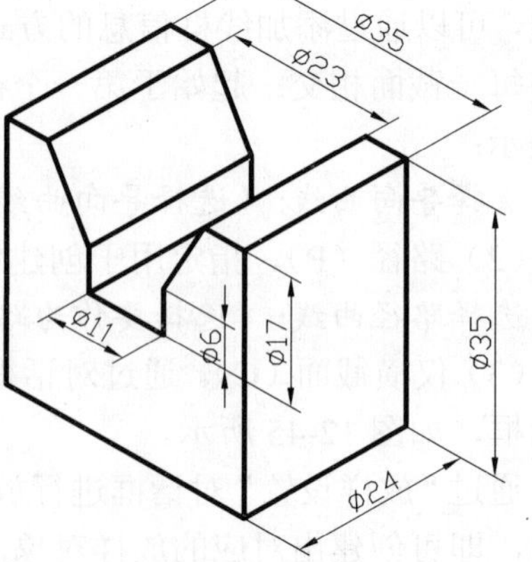

题图 12-4　三维实体 2

4. 按图中所注尺寸绘制题图 12-5 所示的三维实体。

5. 按图中所注尺寸绘制题图 12-6 所示的三维实体。

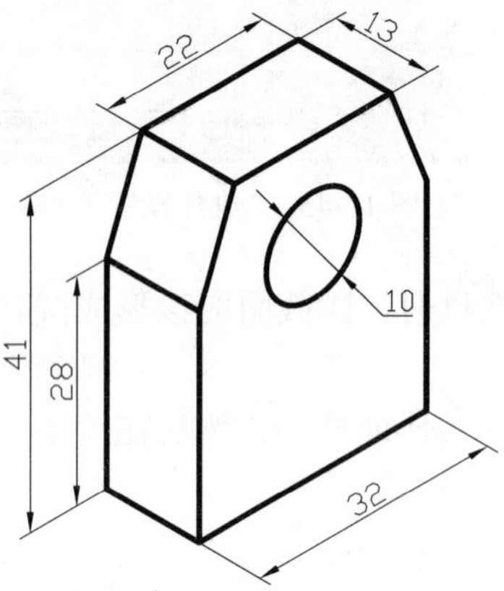

题图 12-5　三维实体 3

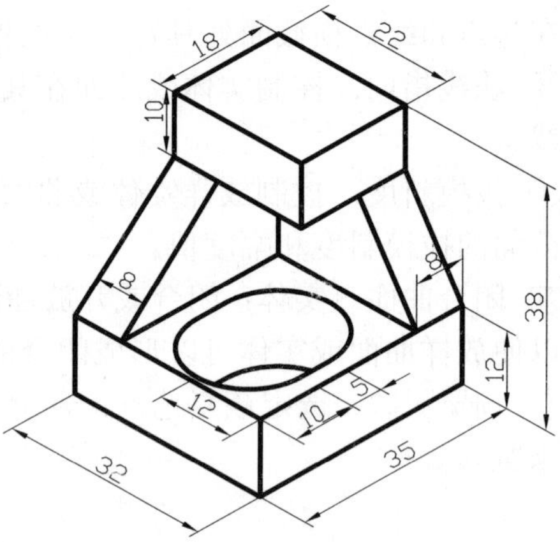

题图 12-6　三维实体 4

习　　题

1. 如何建立 UCS 坐标系？
2. 如何设置消隐及观察视点？
3. 如何绘制各种表面模型及实体模型？
4. 三维实体查询命令如何使用？

第 13 章
编辑三维图形

与二维阵列、镜像和旋转等操作类似，AutoCAD 也提供了在三维空间中进行阵列、镜像和旋转等命令。此外还可以通过一系列的移动、缩放和旋转等操作将两个三维对象按指定的方式对齐。这些三维操作命令适用于三维空间中的任意对象。而在第 3 章介绍的许多编辑命令也适用于编辑三维图形，如删除、移动、复制和缩放等，只不过执行其中的某些编辑操作时需要输入三维坐标点。本章将介绍专门适用于编辑三维图形的命令与操作，主要包括以下内容：

- 三维阵列
- 三维镜像
- 三维旋转
- 三维对齐
- 倒角
- 圆角
- 布尔操作
- 编辑实体的边、面、体
- 渲染

13.1 三 维 阵 列

AutoCAD 2009 允许将指定的对象在三维空间实现矩形和环形阵列。三维阵列就是将实体在三维空间中阵列。

1. 命令执行方式

（1）下拉菜单：“修改”｜“三维操作”｜“三维阵列”

（2）工具栏：“建模”工具栏｜“三维阵列”按钮

（3）命令：3DARRAY↙

2. 操作过程及说明

执行上述任一方式后，系统提示：

选择对象：（选择图 13-1 所示阵列对象）

选择对象：↙（也可以继续选择阵列对象）

输入阵列类型：[矩形（R）环形（P）] R↙

此提示要求用户确定阵列类型，有矩形阵列“矩形（R）”和环形阵列“环形（P）”两种选择，下面分别进行举例说明。

例 1 已知有图 13-1（a）所示小正方体，对正方体进行矩形阵列，效果如图 13-1（b）所示。

矩形阵列指将阵列对象按指定的行、列及层阵列。执行“矩形（R）”选项，系统提示：

输入行数 （---） <1>: 3↙（输入阵列的行数）

输入列数 （|||） <1>: 3↙（输入阵列的列数）

输入层数 （...） <1>: 3↙（输入阵列的层数）

指定行间距 （---）: 20↙（输入行间距）

指定列间距 （|||）: 20↙（输入列间距）

指定层间距 （...）: 20↙（输入层间距）

阵列结果如图 13-1（b）所示。

（a）矩形阵列前

（b）矩形阵列后

图 13-1 矩形阵列

例 2 对图 13-1（a）所示小正方体进行环形阵列，效果如图 13-2 所示。

在“输入阵列类型 [矩形（R）/环形（P）] <矩形>:”提示下执行“环形（P）”选项，表示将进行环形阵列，系统提示：

输入阵列中的项目数目: 10（输入阵列的项目数目）

指定要填充的角度 （+=逆时针， -=顺时针） <360>: ↙（输入环形阵列的填充角度）

旋转阵列对象? [是（Y）/否（N）] <Y>:（确定环形阵列时是否使阵列对象本身绕其轴线旋转）

指定阵列的中心点: 50, 50, 50↙

指定旋转轴上的第二点: 50, 50, 0↙

阵列结果如图 13-2 所示。

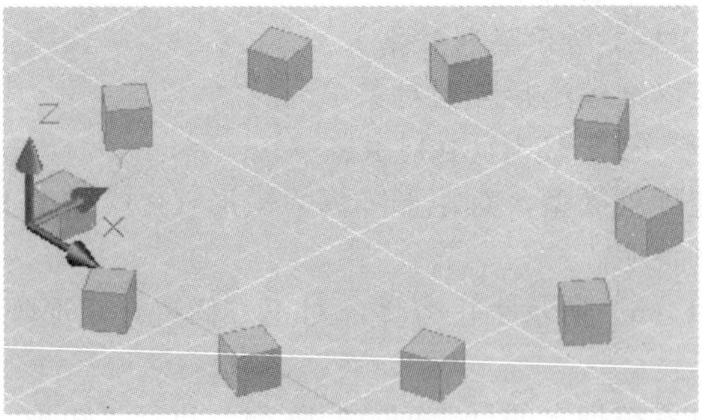

图 13-2 环形阵列

13.2　三 维 镜 像

三维镜像是将指定的对象在三维空间相对于某一平面的镜像。源对象与其镜像副本相对于镜像平面彼此对称。

已知有图 13-3（a）所示实体，对其进行镜像操作。

1. 命令执行方式

（1）下拉菜单："修改" | "三维操作" | "三维镜像"

（2）命令：MIRROR3D↙

2. 操作过程及说明

执行上述任一方式后，系统提示：

选择对象：找到 1 个（选择要镜像的对象）

选择对象：↙（也可继续选择镜像对象）

指定镜像平面 （三点） 的第一个点或 [对象（O）/最近的（L）/Z 轴（Z）/视图（V）/XY 平面（XY）/YZ 平面（YZ）/ZX 平面（ZX）/三点（3）] <三点>:（此提示要求用户选择确定镜像面的方式）

在镜像平面上指定第二点:

在镜像平面上指定第三点:

是否删除源对象? [是（Y）/否（N）] <否>: N↙

所选择对象进行三维镜像结果如图 13-3（b）所示。

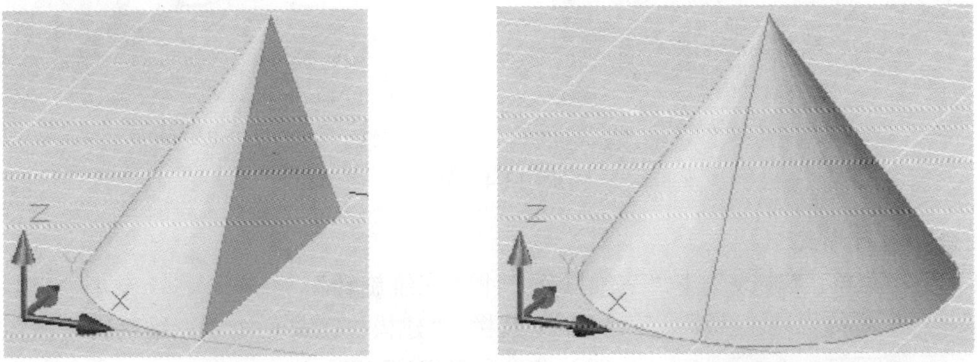

（a）三维镜像前　　（b）三维镜像后

图 13-3　三维镜像

各选项的功能如下。

（1）对象（O）。用指定对象所在的平面作为镜像面。执行该选项，系统提示：

选择圆、圆弧或二维多段线:

（2）最近的（L）。使用最后一次定义的镜像面进行镜像操作。

（3）Z 轴（Z）。通过平面上一点和该平面法线上的一点来定义镜像面。执行该选项，系统提示：

在镜像平面上指定一点：（指定镜像上的任一点）

在镜像面的 Z 轴（法向）上指定点：（确定与镜像面垂直的任一直线上的任一点）

（4）视图（V）。与当前视图平面（即计算机屏幕）平行的面作为镜像面。执行该选项，系统提示：

在视图平面上指定点：（确定镜像面上的任一点）

（5）XY 平面（XY）/YZ 平面（YZ）/ZX 平面（ZX）。以上 3 项分别表示用当前坐标系的 XY、YZ 或 ZX 平面作为镜像面。执行该选项（如执行 XY 选项），系统提示：

指定 XY 平面上的点：（确定对应镜像面上的任意一点）

（6）三点（3）。通过 3 点确定镜像面，为默认项。指定第一点后，系统提示：

在镜像平面上指定第二点：（指定镜像平面上的第二点）

在镜像平面上指定第三点：（指定镜像平面上的第三点）

13.3 三 维 旋 转

三维旋转是指将指定对象绕空间某轴旋转指定的角度，改变其在三维空间中的位置。已知有图 13-4（a）所示实体，对其进行三维旋转操作，效果如图 13-4（b）所示。

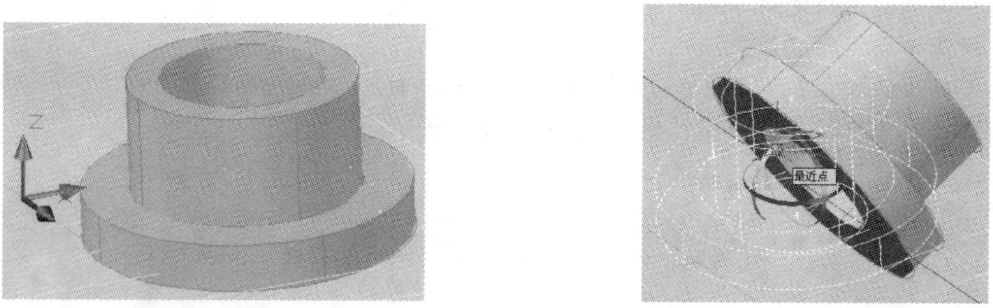

（a）旋转前　　（b）旋转后

图 13-4　旋转

1. 命令执行方式

（1）下拉菜单："修改" | "三维操作" | "三维旋转"

（2）工具栏："建模"工具栏 | "三维旋转"按钮

（3）命令：3DROTATE↙

2. 操作过程及说明

执行上述任一方式后，系统提示：

选择对象：（选择旋转对象）

选择对象：↙（也可以继续选择对象）

指定基点：

在提示"指定基点："的同时，会显示出随光标一起移动的三维旋转图标，如图 13-5 所示。在指定旋转基点后，将图 13-4（b）所示图标固定于旋转基点位置（图标的中心点与基

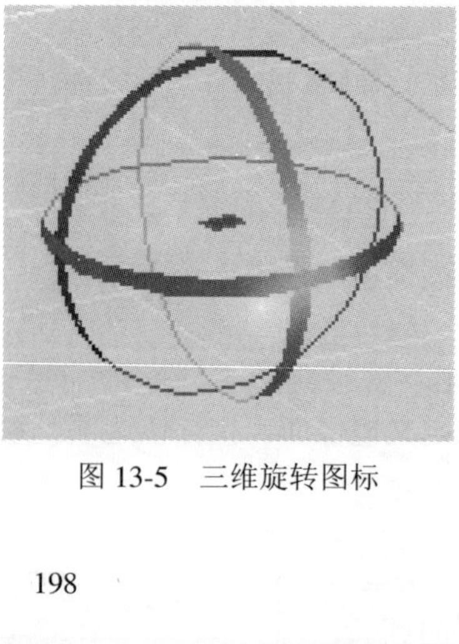

图 13-5　三维旋转图标

点重合），并提示：

拾取旋转轴：

在此提示下，将光标放在图 13-4（b）所示图标的某一椭圆上，该椭圆会用黄颜色显示，并显示出与该椭圆所在平面垂直且通过图标中心的一条线，此线就是对应的旋转轴，用此方法确定旋转轴后，单击，系统提示：

指定角的起点或输入角度：（指定一点作为角的起点，或直接输入角度）

指定角的端点：（指定一点作为角的终点）

13.4　三 维 对 齐

使用对齐命令，可以在三维空间中将两个对象按指定的方式对齐，AutoCAD 将根据用户指定的对齐方式，自动使用平移、旋转及比例缩放等操作改变对象的大小和位置，以便能够与其他对象对齐。

1. 命令执行方式

（1）下拉菜单：“修改”｜“三维操作”｜“对齐”

（2）工具栏：“建模”工具栏｜“对齐”按钮

（3）命令：ALIGN↙

2. 操作过程及说明

执行上述任一方式后，系统提示：

选择对象：（选择要改变位置的对象，称其为操作对象）

选择对象：（也可继续选择操作对象）

指定第一个源点：（指定操作对象上的某一点）

指定第一个目标点：（在被对齐对象上指定一点，即确定第一目标点）

指定第二个源点：（指定操作对象上的第二点）

指定第二个目标点：（指定被对齐对象上的第二目标点）

指定第三个源点或<继续>：（指定操作对象上的第三点）

指定第三个目标点：（指定被对齐对象上的第三目标点）

对齐命令提供了 3 种对齐方式。

（1）一点式：在指定第一个源点和第一个目标点后按 Enter 键，系统根据这两点之间的矢量关系自动将指定对象进行平移。

（2）两点式：在指定两个源点和两个目标点后按 Enter 键，系统根据这两对点之间的矢量关系自动将指定对象进行平移。

（3）三点式：在指定 3 个源点和 3 个目标点后按 Enter 键，系统根据这 3 对点之间的矢量关系自动将指定对象进行平移。

13.5　倒　　角

三维实体的倒角功能是指切去实体的外角（凸边）或填充实体的内角（凹边），如图 13-6 所示。

已知有 13-6（a）所示长方体，对其进行倒角，效果如图 13-6（b）所示。

1. 命令执行方式

（1）下拉菜单：“修改”｜“倒角”

（2）工具栏：“修改”工具栏｜“倒角”按钮

（3）命令：CHAMFER↙

2. 操作过程及说明

执行上述任一方式后，系统提示：

（“修剪”模式） 当前倒角距离 1 = 10.0000， 距离 2 = 10.0000

选择第一条直线或 [放弃（U）/多段线（P）/距离（D）/角度（A）/修剪（T）/方式（E）/多个（M）] ：(选择实体上要倒角的边，该边所在的其中一平面以虚线形式显示)

基面选择...

输入曲面选择选项 [下一个（N）/当前（OK）] <当前（OK）> : OK↙（选择用于倒角的基面。基面指构成所选择边的两个面中的某一面。如果要选择当前以虚线形式显示的面，按 Enter 键即可)

指定基面的倒角距离 <10.0000>: ↙（输入第一个基面上的倒角距离）

指定其他曲面的倒角距离 <10.0000>: ↙（输入第二个基面上的倒角距离）

选择边或 [环（L）]: 选择边或 [环（L）] ：↙

各选项的含义如下。

（1）选择边。对基面上的指定边倒角，为默认项。用户确定各边后，即实现倒角。

（2）环（L）。对基面上的各边均倒角。执行该选项，系统提示：

选择边或环 [边（E）] ：

在该提示下选择基面上一条边，即可实现对该面上的各个边进行倒角。用户也可以通过提示中的“边（E）”选项切换到对基面上指定的边进行倒角。

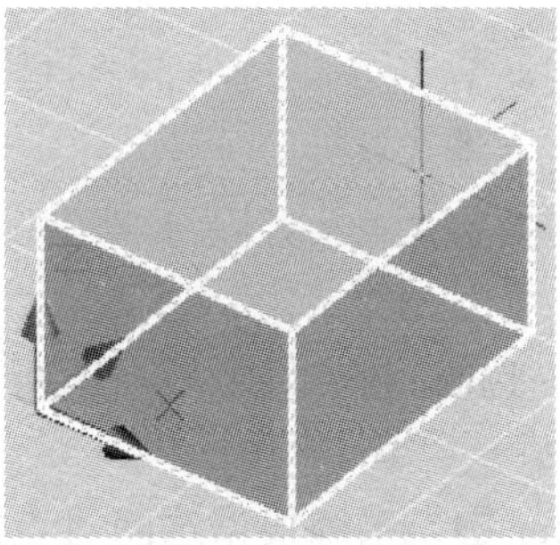

（a）倒角前

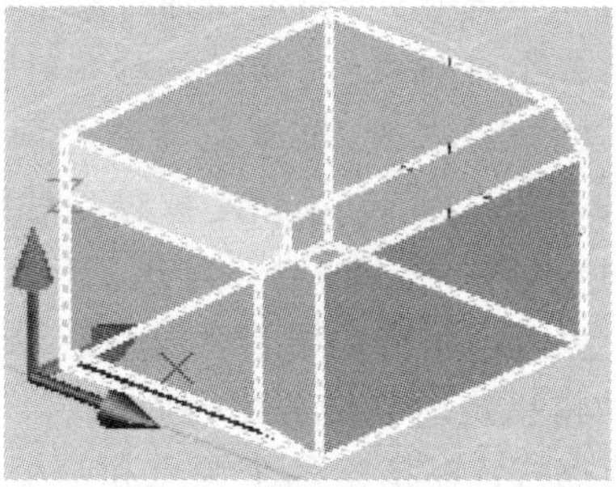

（b）倒角后

图 13-6　创建倒角

13.6　圆　角

创建圆角是指为三维实体的凸边或凹边添加圆角，从而在两个相邻面间产生一个圆滑过渡的曲面，如图 13-7（b）所示。

1. 命令执行方式

（1）下拉菜单："修改" | "圆角"

（2）工具栏："修改"工具栏 | "倒角"按钮

（3）命令：FILLET↙

2. 操作过程及说明

执行上述任一方式后，系统提示：

当前设置: 模式 = 修剪， 半径 = 0.0000

选择第一个对象或 [放弃（U）/多段线（P）/半径（R）/修剪（T）/多个（M)] ：(选择实体上要圆角的边，该边以虚线形式显示)

输入圆角半径: 10↙（输入实体的圆角半径 10）

选择边或 [链（C）/半径（R)] ：(继续选择要圆角的边)

选择边或 [链（C）/半径（R)] ：(继续选择要圆角的边)

选择边或 [链（C）/半径（R)] ：↙

结果将选定的 3 个边圆角。

（a）圆角前　　（b）圆角后

图 13-7　创建圆角

各选项功能如下

（1）选择边。选择边来创建圆角。可同时选择多个边进行倒圆角，选择多个边后按 Enter 键完成选择，AutoCAD 为这些边创建圆角。

（2）链（C)。选择链来添加圆角。执行该选项，系统提示：

选择边链或 [边（E）\半径（R)] ：

如果要添加圆角的多条边彼此首尾相切，此时选择其中的一条边，其余边均被选中（即构成了边链）。确定链后，AutoCAD 对它们进行添加圆角操作。

（3）半径（R)。重设圆角的半径。执行该选项，系统提示：

输入圆角半径: (输入新半径)

选择边或 [链（C）\半径（R)]: (确定创建圆角的边或重新输入圆角半径)

用户做出选择后，即可创建圆角。

13.7　布 尔 操 作

利用 AutoCAD 2009 可以对三维实体进行布尔运算。布尔运算是通过对两个或两个以上的三维实体进行并集、差集和交集操作，创建出由基本三维实体组成的复杂实体。

13.7.1 并集

并集是指将两个或两个以上的实体组合成 1 个实体。

将图 13-8（a）中的 1 个圆柱体和 1 个长方体并集，得到图 13-8（b）所示的新实体。（请注意它们之间的区别）

1. 命令执行方式

（1）下拉菜单：“修改” | “实体编辑” | “并集”

（2）工具栏：“建模”工具栏 | “并集”按钮

（3）命令：UNION↙

2. 操作过程及说明

执行上述任一方式后，系统提示：

选择对象：（选择要进行并集的实体）

选择对象：（继续选择实体）

选择对象：↙（继续选择实体，按 Enter 键完成选择）

执行结果：将圆柱体和长方体组合成一个实体。

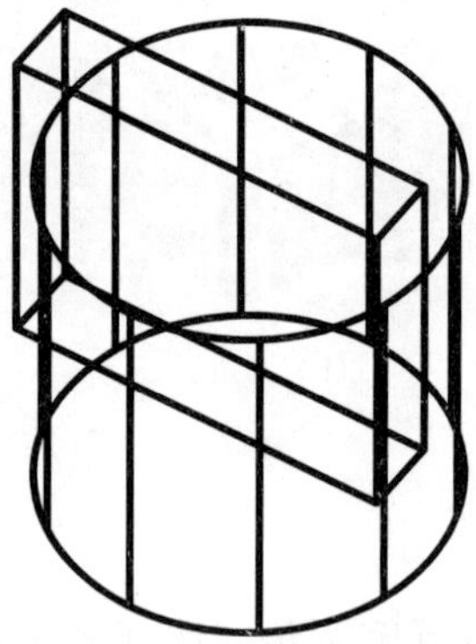

（a）并集前

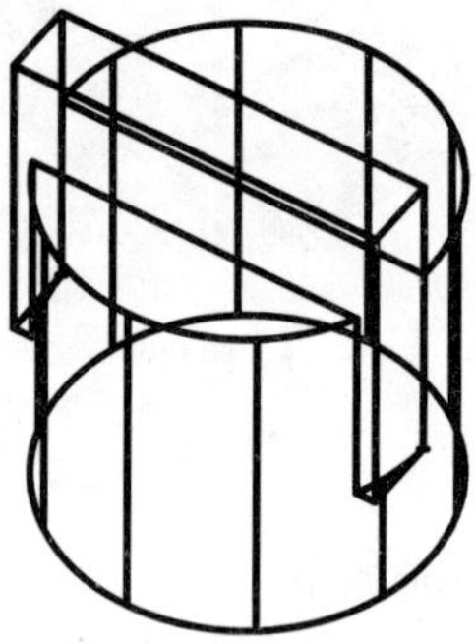

（b）并集后

图 13-8　并集运算

13.7.2 差集

差集是指从一个实体中去掉另一个或多个实体，从而得到一个新的实体。

将图 13-9（a）所示实体进行差集运算，得到图 13-9（b）所示的新实体。

1. 命令执行方式

（1）下拉菜单：“修改” | “实体编辑” | “差集”

（2）工具栏：“建模”工具栏 | “差集”按钮

（3）命令：SUBTRACT↙

2. 操作过程及说明

执行上述任一方式后，系统提示：

选择要从中减去的实体或面域...:
选择对象:（选择要从中减去的实体，选择图 13-9（a）中的圆柱体）
选择对象:（也可以继续选择实体）
选择要从中减去的实体或面域...:
选择对象:（选择要减去的实体，选择图 13-9（a）中的长方体）
选择对象:
执行结果如图 13-9（b）所示。

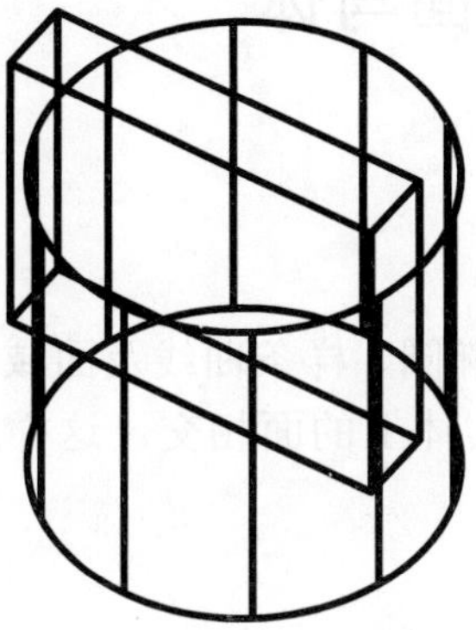
（a）差集前

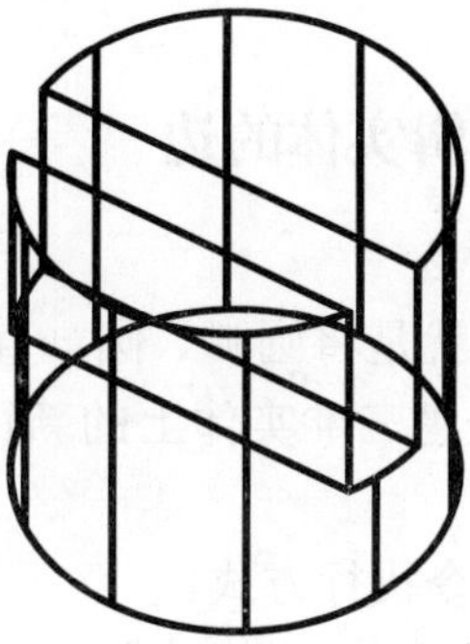
（b）差集后

图 13-9　差集运算

13.7.3　交集

交集是指保留两个或多个实体的重叠公共部分来创建一个新实体。
将图 13-10（a）所示实体进行交集运算，得到图 13-10（b）所示的实体。

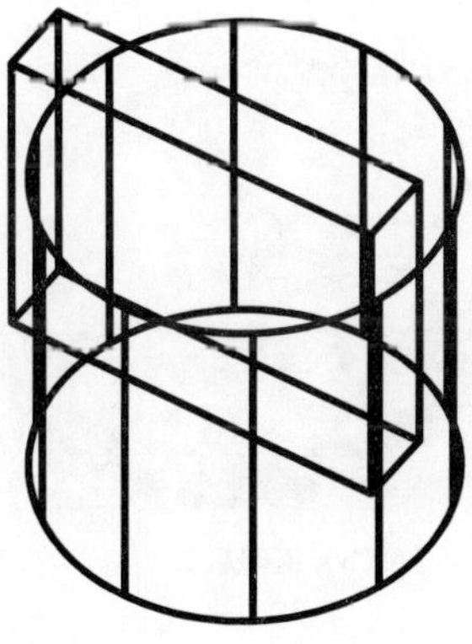
（a）交集前

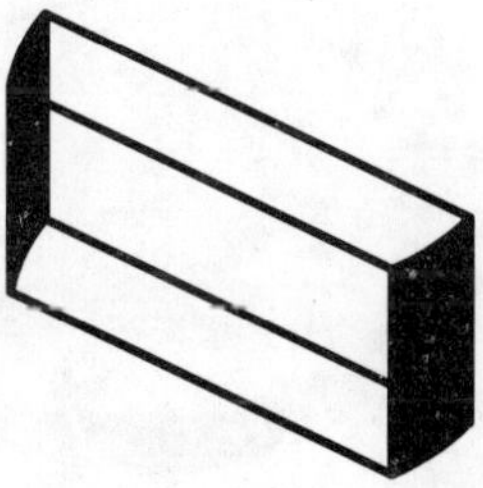
（b）交集后

图 13-10　交集运算

1. 命令执行方式
（1）下拉菜单："修改" | "实体编辑" | "交集"
（2）工具栏："建模"工具栏 | "交集"按钮

（3）命令：INTERSECT↙

2. 操作过程及说明

执行上述任一方式后，系统提示：

选择对象:（选择求交集的实体，如选择图 13-10（a）中的两个实体）

选择对象:（继续选择实体，按 Enter 键完成选择）

执行结果：通过各实体的公共部分创建出新实体，如图 13-10（b）所示。

13.8 编辑实体的边、面与体

13.8.1 编辑实体的边

1. 压印边

压印边就是将圆弧、圆、直线、二维和三维多段线、椭圆、样条曲线及面域压印到三维实体中来创建三维实体上的新面。压印对象必须与选定实体上的面相交，这样才能压印成功。

（1）命令执行方式。

① 下拉菜单：“修改”｜“实体编辑”｜“压印边”

② 工具栏：“建模”工具栏｜“压印边”按钮

③ 命令：IMPRINT↙

（2）操作过程及说明。执行上述任一方式后，系统提示：

选择三维实体:（选择要被压印的三维实体，即图中所示圆柱体）

选择要压印的对象:（选择要进行压印的对象，即图中所示圆）

是否删除源对象 [是（Y）/否（N）] <N>:（选择压印后是否删除源对象）

执行结果：图 13-11（b）所示为压印边效果。

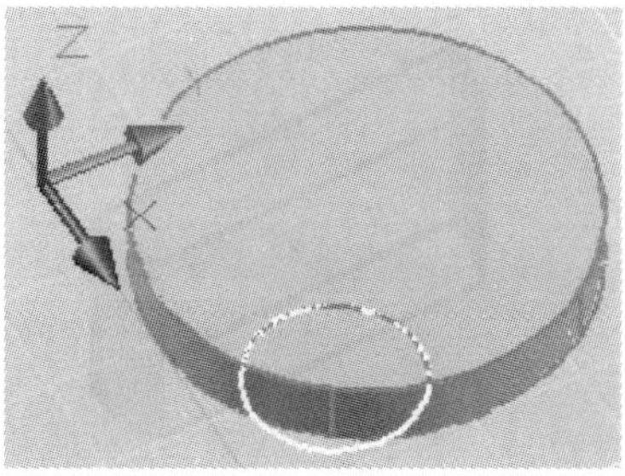

（a）压印前

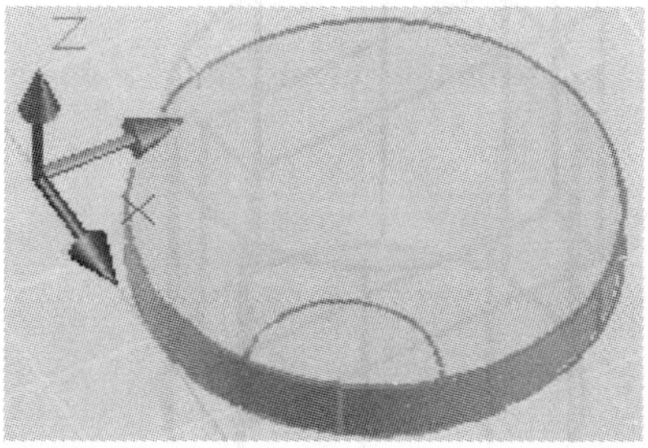

（b）压印后

图 13-11　压印边

2. 复制边

复制边是把三维实体的边界作为图元进行复制。所有的边都复制为直线、圆弧、椭圆或样条曲线等。

（1）命令执行方式。

① 下拉菜单：“修改”｜“实体编辑”｜“复制边”

② 工具栏："建模"工具栏｜"复制边"按钮
③ 命令："SOLIDEDIT"→"E"→"C"↙
（2）操作过程及说明。执行上述任一方式后，系统提示：
实体编辑自动检查：SOLIDCHECK=1
输入实体编辑选项［面（F）/边（E）/体（B）/放弃（U）/退出（X）］<退出>：E↙（选择边编辑类型）
输入边编辑选项［复制（C）/着色（L）/放弃（U）/退出（X）］<退出>：C↙（选择复制边）
选择边或［放弃（U）/删除（R）］：（选择要复制的边）
选择边或［放弃（U）/删除（R）］：↙（继续选择，选择后回车）
指定基点或位移：（选择要复制的基点）
指定位移的第二点：@0，0，50（输入位移距离）
执行结果：效果如图 13-12（b）所示。

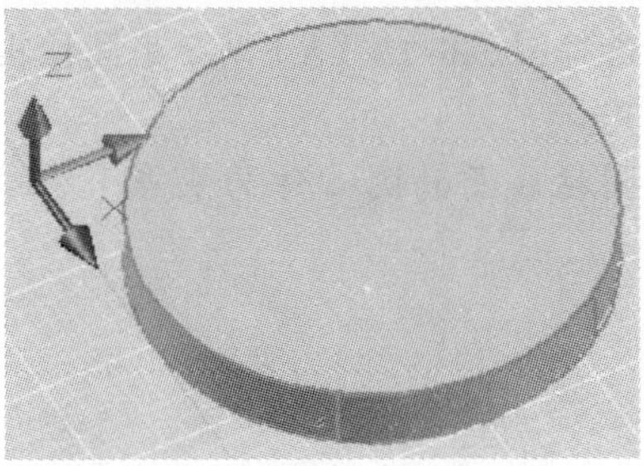

（a）复制前

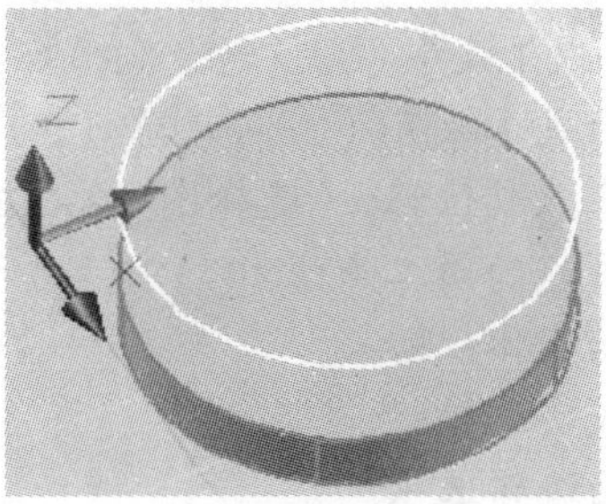

（b）复制后

图 13-12　复制边

3. 着色边
用于改变指定边的颜色。
（1）命令执行方式。
① 下拉菜单："修改"｜"实体编辑"｜"着色边"。
② 工具栏："建模"工具栏｜"着色边"按钮
③ 命令："SOLIDEDIT"｜"E"｜"L"↙
（2）操作过程及说明。执行上述任一方式后，系统提示：
实体编辑自动检查：SOLIDCHECK=1
输入实体编辑选项［面（F）/边（E）/体（B）/放弃（U）/退出（X）］<退出>：E↙（选择边编辑类型）
输入边编辑选项［复制（C）/着色（L）/放弃（U）/退出（X）］<退出>：L↙（选择着色边）
选择边或［放弃（U）/删除（R）］：（选择要着色的边）
选择边或［放弃（U）/删除（R）］：（继续选择要着色的边）
输入边编辑选项［复制（C）/着色（L）/放弃（U）/退出（X）］<退出>：X

13.8.2 编辑实体的面

1. 移动面（M）

沿指定的高度和距离移动选定的三维实体的面。一次可以选择多个。

（1）命令执行方式。

① 下拉菜单：“修改” | “实体编辑” | “移动面”

② 工具栏：“建模”工具栏 | “着色边”按钮

③ 命令：“SOLIDEDIT” | “F” | “M” ↙

（2）操作过程及说明。执行上述任一方式后，系统提示：

实体编辑自动检查: SOLIDCHECK=1

输入实体编辑选项 [面（F）/边（E）/体（B）/放弃（U）/退出（X）] <退出>: _face

输入面编辑选项

[拉伸（E）/移动（M）/旋转（R）/偏移（O）/倾斜（T）/删除（D）/复制（C）/颜色（L）/材质（A）/放弃（U）/退出（X）] <退出>: _move

选择面或 [放弃（U）/删除（R）]: 找到一个面。（选择图 13-13（a）所示小圆柱孔上内表面）

选择面或 [放弃（U）/删除（R）/全部（ALL）]:

指定基点或位移:（选择图 13-12（a）所示小圆柱底面的圆心作为基点）

指定位移的第二点: @0, 20, 0

已开始实体校验。

已完成实体校验。

输入面编辑选项

[拉伸（E）/移动（M）/旋转（R）/偏移（O）/倾斜（T）/删除（D）/复制（C）/颜色（L）/材质（A）/放弃（U）/退出（X）] <退出>: *取消*

执行结果：图 13-13（a）所示小圆柱进行移动面操作后效果如图 13-13（b）所示。

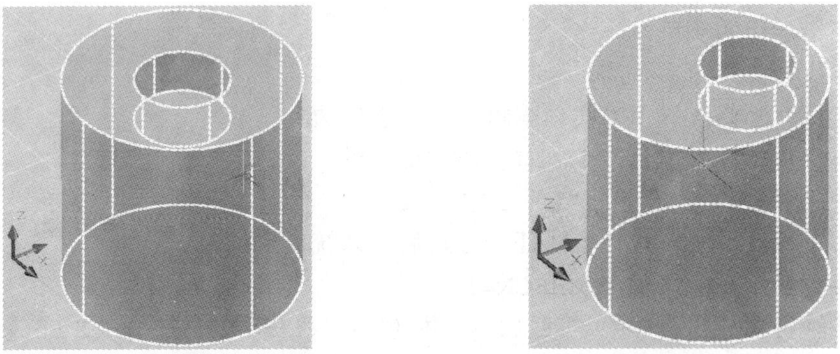

（a）移动前　　（b）移动后

图 13-13　移动面

2. 偏移面（O）

沿指定的高度和距离偏移选定的三维实体的面。

（1）命令执行方式。

① 下拉菜单：“修改” | “实体编辑” | “偏移面”

② 工具栏：“建模”工具栏｜“偏移面”按钮

③ 命令：“SOLIDEDIT”｜“F”｜“O”↙

（2）操作过程及说明。执行上述任一方式后，系统提示：

实体编辑自动检查：　SOLIDCHECK=1

输入实体编辑选项 [面（F）/ 边（E）/ 体（B）/ 放弃（U）/ 退出（X）] <退出>：_face

输入面编辑选项

[拉伸（E）/ 移动（M）/ 旋转（R）/ 偏移（O）/ 倾斜（T）/ 删除（D）/ 复制（C）/ 颜色（L）/ 材质（A）/ 放弃（U）/ 退出（X）] <退出>:

_offset

选择面或 [放弃（U）/ 删除（R）]：找到一个面。（选择图 13-14（a）所示小圆柱孔上内表面）

选择面或 [放弃（U）/ 删除（R）/ 全部（ALL）]：

指定偏移距离：10

已开始实体校验。

已完成实体校验。

输入面编辑选项

[拉伸（E）/ 移动（M）/ 旋转（R）/ 偏移（O）/ 倾斜（T）/ 删除（D）/ 复制（C）/ 颜色（L）/ 材质（A）/ 放弃（U）/ 退出（X）] <退出>：*取消*

执行结果：图 13-14（a）所示小圆柱进行偏移面操作后效果如图 13-14（b）所示。

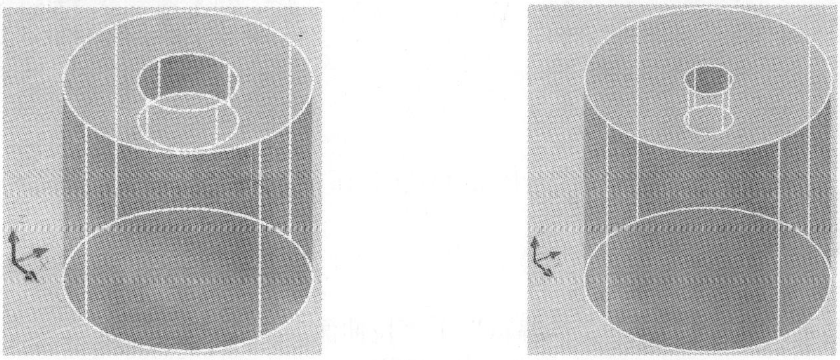

（a）偏移前　　（b）偏移后

图 13-14　偏移面

3. 删除面（D）

（1）命令执行方式。

① 下拉菜单：“修改”｜“实体编辑”｜“删除面”

② 工具栏：“建模”工具栏｜“删除面”按钮

③ 命令：“SOLIDEDIT”｜“F”｜“D”↙

（2）操作过程及说明。执行上述任一方式后，系统提示：

实体编辑自动检查：　SOLIDCHECK=1

输入实体编辑选项 [面（F）/ 边（E）/ 体（B）/ 放弃（U）/ 退出（X）] <退出>：_face

输入面编辑选项

[拉伸(E)/移动(M)/旋转(R)/偏移(O)/倾斜(T)/删除(D)/复制(C)/颜色(L)/材质(A)/放弃(U)/退出(X)] <退出>:

_delete

选择面或[放弃(U)/删除(R)]: 找到一个面。(选择图 13-15(a)所示小圆柱孔上内表面)

选择面或[放弃(U)/删除(R)/全部(ALL)]:

已开始实体校验。

已完成实体校验。

输入面编辑选项

[拉伸(E)/移动(M)/旋转(R)/偏移(O)/倾斜(T)/删除(D)/复制(C)/颜色(L)/材质(A)/放弃(U)/退出(X)] <退出>: *取消*

执行结果：图 13-15(a)所示小圆柱面进行删除面操作后效果如图 13-15(b)所示。

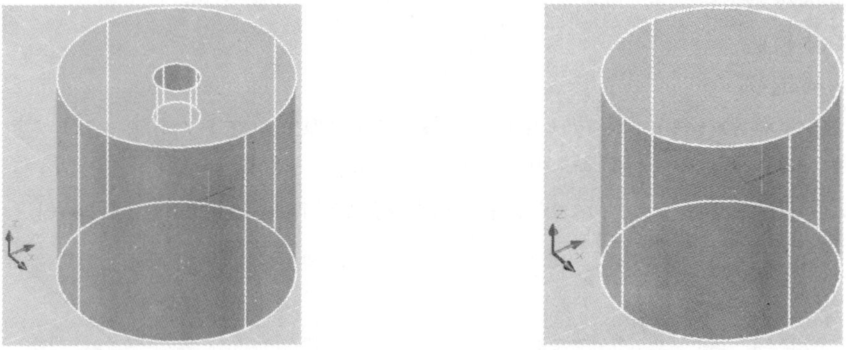

(a) 删除前　　(b) 删除后

图 13-15　删除面

4. 拉伸面(E)

(1) 命令执行方式。

① 下拉菜单："修改" | "实体编辑" | "拉伸面"

② 工具栏："建模"工具 | "拉伸面"按钮

③ 命令："SOLIDEDIT" | "F" | "E" ↙

(2) 操作过程及说明。执行上述任一方式后，系统提示：

实体编辑自动检查: SOLIDCHECK=1

输入实体编辑选项[面(F)/边(E)/体(B)/放弃(U)/退出(X)] <退出>: _face

输入面编辑选项

[拉伸(E)/移动(M)/旋转(R)/偏移(O)/倾斜(T)/删除(D)/复制(C)/颜色(L)/材质(A)/放弃(U)/退出(X)] <退出>:

_extrude

选择面或[放弃(U)/删除(R)]: 找到一个面。(选择图 13-16(a)所示圆柱上表面)

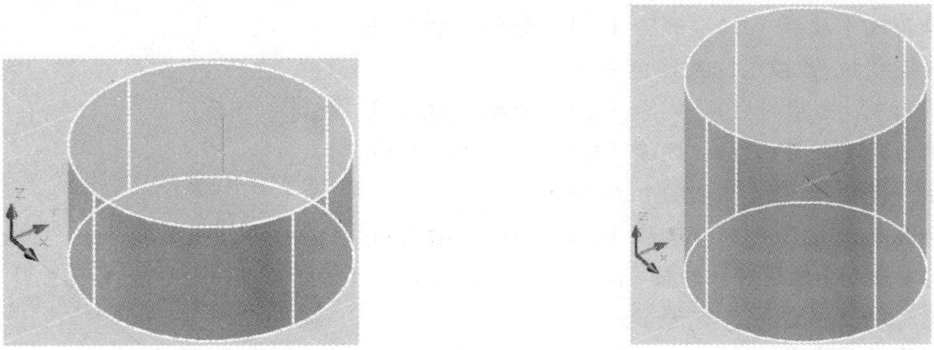

（a）拉伸前　　（b）拉伸后

图 13-16　拉伸面

选择面或 [放弃（U）/删除（R）/全部（ALL）]:

指定拉伸高度或 [路径（P）]:　指定第二点：@0，0，50

指定拉伸的倾斜角度 <0>:

已开始实体校验。

已完成实体校验。

输入面编辑选项

[拉伸（E）/移动（M）/旋转（R）/偏移（O）/倾斜（T）/删除（D）/复制（C）/颜色（L）/材质（A）/放弃（U）/退出（X）]　<退出>: *取消*

执行结果：图 13-16（a）所示圆柱上表面进行拉伸面操作后效果如图 13-16（b）所示。

5. 旋转面（R）

（1）命令执行方式。

① 下拉菜单：“修改”｜“实体编辑”｜“旋转面”

② 工具栏：“建模”工具栏｜“旋转面”按钮

③ 命令：“SOLIDEDIT”｜“F”｜“R”↙

（2）操作过程及说明。执行上述任一方式后，系统提示：

实体编辑自动检查:　SOLIDCHECK=1

输入实体编辑选项 [面（F）/边（E）/体（B）/放弃（U）/退出（X）]　<退出>: _face

输入面编辑选项

[拉伸（E）/移动（M）/旋转（R）/偏移（O）/倾斜（T）/删除（D）/复制（C）/颜色（L）/材质（A）/放弃（U）/退出（X）]　<退出>:

_rotate

选择面或 [放弃（U）/删除（R）]: 找到一个面。（选择图 13-17（a）所示小圆柱孔内表面）

选择面或 [放弃（U）/删除（R）/全部（ALL）]:

正在恢复执行 SOLIDEDIT 命令。

选择面或 [放弃（U）/删除（R）/全部（ALL）]: 找到一个面。（依次选择图 13-17（a）所示方孔的三个内表面）

选择面或 [放弃（U）/删除（R）/全部（ALL）]: 找到 2 个面。

选择面或 [放弃（U）/删除（R）/全部（ALL）]:
正在恢复执行 SOLIDEDIT 命令。
选择面或 [放弃（U）/删除（R）/全部（ALL）]: 找到一个面。
选择面或 [放弃（U）/删除（R）/全部（ALL）]:
正在恢复执行 SOLIDEDIT 命令。
选择面或 [放弃（U）/删除（R）/全部（ALL）]:
指定轴点或 [经过对象的轴（A）/视图（V）/X 轴（X）/Y 轴（Y）/Z 轴（Z）] <两点>:
在旋转轴上指定第二个点:
指定旋转角度或 [参照（R）]: 90
已开始实体校验。
已完成实体校验。
输入面编辑选项
[拉伸（E）/移动（M）/旋转（R）/偏移（O）/倾斜（T）/删除（D）/复制（C）/颜色（L）/材质（A）/放弃（U）/退出（X）] <退出>: *取消*

执行结果：图 13-17（a）所示小圆柱孔和方孔进行旋转面操作后效果如图 13-17（b）所示。

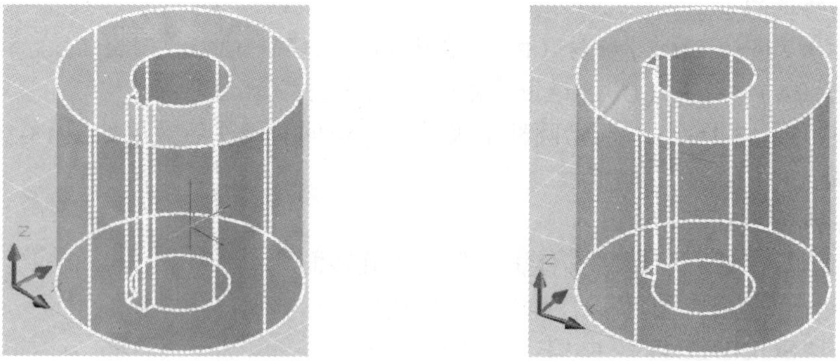

（a）旋转前　　（b）旋转后

图 13-17　旋转面

6. 倾斜面（T）

（1）命令执行方式。

① 下拉菜单：“修改” | “实体编辑” | “倾斜面”

② 工具栏：“建模”工具栏 | “倾斜面”按钮

③ 命令：“SOLIDEDIT” | “F” | “T” ↙

（2）操作过程及说明。执行上述任一方式后，系统提示：

实体编辑自动检查: SOLIDCHECK=1
输入实体编辑选项 [面（F）/边（E）/体（B）/放弃（U）/退出（X）] <退出>: _face
输入面编辑选项
[拉伸（E）/移动（M）/旋转（R）/偏移（O）/倾斜（T）/删除（D）/复制（C）/颜色（L）/材质（A）/放弃（U）/退出（X）] <退出>: _taper

选择面或 [放弃（U）/删除（R）]：找到一个面。
选择面或 [放弃（U）/删除（R）/全部（ALL）]：
指定基点：
指定沿倾斜轴的另一个点：
指定倾斜角度：30
已开始实体校验。
已完成实体校验。
输入面编辑选项
[拉伸（E）/移动（M）/旋转（R）/偏移（O）/倾斜（T）/删除（D）/复制（C）/颜色（L）/材质（A）/放弃（U）/退出（X）] <退出>：*取消*

效果如图 13-18 所示。

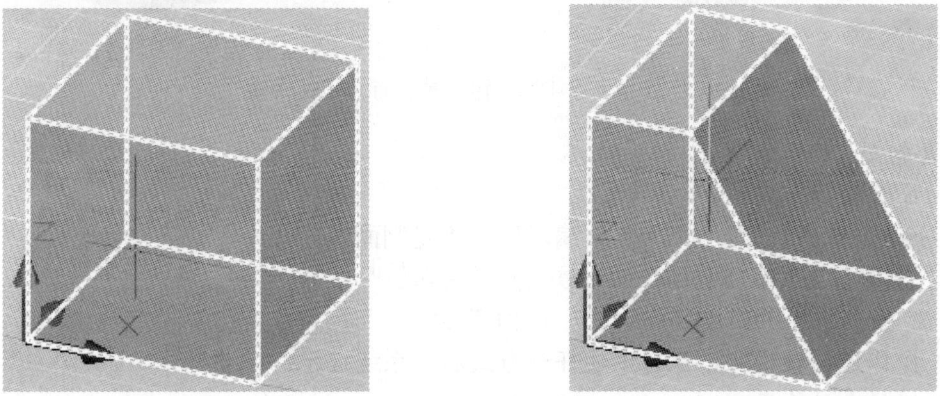
（a）倾斜前　　（b）倾斜后

图 13-18　倾斜面

7. 着色面（L）

（1）命令执行方式。

① 下拉菜单："修改" | "实体编辑" | "着色面"

② 工具栏："建模"工具栏 | "着色面"按钮

③ 命令："SOLIDEDIT" | "F" | "L" ↙

（2）操作过程及说明。执行上述任一方式后，系统提示：

实体编辑自动检查：　SOLIDCHECK=1
输入实体编辑选项 [面（F）/边（E）/体（B）/放弃（U）/退出（X）] <退出>：_face
输入面编辑选项
[拉伸（E）/移动（M）/旋转（R）/偏移（O）/倾斜（T）/删除（D）/复制（C）/颜色（L）/材质（A）/放弃（U）/退出（X）] <退出>：_color
选择面或 [放弃（U）/删除（R）]：找到一个面。
选择面或 [放弃（U）/删除（R）/全部（ALL）]：
输入面编辑选项
[拉伸（E）/移动（M）/旋转（R）/偏移（O）/倾斜（T）/删除（D）/复制（C）/颜

色（L）/材质（A）/放弃（U）/退出（X）] <退出>: *取消*

执行结果：图 13-19（a）所示大圆柱外表面进行着色面操作后效果如图 13-19（b）所示。

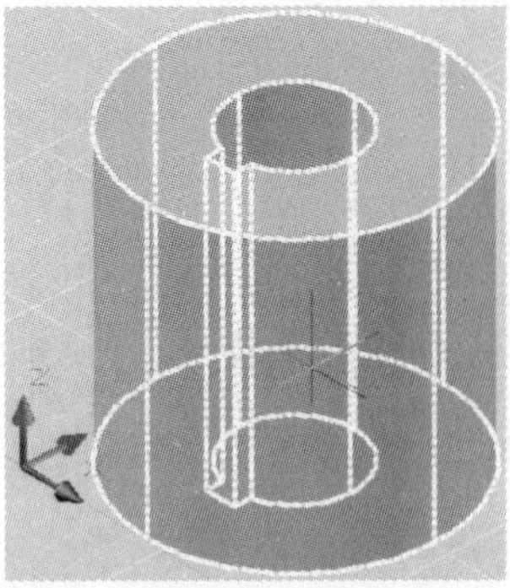

（a）着色前

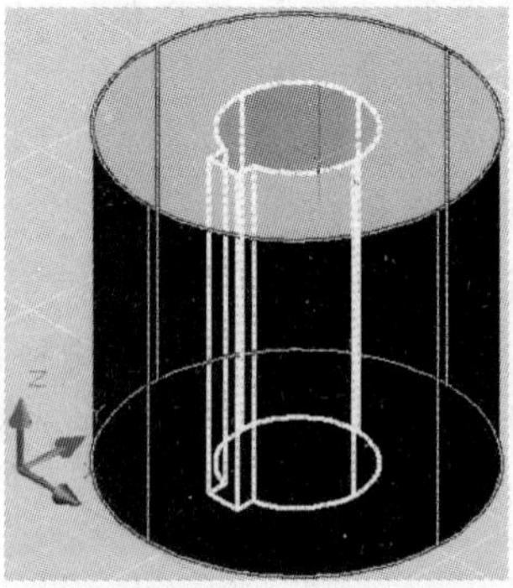

（b）着色后

图 13-19　着色面

8. 复制面（C）

（1）命令执行方式。

① 下拉菜单："修改" | "实体编辑" | "复制面"

② 工具栏："建模"工具栏 | "复制面"按钮

③ 命令："SOLIDEDIT" | "F" | "C" ↙

（2）操作过程及说明。执行上述任一方式后，系统提示：

实体编辑自动检查： SOLIDCHECK=1

输入实体编辑选项 [面（F）/边（E）/体（B）/放弃（U）/退出（X）] <退出>: _face

输入面编辑选项

[拉伸（E）/移动（M）/旋转（R）/偏移（O）/倾斜（T）/删除（D）/复制（C）/颜色（L）/材质（A）/放弃（U）/退出（X）] <退出>: _copy

选择面或 [放弃（U）/删除（R）]: 找到一个面。

选择面或 [放弃（U）/删除（R）/全部（ALL）]:

正在恢复执行 SOLIDEDIT 命令。

选择面或 [放弃（U）/删除（R）/全部（ALL）]: 找到一个面。

选择面或 [放弃（U）/删除（R）/全部（ALL）]: 找到一个面。

选择面或 [放弃（U）/删除（R）/全部（ALL）]:

正在恢复执行 SOLIDEDIT 命令。

选择面或 [放弃（U）/删除（R）/全部（ALL）]: 找到一个面。

选择面或 [放弃（U）/删除（R）/全部（ALL）]:

正在恢复执行 SOLIDEDIT 命令。

指定基点或位移:

指定位移的第二点： <正交 开>

输入面编辑选项

[拉伸（E）/移动（M）/旋转（R）/偏移（O）/倾斜（T）/删除（D）/复制（C）/颜色（L）/材质（A）/放弃（U）/退出（X）] <退出>:

正在恢复执行 SOLIDEDIT 命令。

输入面编辑选项

[拉伸（E）/移动（M）/旋转（R）/偏移（O）/倾斜（T）/删除（D）/复制（C）/颜色（L）/材质（A）/放弃（U）/退出（X）] <退出>: *取消*

执行结果：图 13-20（a）所示大圆柱外表面进行复制面操作后效果如图 13-20（b）所示。

（a）复制前　　　　（b）复制后

图 13-20　复制面

13.8.3　编辑实体的体特征

1. 分割实体（P）

分割实体是将相连的三维实体对象分割成各自独立的对象。

（1）命令执行方式。

① 下拉菜单：“修改” | “实体编辑” | “分割”

② 工具栏：“建模”工具栏 | “分割”按钮

③ 命令：“SOLIDEDIT” | “B” | “P”↙

在执行分割实体命令前需要创建分割实体所需要的图元。（详细步骤略）

① 创建图 13-21（a）所示长方体。

② 在图 13-21（a）正下方中心处绘制同心圆，如图 13-21（b）所示。

③ 将图 13-21（b）所示同心圆创建成面域，如图 13-21（c）所示。

④ 拉伸图 13-21（c）所示面域，创建实体如图 13-21（d）所示。

⑤ 将图 13-21（d）所示长方体和圆环柱进行差集运算，结果如图 13-21（e）所示。

（2）操作过程及说明。执行上述任一方式后，系统提示：

实体编辑自动检查：　SOLIDCHECK=1

输入实体编辑选项 [面（F）/边（E）/体（B）/放弃（U）/退出（X）] <退出>: _body

输入体编辑选项

[压印（I）/分割实体（P）/抽壳（S）/清除（L）/检查（C）/放弃（U）/退出（X）] <退出>: _separate

选择三维实体：（选择图 13-21（e）所示长方体）

输入体编辑选项

[压印（I）/分割实体（P）/抽壳（S）/清除（L）/检查（C）/放弃（U）/退出（X）]
<退出>：P

选择三维实体：*取消*

执行结果：图 13-21（e）所示长方体及中间小圆柱体是一个实体执行分割实体操作后效果如图 13-20（f）所示，长方体和小圆柱体是两个独立的实体。

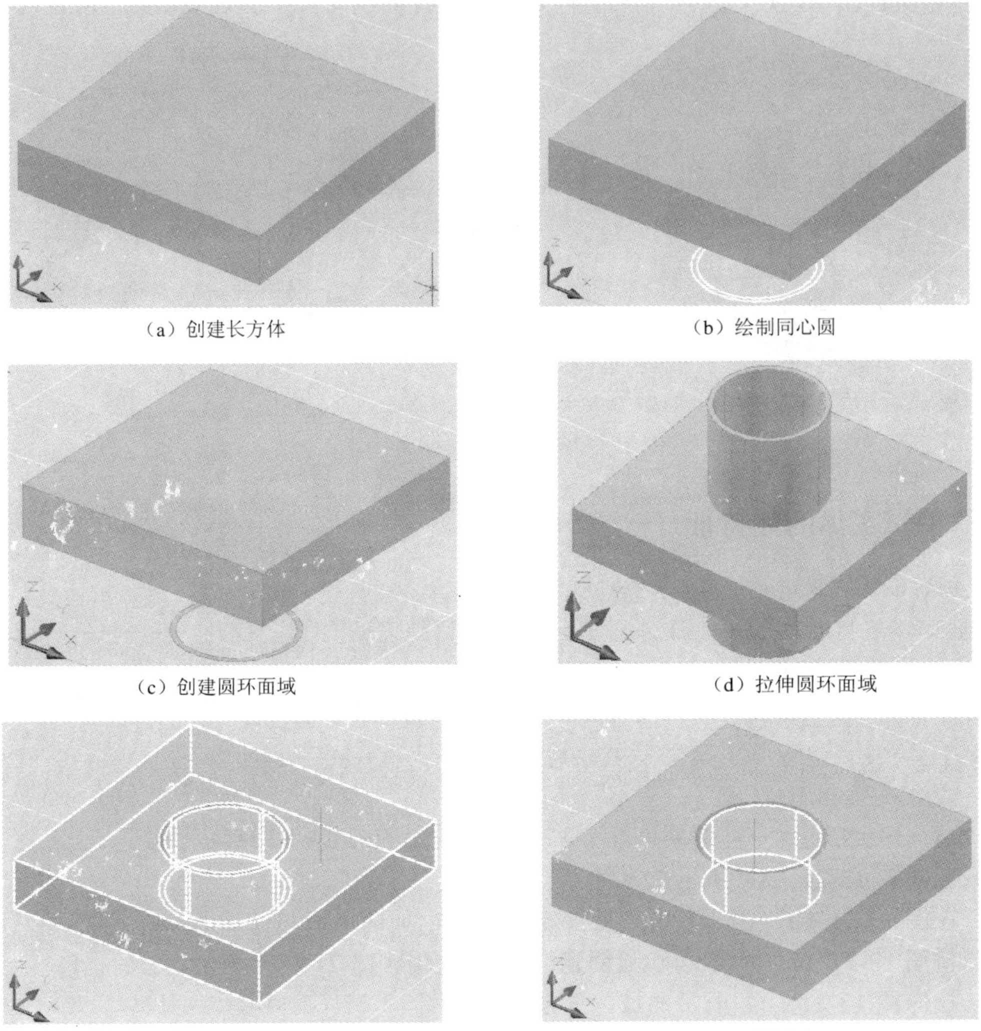

（a）创建长方体　（b）绘制同心圆

（c）创建圆环面域　（d）拉伸圆环面域

（e）分割前　（f）分割后

图 13-21　分割

2. 抽壳（S）

抽壳是将实体按指定的壁厚创建成薄壁实体。

（1）命令执行方式。

① 下拉菜单：“修改”｜“实体编辑”｜“分割”

② 工具栏：“建模”工具栏｜“分割”按钮

③ 命令："SOLIDEDIT" | "B" | "S" ↙

(2) 操作过程及说明。执行上述任一方式后，系统提示：

实体编辑自动检查：　SOLIDCHECK=1

输入实体编辑选项 [面（F）/边（E）/体（B）/放弃（U）/退出（X）] <退出>: _body

输入体编辑选项

[压印（I）/分割实体（P）/抽壳（S）/清除（L）/检查（C）/放弃（U）/退出（X）] <退出>: _shell

选择三维实体：

删除面或 [放弃（U）/添加（A）/全部（ALL）]：找到一个面，已删除 1 个。

删除面或 [放弃（U）/添加（A）/全部（ALL）]：

输入抽壳偏移距离：5

已开始实体校验。

已完成实体校验。

输入体编辑选项

[压印（I）/分割实体（P）/抽壳（S）/清除（L）/检查（C）/放弃（U）/退出（X）] <退出>：*取消*

执行结果：图 13-22（a）所示正方体抽壳操作后效果如图 13-22（b）所示。

(a) 抽壳前

(b) 抽壳后

图 13-22　抽壳面

(3) 操作过程及说明。执行上述任一方式后，系统提示：

选择三维实体：(选择要抽壳的实体)

删除面或 [放弃（U）/添加（A）/全部（ALL）] ：(选择抽壳时要去掉的面)

删除面或 [放弃（U）/添加（A）/全部（ALL）] ：↙（继续选择要去掉的面，或回车完成选择）

输入抽壳的偏移距离：(输入抽壳的壁厚)

3. 清除（L）

指删除实体对象上的所有冗余边和顶点，其中包括有压印操作得到的边和点。

(1) 命令执行方式。

① 下拉菜单："修改" | "实体编辑" | "清除"

② 工具栏："建模"工具栏 | "清除"按钮

③ 命令："SOLIDEDIT" | "B" | "L" ↙

（2）操作过程及说明。执行"清除"命令，系统提示：

选择三维实体：（按提示选择，即可清除）

13.9 渲　　染

在屏幕上绘制好实体模型后，物体有时以线框的形式显示，并不能完全真实的显示物体的实际状态。利用渲染功能，可以创建表面模型或实体模型的照片级真实感着色图像。

（1）命令执行方式。

① 下拉菜单："视图" | "渲染" | "渲染"，如图 13-23 所示。

② 工具栏："视图"工具栏 | "渲染"按钮 ，如图 13-24 所示。

③ 命令：RENDER↙

（2）操作过程及说明。执行上述任一方式后，弹出图 13-25 所示的"渲染"窗口。

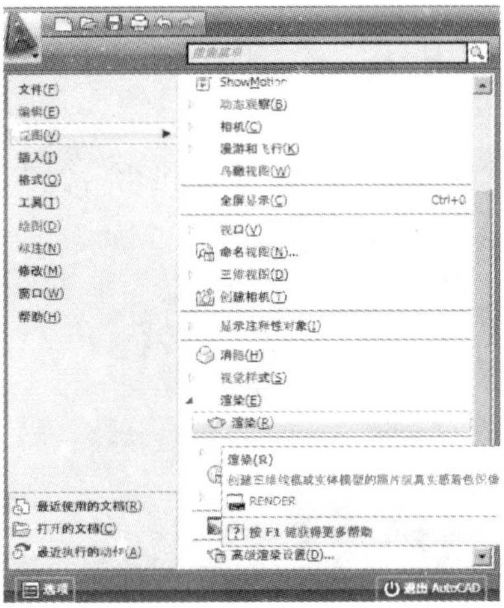

图 13-23 "渲染"子菜单

图 13-24 "渲染"工具栏

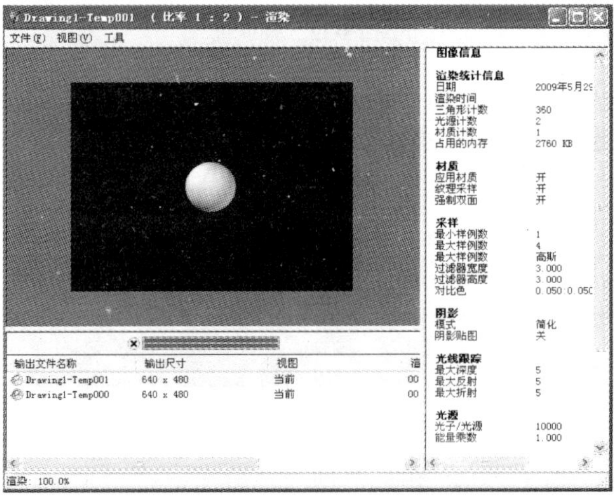

图 13-25 快速渲染

从图 13-25 可以看出，“渲染”窗口主要由 3 部分组成，即图像窗格、统计信息窗格和历史窗格。位于左上方的图像窗格用于显示渲染图像；位于右侧的统计信息窗格显示渲染的当前设置；位于下方的历史窗格可使用户浏览当前模型进行渲染的历史。

13.9.1　光源设置

为了使渲染的实体模型更具有真实感，渲染之前一般先设置光源，光源的设置直接影响渲染效果。AutoCAD 提供了点光源、平行光及聚光灯等形式的光源。点光源是从光源处向外发射的放射性光源，其效果与一般灯泡类似。平行光相当于太阳光，其光源位于无限远的地方，向某一方向发射。聚光灯是从一点沿锥形向一个方向发射，与舞台上用到的聚光灯的效果相同。

命令执行方式如下。

① 下拉菜单：“视图”｜“渲染”｜“光源”，如图 13-26 所示。

② 工具栏：“光源”工具栏，如图 13-27 所示。

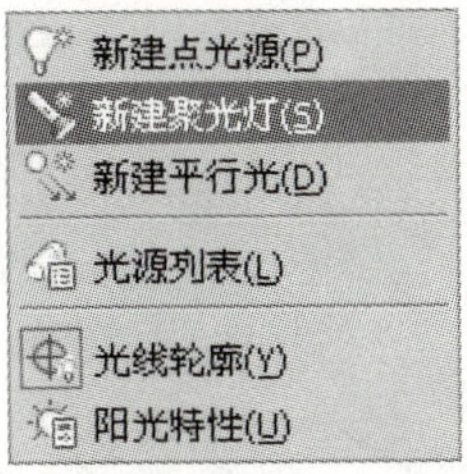

图 13-26　“渲染”子菜单

图 13-27　“渲染”工具栏

13.9.2　材质设置

材质命令用来为图形设置适当的材料，使实体模型更具真实感。在 AutoCAD 中，可以将指定的材质附着到三维实体对象的表面上或者附着到图层上的对象上。

（1）命令执行方式。

① 下拉菜单：“视图”｜“渲染”｜“材质”

② 工具栏：“渲染”工具栏｜“材质”按钮

③ 命令：RMAT↙

（2）操作过程及说明。执行上述任一方式后，弹出“材质”选项板，如图 13-28 所示。

用户可通过此窗口为模型设置材质。

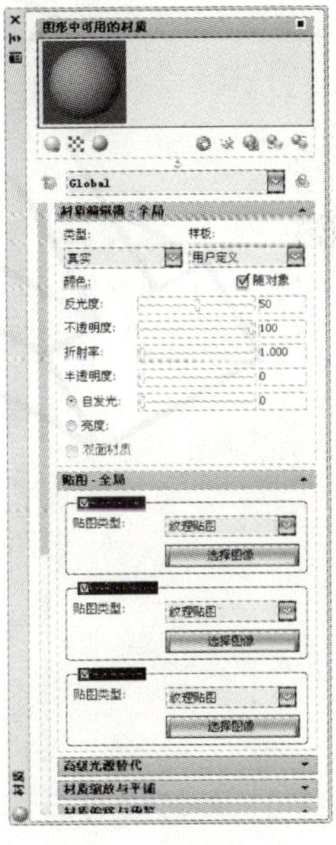

图 13-28　“材质”选项板

13.9.3　渲染环境设置

通过设置渲染环境，可以设置雾化或深度效果，这种效果与大气效果非常相似。

（1）命令执行方式。

① 下拉菜单：“视图”｜“渲染”｜“渲染环境”

② 工具栏：“渲染”工具栏 | “材质”按钮

（2）操作过程及说明。执行“渲染环境”命令后，弹出“渲染环境”窗口，如图 13-29 所示。用户可通过此对话框设置启用雾化、颜色、雾化背景、近距离、远距离、近处雾化百分比和远处雾化百分比等，设置完成后，进行相应的渲染即可。

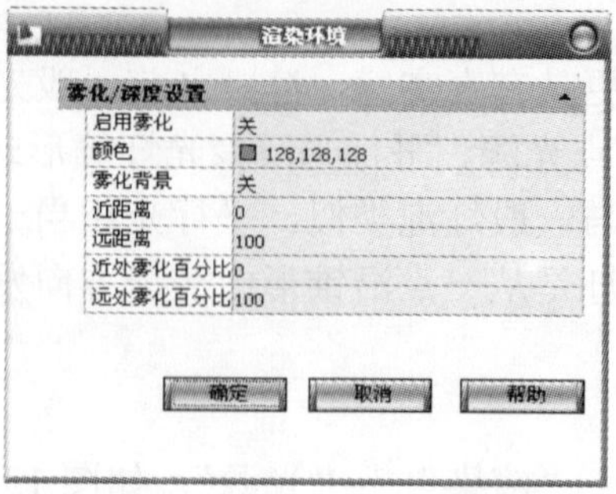

图 13-29 “渲染环境”对话框

实　训

1. 绘制并编辑图 13-20 所示实体。
2. 绘制并编辑图 13-21 所示实体。

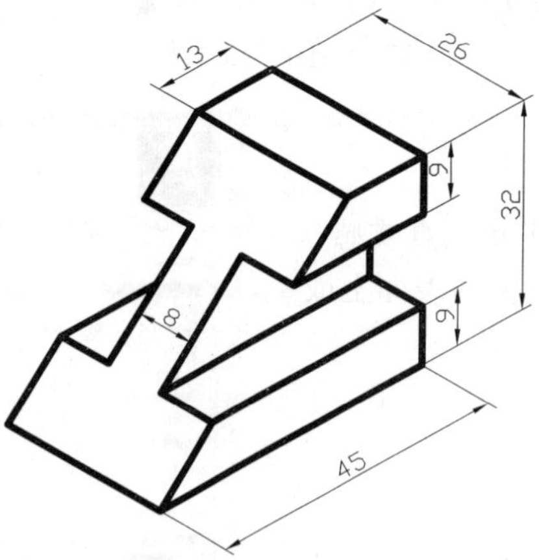

题图 13-1　实体 1

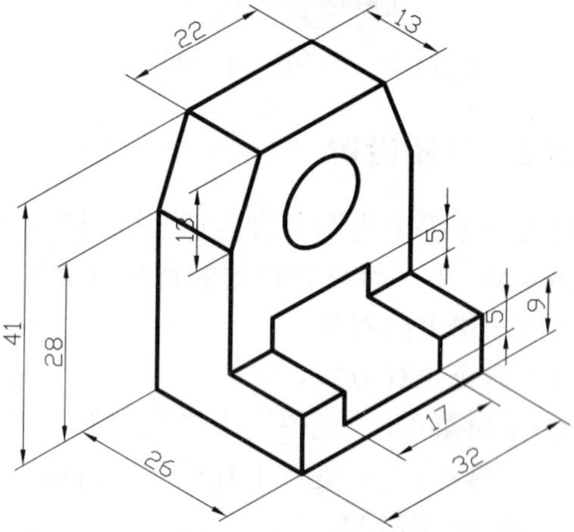

题图 13-2　实体 2

习　题

1. 如何进行三维阵列、三维旋转及对齐操作？
2. 布尔运算可以对三维实体进行哪些操作？各操作的步骤如何？
3. 编辑实体的边和面分别包含哪几种方式？

第 14 章 图形的打印和输出

利用 AutoCAD 2009 中文版绘制的图形，最终要打印在图纸上才能更好地为工程应用服务。利用 AutoCAD 2009 中文版不仅可以高效率地绘制图形，还可以方便地控制图形输出。AutoCAD 专门提供了布局功能，用户可以创建多个布局，每个布局都代表一张将要打印出的图纸。在每个布局中，用户可以为每个布局添加页面设置属性，从而控制每个布局打印输出的外观和格式等参数。本章主要介绍如何创建打印布局、页面设置及图形的输入/输出等操作。主要包括以下内容：

- 创建打印布局
- 打印设备管理
- 页面设置
- 图形的打印输出

14.1 创建打印布局

布局是一种图纸空间环境，它模拟图纸页面，提供直观的打印设置。在布局中可以创建并放置视口对象，还可以添加标题栏或其他几何图形。可以在图形中创建多个布局以显示不同视图，每个布局可以包含不同的打印比例和图纸尺寸。布局显示的图形与图纸页面上打印出来的图纸完全一样。

在建立新图形的时候，AutoCAD 会自动建立一个“模型”选项卡和两个“布局”选项卡。其中，“模型”选项卡用来在模型空间中建立和编辑图形；“布局”选项卡是用来打印图形的图纸，可设置多个。

创建新布局“布局 3”

创建布局的方法

1）利用快捷菜单

鼠标在“布局”选项卡上右击，在弹出的快捷菜单中选择“新建布局”，系统会自动添加“布局 3”。

2）利用样板

（1）在“插入”菜单中，选择“布局”中的“来自样板的布局”，系统弹出图 14-1 所示的“从文件选择样板”对话框，在该对话框中选择适当的图形文件样板，单击“打开”按钮。

（2）系统弹出图 14-2 所示的“插入布局”对话框，单击“确定”按钮，插入该布局。

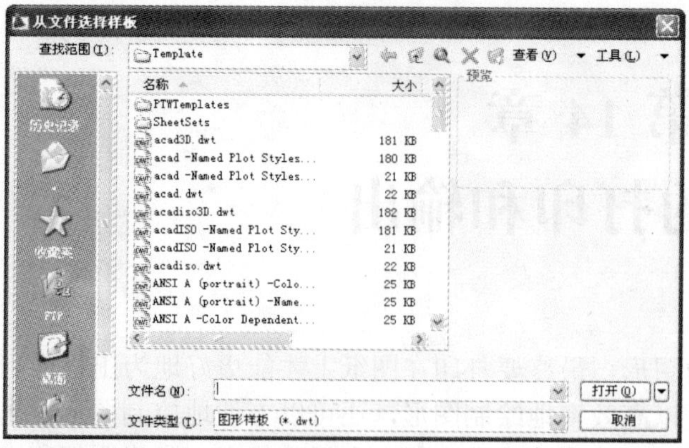

图 14-1 “从文件选择样板”对话框

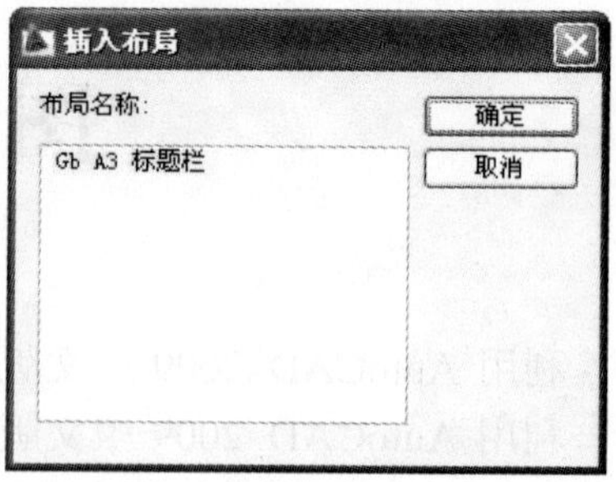

图 14-2 “插入布局”对话框

3）利用向导

（1）在“插入”下拉菜单中，选择“布局”中的“创建布局向导”，系统弹出图 14-3 所示的对话框，在对话框中输入“布局 3”，单击“下一步”按钮。

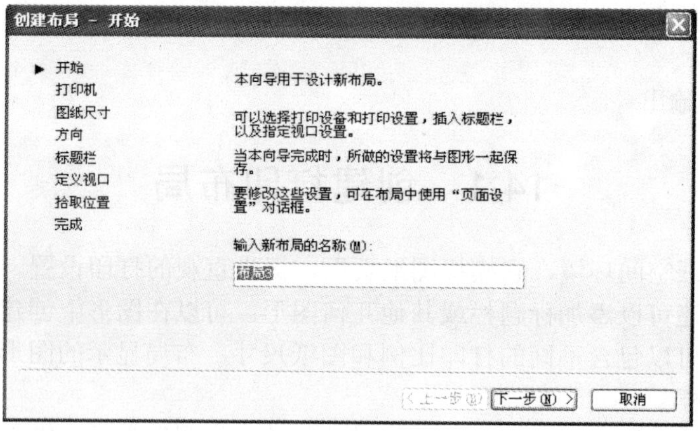

图 14-3 “创建布局–开始”对话框

（2）弹出图 14-4 所示对话框，选择打印机，单击“下一步”按钮。

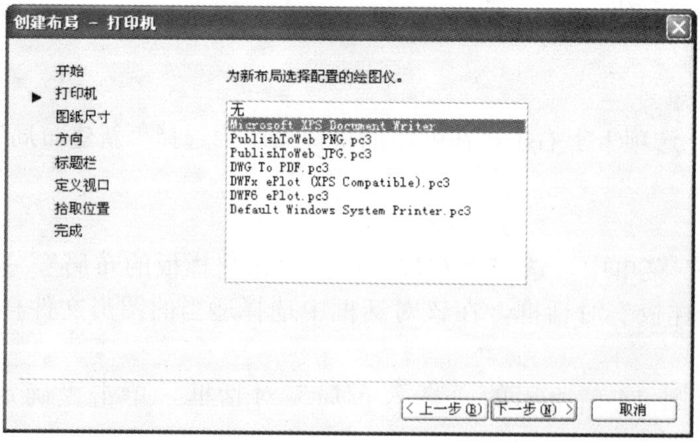

图 14-4 “创建布局–打印机”对话框

（3）弹出图 14-5 所示对话框，选择图纸尺寸与图纸单位，单击“下一步”按钮。

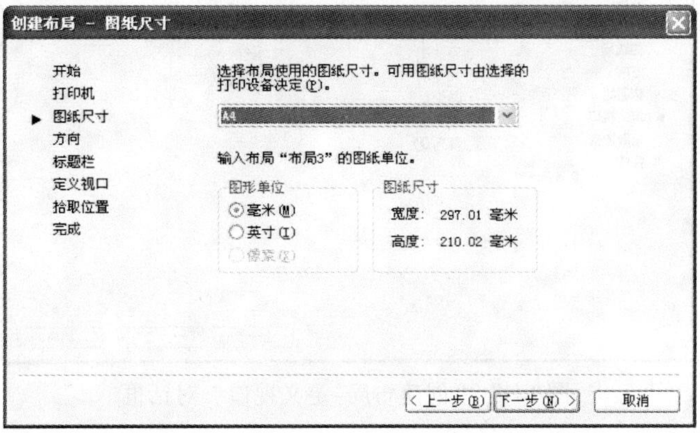

图 14-5 “创建布局–图纸尺寸”对话框

（4）弹出图 14-6 所示对话框，指定打印方向，单击“下一步”按钮。

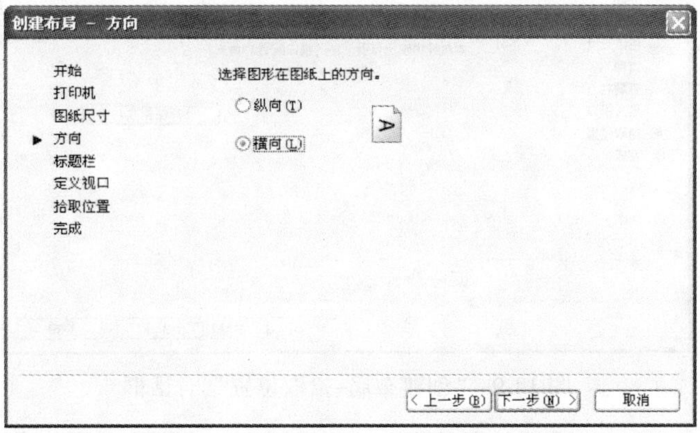

图 14-6 “创建布局 方向”对话框

（5）弹出图 14-7 所示对话框，选择标题栏（ISO 为国际标准），单击“下一步”按钮。

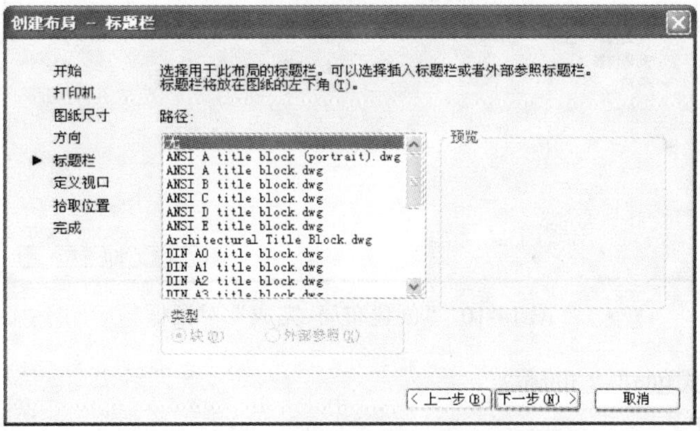

图 14-7 “创建布局–标题栏”对话框

（6）弹出图 14-8 所示对话框，定义打印的视口与视口比例，单击“下一步”按钮。

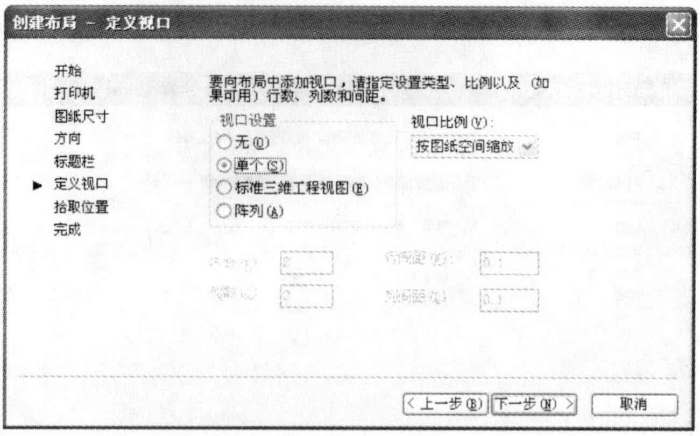

图 14-8 “创建布局–定义视口”对话框

（7）弹出图 14-9 所示对话框，指定视口配置的角点，完成创建布局，如图 14-10 所示。

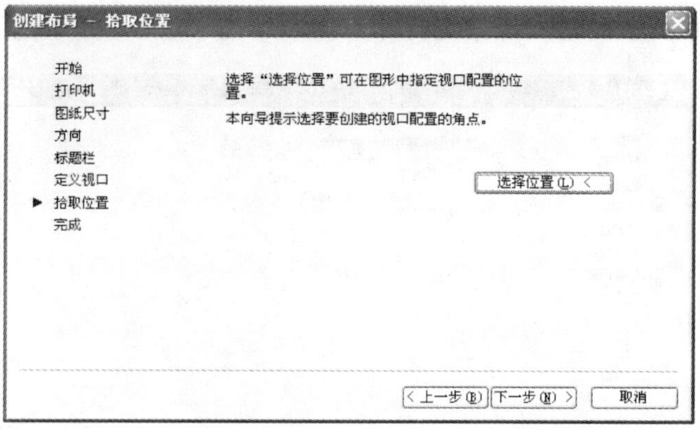

图 14-9 “创建布局–拾取位置”对话框

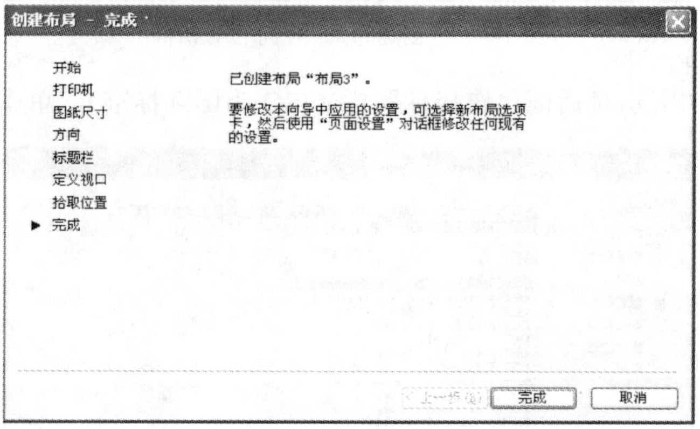

图 14-10 “创建布局–完成”对话框

4）使用命令方式创建“布局 3”

命令：LAYOUT↙

命令行提示：输入布局选项

[复制（C）/删除（D）/新建（N）/样板（T）/重命名（R）/另存为（SA）/设置（S）]

<设置>:

输入“N”，回车，然后输入“布局 3”，即完成“布局 3”的创建。

14.2　打印设备管理

在打印之前，必须首先完成打印设备的配置。AutoCAD 允许使用的打印机设备有两种：一种是 Windows 系统打印机；另一种是 Autodesk 打印机管理器中所推荐的专用绘图仪。

14.2.1　添加打印设备

添加绘图仪的操作步骤如下。

（1）选择“工具”菜单中的“向导”下“添加绘图仪”命令。

（2）弹出“添加绘图仪–简介”对话框，如图 14-11 所示。在弹出的对话框中单击“下一步”按钮，系统弹出“添加绘图仪–开始”对话框，如图 14-12 所示。选择“系统打印机”单选按钮，单击“下一步”按钮，选择一种系统打印机，其余按照提示完成。

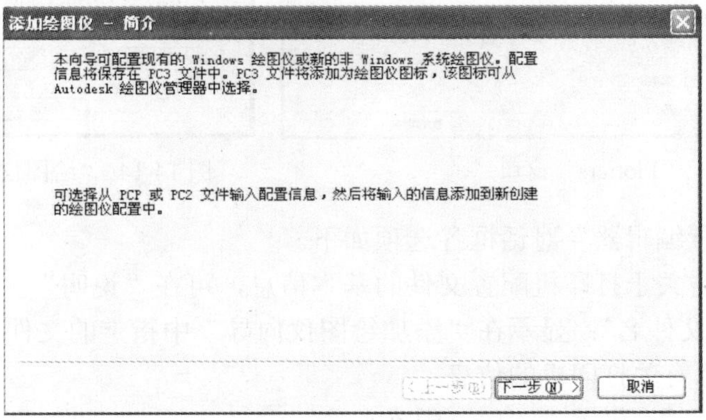

图 14-11　“添加绘图仪–简介”对话框

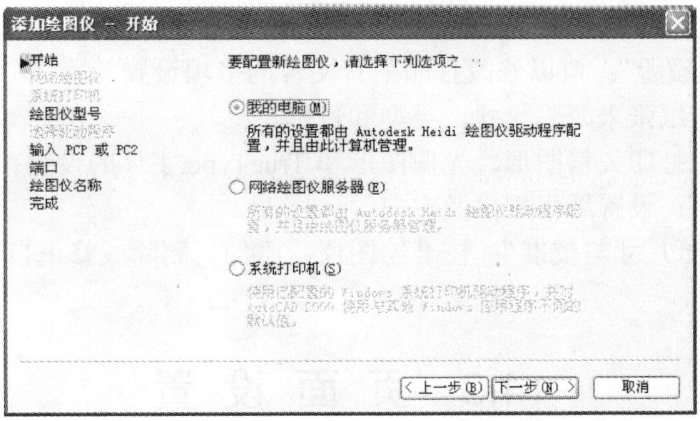

图 14-12　“添加绘图仪–开始”对话框

14.2.2　配置打印设备

完成添加打印机以后，要对它进行配置，使之更好地满足打印的要求。

对添加的绘图仪进行如下配置。

（1）从“文件”菜单中选择“绘图仪管理器”，弹出“Plotters”窗口，如图 14-13 所示。选择一个绘图仪配置文件双击，打开“绘图仪配置编辑器”对话框，如图 14-14 所示。

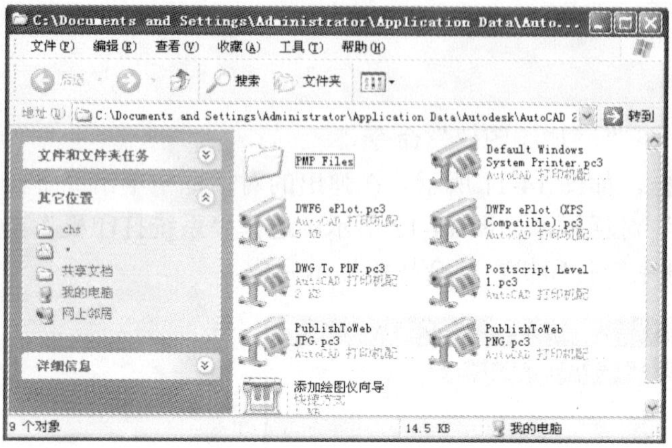

图 14-13 “Plotters”窗口

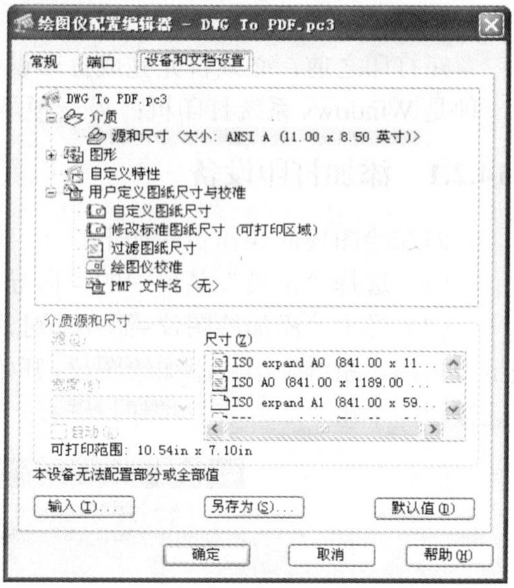

图 14-14 “绘图仪配置编辑器”对话框

（2）“绘图仪配置编辑器”对话框各选项如下。

① “常规”：包含关于打印机配置文件的基本信息，可在“说明”区域添加或修改信息。

- “绘图仪配置文件名”：显示在“添加绘图仪向导”中指定的文件名。
- “说明”：显示有关打印机的信息。
- “驱动程序信息”：位置、端口、版本。

② “端口”：更改配置的打印机与用户计算机或网络系统之间的通信设置。可以指定通过端口打印、打印到文件或使用后台打印。

③ “设备和文档设置”：可以修改打印配置文件的多项设置。

- “介质”：指定纸张来源、尺寸、类型和目标。
- “图形”：指定打印矢量图形、光栅图形和 TrueType 字体的设置。
- “自定义特性”：设置纸张规格及方向等。
- “用户定义图纸尺寸与校准”：校准绘图仪，添加、删除或修正自定义的及标准的图纸尺寸。

14.3 页 面 设 置

在进行打印之前，图纸需要指定许多定义图纸输出的设置和选项，这些设置可以保存并命名一个页面设置，可以使用“页面设置管理器”将这个命名的页面设置应用到多个布局，也可以从其他图形中输入命名的页面设置并将其应用到当前图形的布局中。

14.3.1 新建页面设置

新建一个页面设置，命名为 A3。

（1）选择“文件”菜单下的“页面设置管理器”命令，弹出“页面设置管理器”对话框，如图 14-15 所示。

（2）选择“新建”按钮，弹出“新建页面设置”对话框，如图 14-16 所示。

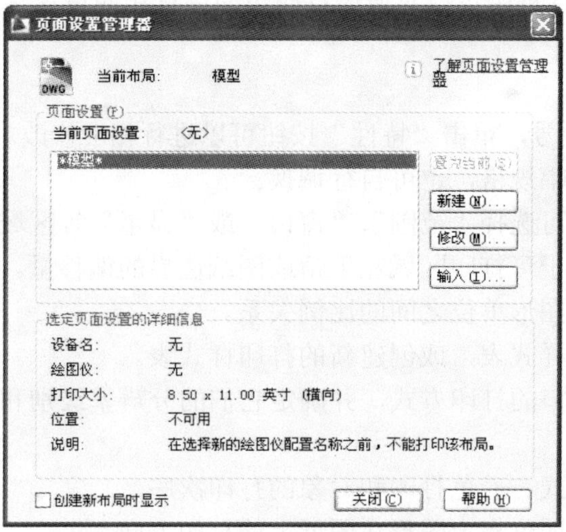

图 14-15 “页面设置管理器”对话框

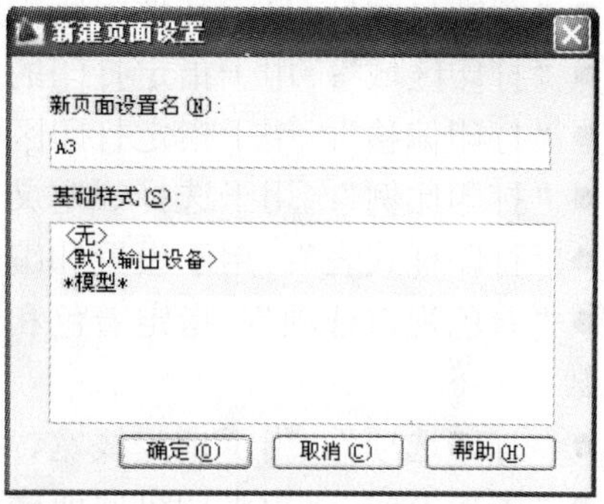

图 14-16 “新建页面设置”对话框

（3）在“新建页面设置”对话框中的“新页面设置名”中输入“A3”，单击“确定”按钮，弹出“页面设置–模型”对话框，如图 14-17 所示。

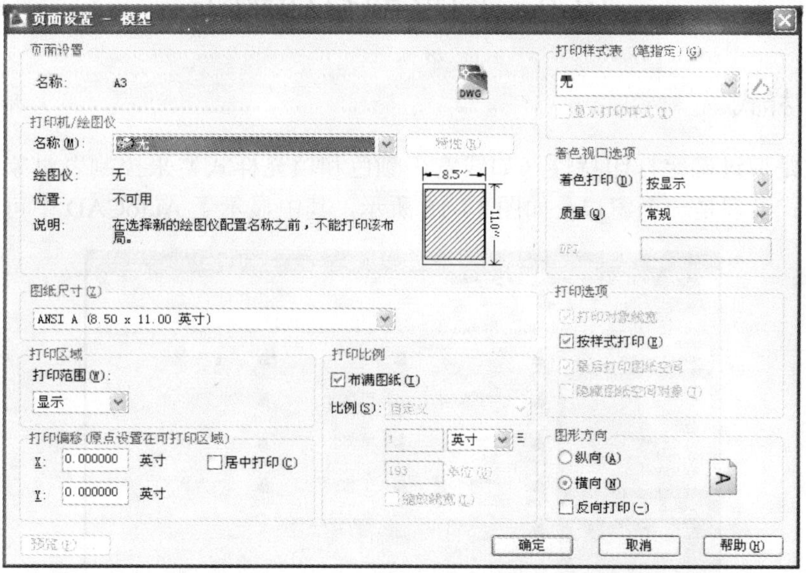

图 14-17 “页面设置–模型”对话框

（4）单击“确定”按钮，完成设置。

14.3.2 修改页面设置

打开“页面设置”对话框，对要打印的文件进行如下页面设置。

（1）选择“文件”菜单中的“页面设置管理器”命令，弹出“页面设置管理器”对话框，参见图 14-15。在这个窗口中可以调入已有的页面设置文件，或重新新建和修改页面设置。

（2）在“页面设置管理器”中，选择已有的页面设置，如 A3，单击“修改”按钮，进入“页面设置”对话框，参见图 14-17。在此对话框中可以对所需打印页面进行相应设置。

各选项含义如下。

- “页面设置”：显示名称。
- “打印机/绘图仪”：选择某种打印机型号，单击“特性”按钮可以进行相应修改。
- “图纸尺寸”：显示文件中所指定的图幅规格，也可自行调换。
- “打印区域”：用于指定打印的区域，可选择“范围”、“窗口”或“显示”等区域。
- “打印偏移”：用于指定打印区域相对于可打印区域左下角或图纸边界的偏移量。
- “打印比例”：用于选择或定义单位与图形单位之间的比例关系。
- “打印样式表”：用于设置和编辑打印样式表，或创建新的打印样式表。
- “着色视口选项”：指定着色和渲染视口的打印方式，并确定它们的分辨率级别和每英寸点数。
- “打印选项”：用于指定线宽、打印样式、着色打印和对象的打印次序。
- “图形方向”：为支持纵向或横向的绘图仪指定图形在图纸上的打印方向。

（3）对以上设置完成后，可以单击“预览”按钮，预览页面。满意后则单击“确定”按钮，完成创建过程。

14.4 图形的打印输出

14.4.1 打印样式

打印样式是通过确定打印特性（如线宽、颜色和填充样式）来控制表对象或布局的打印方式。打印样式管理是一个窗口，如图 14-18 所示，其中显示了 AutoCAD 中可用的所有打印

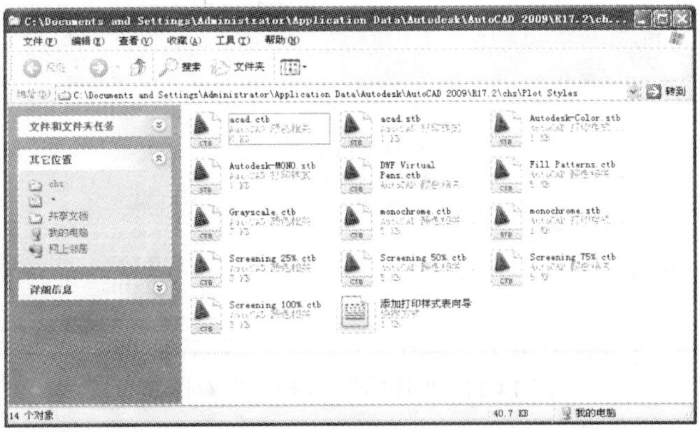

图 14-18 打印样式管理器

样式表，打印样式收集了多组打印样式。

打印样式表的类型有两种：颜色相关打印样式表和命名打印样式表。一个图形只能使用一种类型的打印样式表。用户可以在两种打印样式表之间转换，也可以在设置图形的打印样式表类型之后，修改所设置的类型。

颜色相关打印样式表，对象的颜色决定打印的颜色。该类打印样式表文件的扩展名为.ctb。但不能直接为对象指定颜色相关打印样式，要控制对象的打印颜色，必须通过修改对象的颜色来实现。例如，图形中所有被指定为红色的对象均以相同的方式打印。

命名打印样式表使用直接指定给对象和图层的打印样式。该类打印样式表文件的扩展名为.stb。使用命名打印样式表可以使得图形中的每个对象以不同颜色打印，而与对象本身的颜色无关。

如果 AutoCAD 中提供的打印样式不能满足使用要求，也可以自定义打印样式表。其操作如下。

（1）选择“文件”菜单中“打印样式管理器”命令，弹出图 14-18 所示的“打印样式管理器”对话框，双击“添加打印样式表向导”图标，弹出“添加打印样式表向导”对话框，弹出“添加打印样式表”对话框，如图 14-19 所示。

（2）单击“下一步”按钮，弹出“添加打印样式表–开始”对话框，如图 14-20 所示。

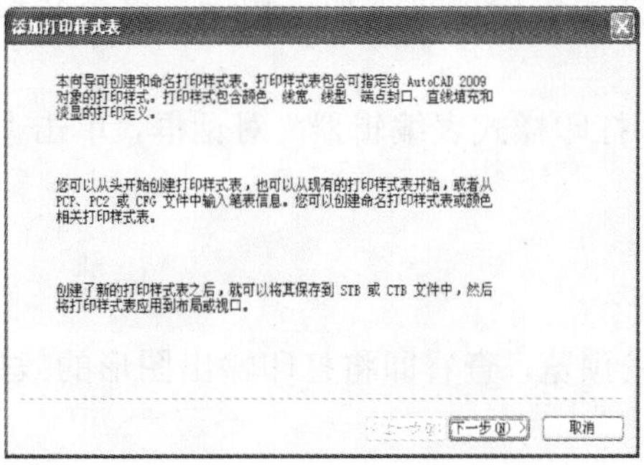

图 14-19　“添加打印样式表”对话框

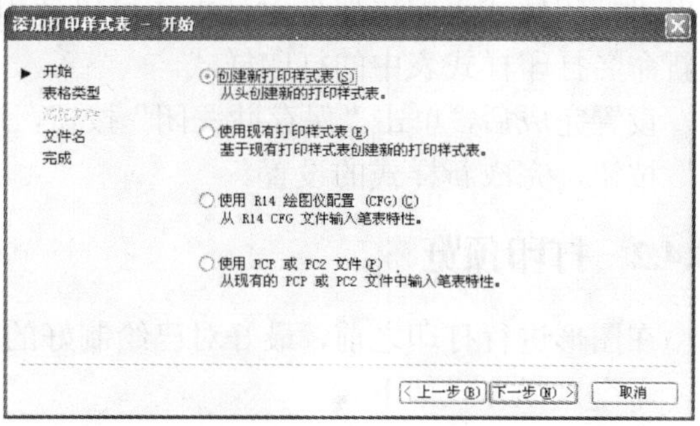

图 14-20　“添加打印样式表–开始”对话框

（3）在“开始”栏选择“创建新打印样式表”单选按钮或选择其他已有的样式创建新的打印样式表。

（4）单击“下一步”按钮，进入“添加打印样式表–选择打印样式表”对话框，如图 14-21 所示，选择打印样式表的类型。

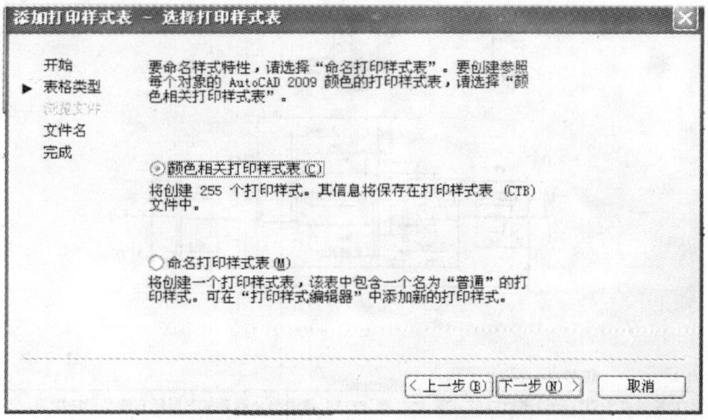

图 14-21　“添加打印样式表–选择打印样式表”对话框

（5）单击“下一步”按钮，进入“添加打印样式表–文件名”对话框，输入文件名。

（6）单击“下一步”按钮，进入“添加打印样式表–完成”对话框，如图 14-22 所示。

（7）单击“完成”按钮，完成新打印样式的建立。

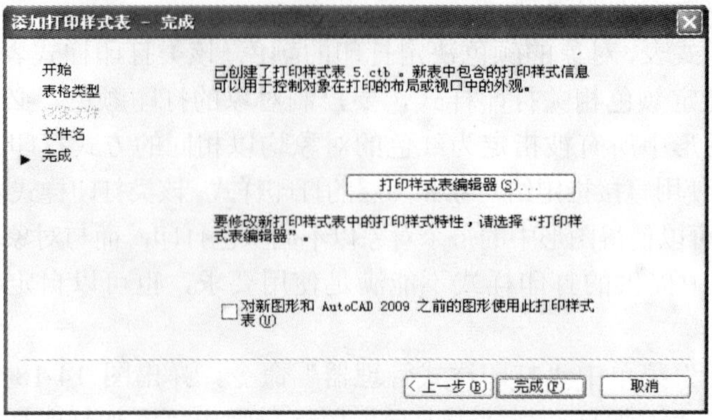

图 14-22 “添加打印样式表–完成”对话框

如果要修改打印样式表中的打印样式特性，单击图 14-22 中“打印样式表编辑器”按钮，弹出“打印样式表编辑器”对话框。可以使用打印样式表编辑器来添加、删除、重命名和复制新命名打印样式表中的打印样式。

设置完成后，单击“保存并关闭”按钮，返回到“打印样式表编辑器”对话框，单击“完成”按钮，完成新样式的设置。

14.4.2 打印预览

在图形进行打印之前，最好对已绘制好的图形生成预览，查看即将打印输出图形的效果。

命令执行方式如下。

（1）菜单浏览器：“文件” | “打印预览”

（2）工具栏：“标准”工具栏 | “打印预览”按钮

弹出如图 14-23 所示的预览窗口。

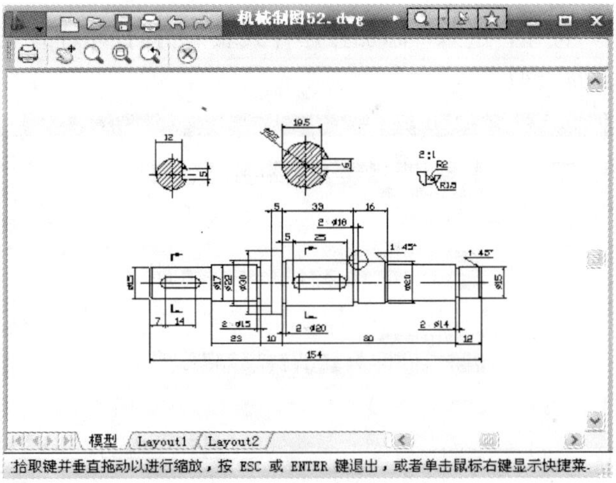

图 14-23 打印预览窗口

14.4.3　打印输出图形

图形绘制完之后，可以通过选择“打印”命令进行打印。弹出图 14-24 所示对话框。

命令执行方式。

（1）下拉菜单：“文件” | “打印”

（2）工具栏：“标准”工具栏 | “打印”按钮

（3）命令：PLOT↙

弹出的“打印”对话框和“页面设置”（见图 14-17）对话框基本相同。在该对话框中，用户可以对打印的一些参数进行设置。设置完成后，单击“确定”按钮，AutoCAD 则开始输出图形。

图 14-24　“打印–模型”对话框

实　训

1. 题图 14-1 所示为零件图，现要打印输出，要求：A4 纸、比例为 1:1，打印预览效果如题图 14-2 所示。

2. 将题图 3-1 中的（c）、（d）以合适的比例并列打印在 4 号图纸上。

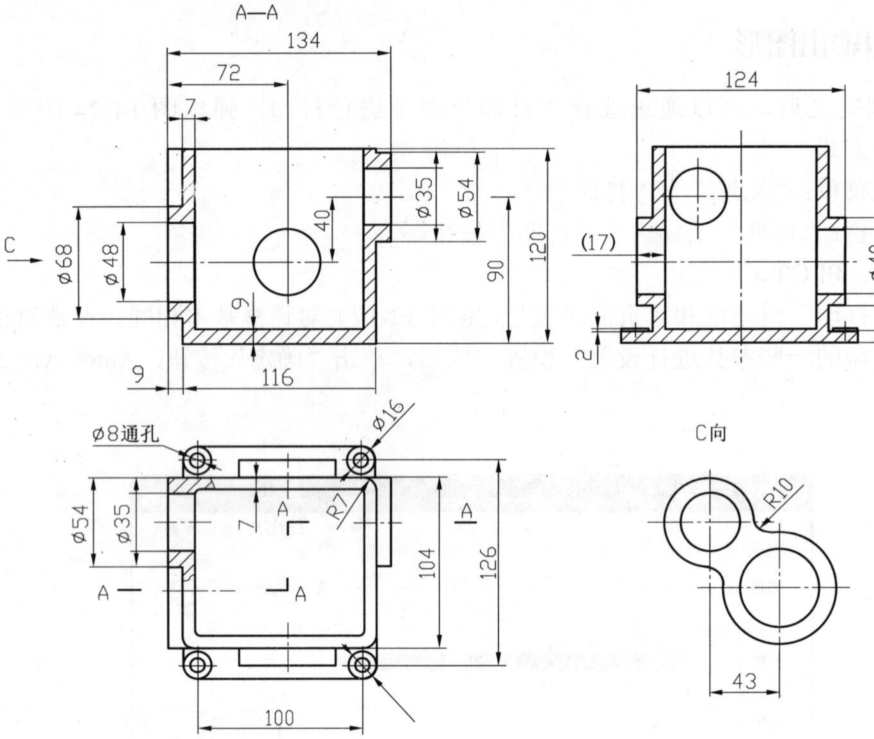

题图 14-1　零件视图

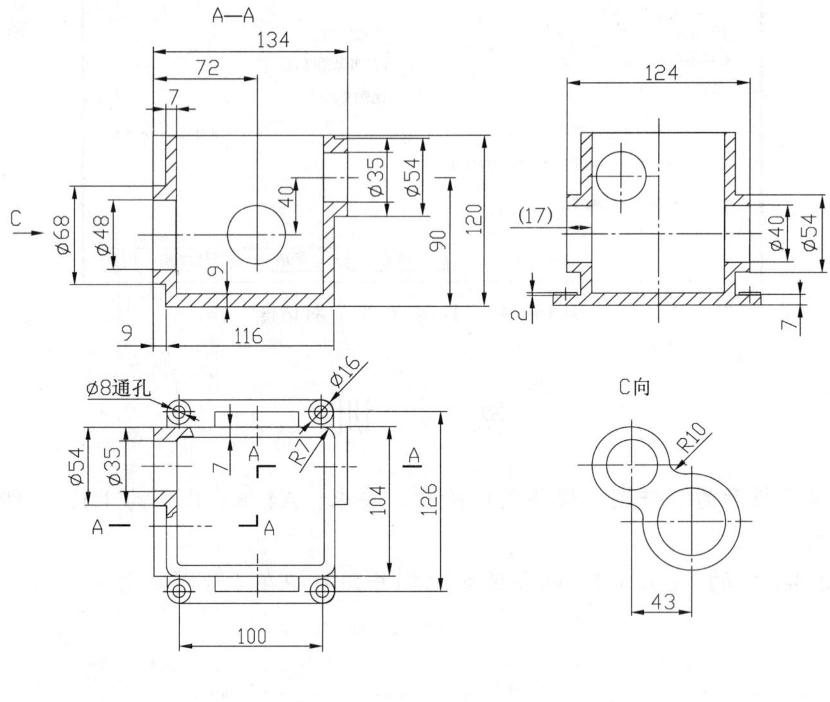

题图 14-2　打印预览图

习　题

1. 在 AutoCAD 中如何建立 3 个视口的打印布局？
2. 如何建立一个自定义的打印样式？
3. 打印输出可以有哪些方法？

参 考 文 献

［1］崔洪斌. 中文版 AutoCAD 2005 实用培训教程. 北京：清华大学出版社，2004.
［2］刘宏丽，王宏. 计算机辅助设计：AutoCAD. 北京：高等教育出版社，2004.
［3］朱维克. AutoCAD 2008 中文版使用教程. 北京：机械工业出版社，2008.
［4］刘哲，刘宏丽. 中文版 AutoCAD 2006 实用教程. 大连：大连理工大学出版社，2006.
［5］张永茂. AutoCAD 2008 中文版机械制图实例教程. 北京：机械工业出版社，2008.
［6］郑玉金，戴正强. AutoCAD 2005 机械制图. 北京：兵器工业出版社，2005.